几何画板

课件制作标准教程

全彩微课版　　职桂珍　杨彩◎编著

清华大学出版社

北京

内容简介

本书以几何画板为写作基础，以实际应用为指导思想，用通俗易懂的语言对几何画板的应用知识进行详细讲解。

全书共9章，内容涵盖几何画板基础知识、绘制与构造图形、编辑与变换图形、度量与数据、几何画板操作类按钮、绘制平面图形、绘制立体图形、绘制函数曲线、几何画板的综合应用等。重要章节穿插"动手练""案例实战""新手答疑"等板块。

全书结构编排合理，语言通俗易懂。所选案例贴合几何画板实际需求，可操作性强。案例讲解详细，一步一图，即学即用。本书不仅适合教师、教育类博主等阅读使用，还适合作为相关培训机构的参考教材。

图书在版编目（CIP）数据

几何画板课件制作标准教程：全彩微课版 / 职桂珍，杨彩编著. —北京：清华大学出版社，2023.6
（清华电脑学堂）

ISBN 978-7-302-63480-5

Ⅰ.①几… Ⅱ.①职… ②杨… Ⅲ.①几何—计算机辅助教学—应用软件—教材 Ⅳ.①O18

中国国家版本馆CIP数据核字（2023）第084361号

责任编辑：袁金敏
封面设计：杨玉兰
责任校对：徐俊伟
责任印制：沈　露

出版发行：清华大学出版社
　　　　网　　　址：http://www.tup.com.cn，http://www.wqbook.com
　　　　地　　　址：北京清华大学学研大厦A座　　　　邮　　编：100084
　　　　社 总 机：010-83470000　　　　邮　　购：010-62786544
　　　　投稿与读者服务：010-62776969，c-service@tup.tsinghua.edu.cn
　　　　质 量 反 馈：010-62772015，zhiliang@tup.tsinghua.edu.cn
　　　　课 件 下 载：http://www.tup.com.cn，010-83470236
印 装 者：小森印刷霸州有限公司
经　　销：全国新华书店
开　　本：170mm×240mm　　　印　　张：13.5　　　字　　数：290千字
版　　次：2023年6月第1版　　　印　　次：2023年6月第1次印刷
定　　价：59.80元

产品编号：099983-01

前 言

▌编写目的

几何画板是一个作图和实现动画辅助教学的软件，主要应用于数学、物理的矢量分析等教学研究。利用几何画板可以将静态的点、线、面、体在各自的路径轨迹上以不同的速度和方向运动，并且所度量的角度或线段长度以及其他数值也可随着点、线、面、体的运动而变化，同时还可以将原本枯燥抽象的数学、物理课堂变得具象、有趣，教师授课轻松，学生的思维、观察探索能力也得以提升。

党的二十大报告中首次提及"教育数字化"，提出"推进教育数字化，建设全民终身学习的学习型社会、学习型大国"，为教育数字化指明了方向：教材数字化和教育教学资源数字化是教材建设工作的重要组成部分，要全力打造以数字教材为核心的数字化内容资源和产品体系，构建以数字教材为核心的服务教育新业态。几何画板软件为教学资源数字化的建设提供了强有力的保障。

本书以理论与实际应用相结合的方式，从易教、易学的角度出发，详细地介绍几何画板基础理论及软件的基本操作技能，同时也为读者讲解设计思路，让读者掌握制作几何画板课件的方法，提高读者的操作能力。

▌本书特色

● **理论+实操，实用性强**。本书为疑难知识点配备相关的实操案例，使读者在学习过程中能够从实际出发，学以致用。

● **结构合理，全程图解**。本书全程采用图解的讲解方式，让读者能够直观地看到每一步的具体操作。

● **疑难解答，学习无忧**。本书每章最后安排了"新手答疑"板块，主要针对实际工作中一些常见的疑难问题进行解答，让读者能够及时地解决学习或工作中遇到的问题，同时还可举一反三地解决其他类似的问题。

▌内容概述

全书共9章，各章内容如下。

章	内 容 导 读	难度指数
第1章	介绍几何画板的基础知识，其中包括几何画板、几何画笔的操作界面、文件基础操作以及其他动态数学软件的介绍	★☆☆
第2章	介绍简单图形的绘制与构造方法，其中包括点、线、圆、多边形以及文本的编辑方法；构造点、线、圆、弧、轨迹的方法	★★☆

（续表）

章	内 容 导 读	难度指数
第3章	介绍图形的编辑及变换方法，其中包括图形的选择、复制/粘贴、分离/合并、显示/隐藏、追踪操作；图形的标记、平移、旋转、缩放、反射、迭代操作	★★☆
第4章	介绍图形的度量与数据计算，其中包括度量长度、角度、面积、弧长、半径、坐标；参数式的创建；计算器的应用；表格的制作；函数解析式的创建	★★★
第5章	介绍操作类按钮的创建与编辑，其中包括按钮的隐藏与显示；动画、移动、系列、声音、链接、滚动按钮的创建与编辑；运动控制台的设置	★★☆
第6章	介绍平面图形的创建，其中包括创建圆锥曲线；创建三角形、四边形；公式定理的验证	★★☆
第7章	介绍立体图形的创建与编辑，其中包括立方体、圆柱体、圆锥体的创建；立体图形的旋转与展开	★★★
第8章	介绍函数曲线的创建，其中包括一次函数、二次函数、三角函数、对数函数的创建；一元二次方程组的求解；三次函数极值的计算；坐标系与坐标网格的简单说明	★★★
第9章	结合所学的理论知识，以案例制作的形式对几何画板功能进行综合应用。案例题型包括特殊平行四边形的转换、探究二次函数在闭区间上的值域，以及圆柱、圆锥、圆台的形成	★★★

▌附赠资源

● **案例素材及源文件**。附赠书中所用到的案例素材及源文件，扫描本书封底二维码下载。

● **扫码观看教学视频**。本书设计的疑难操作均配有高清视频讲解，读者可以扫描二维码边看边学。

● **作者在线答疑**。作者团队具有丰富的实战经验，在学习过程中如有任何疑问，可加QQ群交流（群号在本书资源下载包中）。

本书由职桂珍、杨彩编著，在编写过程中，得到了郑州轻工业大学教务处的大力支持，对他们表示衷心的感谢。作者在写作过程中力求严谨细致，但由于时间与精力有限，疏漏之处在所难免，望广大读者批评指正。

编　者

资源下载二维码　　　　课件+教案二维码　　　　附赠Office视频

目 录

编辑与变换图形

度量与数据

几何画板操作类按钮

绘制平面图形

绘制立体图形

绘制函数曲线

综合实战案例

附录

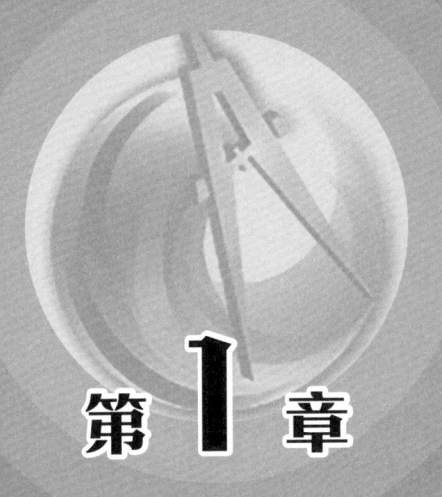

第 1 章
几何画板基础知识

几何画板是非常实用的动态几何工具，它可以将枯燥的数学、物理等知识生动形象地展示出来，帮助学生快速理解。本章将对几何画板的基础知识进行介绍，通过本章的学习，可以使读者了解几何画板，掌握几何画板的基本入门操作。

1.1 认识几何画板

几何画板是一款优秀的辅助教学软件，该软件可以动态地展示几何对象的关系，实现作图与动画的结合，使教学内容更加清晰直观。本节将对几何画板软件进行简要介绍。

1.1.1 几何画板简介

几何画板适用于几何教学，它为教师和学生提供一个探索几何内在联系的环境。通过使用几何画板，用户可以轻松地绘制各类几何图形，并制作各种动态教学课件。

1.1.2 几何画板功能

利用几何画板可以绘制各类几何图形、函数曲线，同时还可以对图形构造进行编辑，实现动画操作。几何画板的一些主要功能体现在以下几方面。

1. 画线、画圆

几何画板可以快速精准地绘制各类线段和圆形。例如射线、直线、平行线、垂直线、正圆等，如图1-1所示。

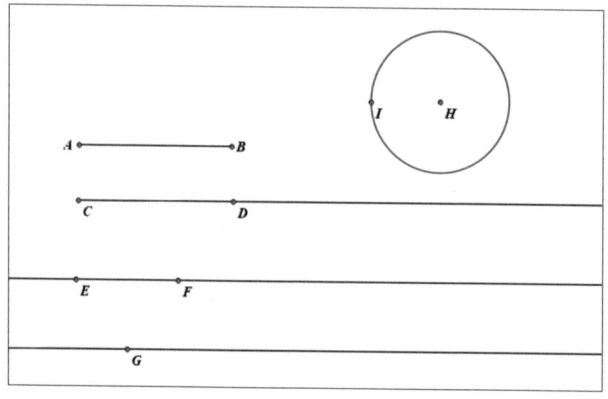

图 1-1

2. 度量和计算

几何画板可测算线段长度、各种角的角度，并对测算出的值进行多种计算，包括四则运算、幂函数、三角函数等，如图1-2所示。

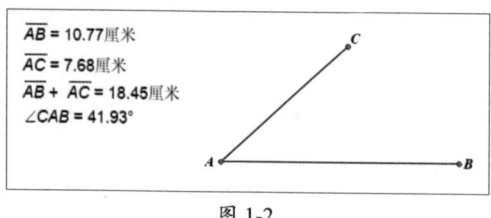

图 1-2

3. 绘制函数图像

在坐标系功能下，用户可绘制各种复杂的函数图像，如图1-3所示。并可通过参数变化，更深入地了解函数曲线。

4. 图形变化

通过几何画板中的工具箱，可按指定值、计算值或动态值任意旋转、平移、缩放原有图形，并在其变化中保持几何关系不变，从而更有助于研究图形的运动和变换等问题。图1-4所示为反射图形的效果。

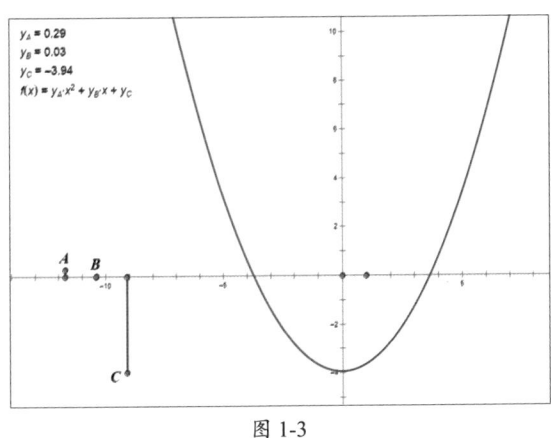

图 1-3

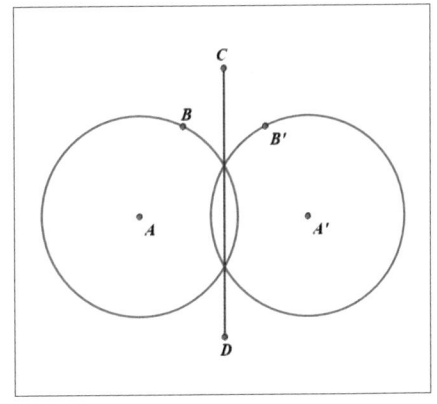

图 1-4

5. 制作动画

几何画板能将较简单的动画和运动，通过定义、构造和变换，得到所需的复杂运动。使用便捷的轨迹跟踪功能，能清晰地了解目标的运动轨迹。

6. 保持和突出几何关系

画板中的几何图形无论如何变化，它们之间的几何关系不变。这也是几何学的实质，即在不断变化的几何图形中，研究不变的几何规律。此外，几何画板还可突出重要的几何关系，利用隐藏图形、改变线型或改变字符格式来突出重点。

▌1.1.3　几何画板应用领域

几何画板具有强大的绘图、计算、度量等功能，多用于数学、物理等理科学科的课件制作。

1. 数学教学

几何画板在数学教学中应用非常广泛，它可以辅助讲解数学中的几何概念，动态分析数学图像及轨迹问题，帮助学生培养空间想象力，正确理解空间和图形关系。除此之外，在需要对大量数据进行运算时，也可以通过几何画板直观地进行演算和验证。

2. 物理教学

几何画板可以模拟物理实验，形象直观地展示物理过程，为学生学习物理知识提供支持，因此，该软件在物理教学中应用也非常广泛。

1.1.4　几何画板优势

几何画板作为一款辅助教学软件，在教学中具有独特的优势。

- **生动形象**：几何画板可以让绘制的点、线、面在保持给定的几何关系的情况下进行运动，突破传统教学的限制，生动形象地展示图形的变化，便于学生的理解与证明。
- **操作简单**：几何画板的操作基本上依赖于工具栏和菜单实现，操作简单，易上手，非常便于教学课件的制作。
- **整合力强**：几何画板支持被其他软件调用，如Word、PowerPoint、Flash等，便于教师整合教学资源，促进教学课件的开发。

1.2　几何画板工作界面

几何画板工作界面包括菜单栏、工具栏、状态栏、标题栏、画板5部分，如图1-5所示。

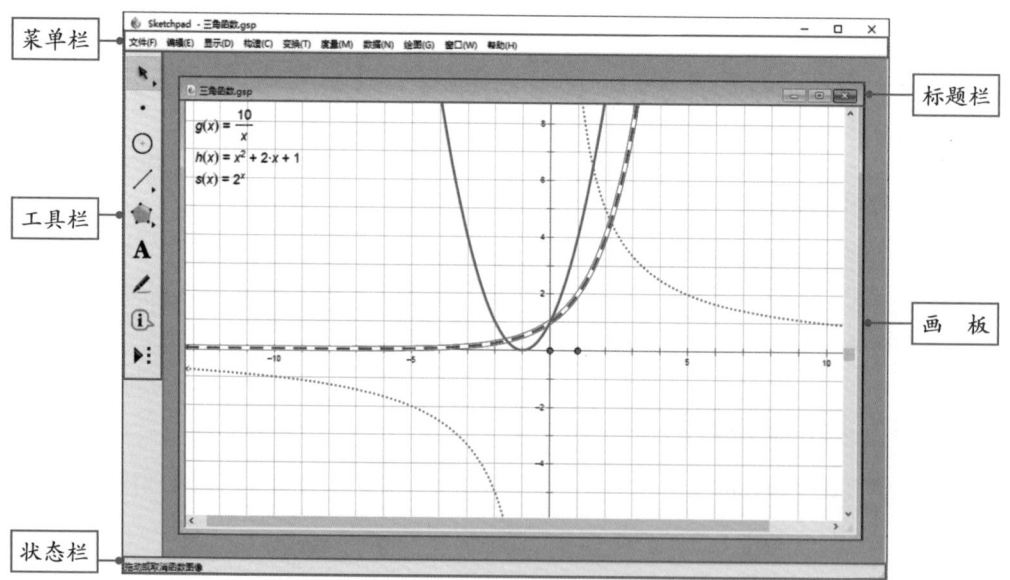

图 1-5

1.2.1　菜单栏

几何画板菜单栏的功能非常强大，用户可通过菜单栏实现几何画板的大部分功能。菜单栏中常用菜单作用如下。

- **文件**：用于对文档进行操作，包括新建、打开、保存、打印等。
- **编辑**：用于编辑对象，包括剪切、复制、选择、分离等，其中常用的是"操作类按钮"命令，该命令是制作动画必不可少的步骤。
- **显示**：用于设置对象的显示，包括线型、颜色、标签、追踪等。
- **构造**：用于根据选择对象构造新的对象，包括点、线、面等。该菜单是几何画板中最常用的菜单之一。
- **变换**：用于设置对象的变换，包括平移、旋转、标记等。
- **度量**：用于度量选中的对象，包括坐标、距离、面积等。
- **数据**：用于编辑数据，包括新建参数、新建函数、制表、计算等。
- **绘图**：多为绘图相关操作，包括定义坐标系、网格样式、格点、绘制新函数等。
- **窗口**：用于管理打开的文档窗口。

▌1.2.2 工具栏

几何画板工具栏中包括移动箭头工具、点工具、圆工具、线段直尺工具等多种工具，可以实现点、线、面等几何形状的绘制及选择、移动、旋转等变换操作。下面对几何画板工具栏中的常用工具进行介绍。

- **移动箭头工具**：用于选择、移动对象。长按该工具，在弹出的箭头工具选择板中还可以选择旋转箭头工具和缩放箭头工具，其中，旋转箭头工具可用于旋转对象，缩放箭头工具可用于缩放对象。
- **点工具**：用于绘制点。
- **圆工具**：用于绘制圆。
- **线段直尺工具**：用于绘制直线段。长按该工具，在弹出的直尺工具选择板中还可以选择射线直尺工具和直线直尺工具，其中，射线直尺工具可用于绘制射线，直线直尺工具可用于绘制直线。
- **多边形工具**：用于绘制不含边的多边形。长按该工具，在弹出的多边形工具选择板中还可以选择多边形和边工具及多边形边工具，其中，多边形和边工具可绘制有边及内部的多边形，多边形边工具可用于绘制不含内部的多边形。
- **文本工具**：用于输入文字，还可以显示或隐藏点、线、圆的标签。
- **标记工具**：用于标记线、圆、角等对象，同时可以实现手写操作。
- **信息工具**：用于显示对象的相关信息，实现公式、变量、数据等文本的全息动态交互。
- **自定义工具**：用于添加自定义的工具，提高课件制作效率。

▌1.2.3　状态栏

状态栏位于几何画板最下方，用户当前的工作状态将显示在该区域中，根据其显示的内容，可以进行更明确的操作。

▌1.2.4　画板

画板是几何画板的主要操作界面，用户可以在该界面中绘制、编辑对象。

1.3　文件基础操作

熟练掌握几何画板的文件基础操作，才能更快更好地制作教学课件。几何画板的文件基础操作包括新建文件、打开文件、新建页面、保存文件等。

▌1.3.1　新建文件

几何画板中新建文件有以下两种方法。

- 启动几何画板，软件将自动创建文件。
- 执行"文件"|"新建文件"命令，或使用Ctrl+N组合键，软件将新建文件。

▌1.3.2　打开文件

若想打开已有的文件，可以通过以下两种方法实现。

- 直接在文件夹中双击文件将其打开。
- 打开几何画板，执行"文件"|"打开"命令，或使用Ctrl+O组合键，打开"打开"对话框，选择要打开的文件，单击"打开"按钮将其打开。

▌1.3.3　新建页面

几何画板默认页面只有一页，用户可以通过创建页面的方法创建多个页面，以制作系列课件。

执行"文件"|"文档选项"命令，或使用Shift+Ctrl+D组合键，打开"文档选项"对话框，在该对话框中单击"增加页"下拉按钮，在弹出的列表中选择"空白页面"选项即可，如图1-6所示。

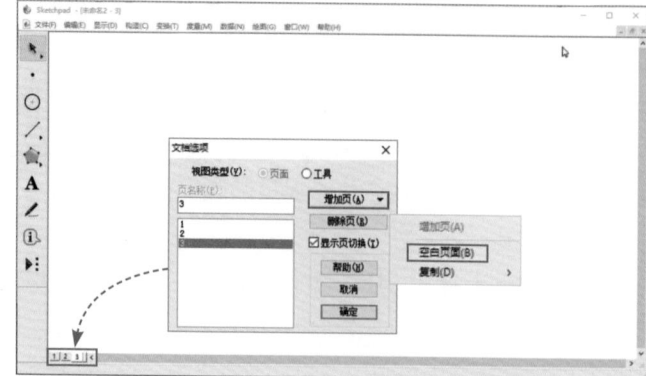

图 1-6

动手练 创建新页面

如果想要分页展示不同的教学内容，用户可进行新建页面的操作。

Step 01 打开几何画板软件，执行"文件"|"文档选项"命令，打开"文档选项"对话框，如图1-7所示。

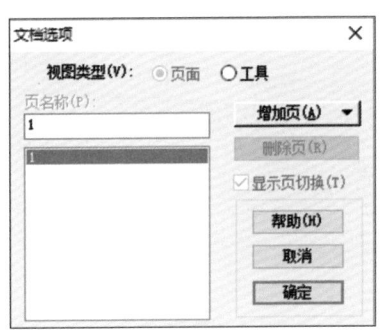

图 1-7

Step 02 单击"增加页"下拉按钮，在弹出的列表中选择"空白页面"选项，即可在页列表中新增页面2，如图1-8所示。

图 1-8

Step 03 用户也可在"增加页"下拉列表中选择"复制"选项，在其子菜单中选择要复制的页面，即可在页列表中新增页面3，如图1-9所示。

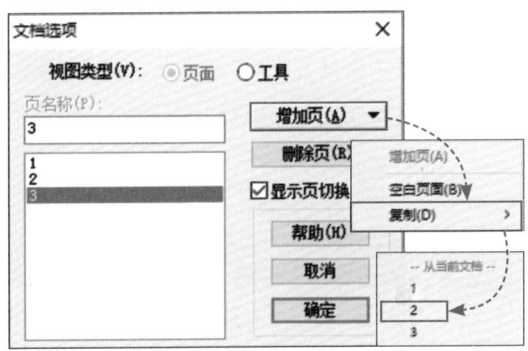

图 1-9

Step 04 完成后单击"确定"按钮，即可在文档中新增页面，如图1-10所示。至此，完成几何画板文档页面的新建。

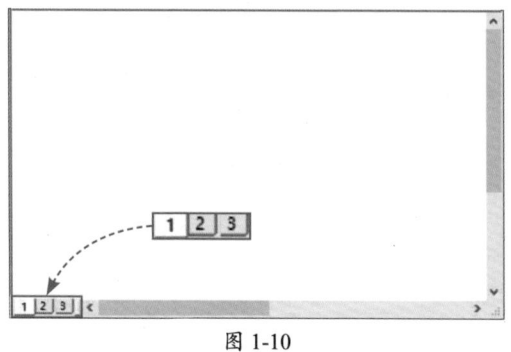

图 1-10

1.3.4 保存文件

使用几何画板制作课件时，及时地保存文件可以防止计算机故障造成的文件丢失等问题。

文件第一次保存时，执行"文件"|"保存"命令，或使用Ctrl+S组合键，打开"另存为"对话框，如图1-11所示。在该对话框中设置保存路径、文件名及保存类型后，单击"保存"按钮即可保存文件。

图 1-11

打开已保存的文件后，执行"文件"|"保存"命令，或使用Ctrl+S组合键，将按照原有的设置保存文件，若想重新设置，可以执行"文件"|"另存为"命令，打开"另存为"对话框进行设置。

> **知识点拨**
>
> 几何画板支持保存"Sketchpad文档（*.gsp）""GSP4文档（兼容版本）（*.gsp）""HTML/Java Sketchpad文档（*.htm）"和"增强型图元文件（*.emf）"四种类型的文件，保存时根据需要选择即可。

1.3.5　预置设置

"预置"对话框中的参数设置可以改变默认的几何画板参数。执行"编辑"|"预置"命令，打开"预置"对话框。该对话框中包括"单位""颜色""文本"和"工具"四个选项卡，下面对这些选项卡进行介绍。

1. 单位

打开"预置"对话框，默认选择"单位"选项卡。用户可以在该选项卡中设置角度、距离的单位及其精确度，设置完成后再选择将其应用于当前画板或所有新建画板，如图1-12所示。

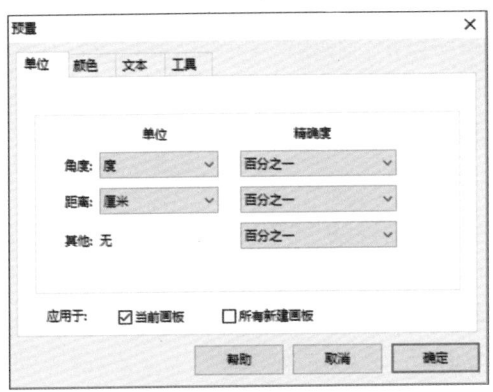

图 1-12

2. 颜色

"颜色"选项卡中的选项可以设置点、线等对象的颜色，单击对象右侧的颜色框，在打开的"颜色选择器"对话框中选择颜色即可，如图1-13所示。

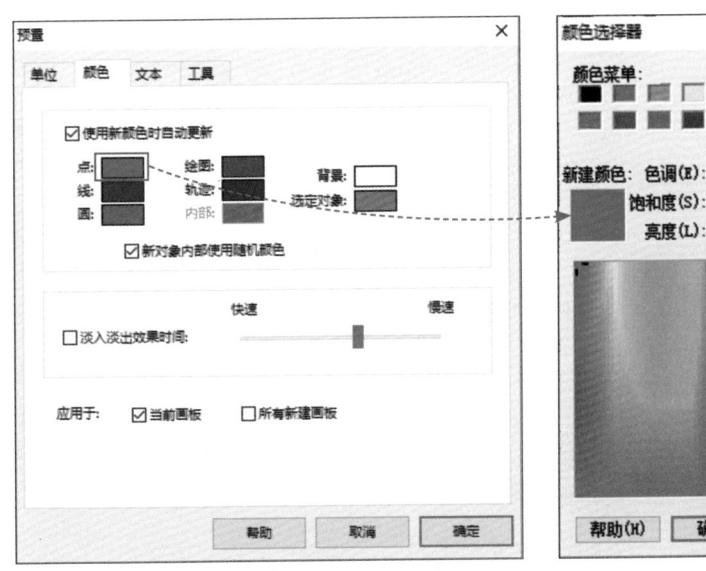

图 1-13

"颜色"选项卡中部分选项作用如下。

- **新对象内部使用随机颜色**：勾选该复选框，在绘制新对象时将自动随机填充一种颜色。
- **淡入淡出效果时间**：此复选框用于设置对象轨迹颜色自动淡入淡出的速度。

3. 文本

"文本"选项卡中的选项可以改变默认的文本参数，该选项卡中部分选项作用如下。

- **应用于所有新建点**：勾选该复选框，所有新绘制的点将自动显示标签。
- **应用于度量过的对象**：勾选该复选框，所有度量过的对象将自动显示标签。
- **改变现有对象时自动更新**：勾选该复选框，在改变现有对象的标签式样后，新建的同类对象的标签式样也会跟着改变。
- **改变对象属性** 改变对象属性... ：单击该按钮，在打开的"文本样式"对话框中可以设置标签、操作按钮等的默认文本格式，如图1-14所示。
- **编辑文本时显示文本工具栏**：勾选该复选框，编辑文本时将自动显示文本工具栏，结束编辑后将自动隐藏文本工具栏。
- **新建参数显示编辑框**：勾选该复选框，新建参数将显示一个编辑框，在编辑框中可以直接修改参数值。

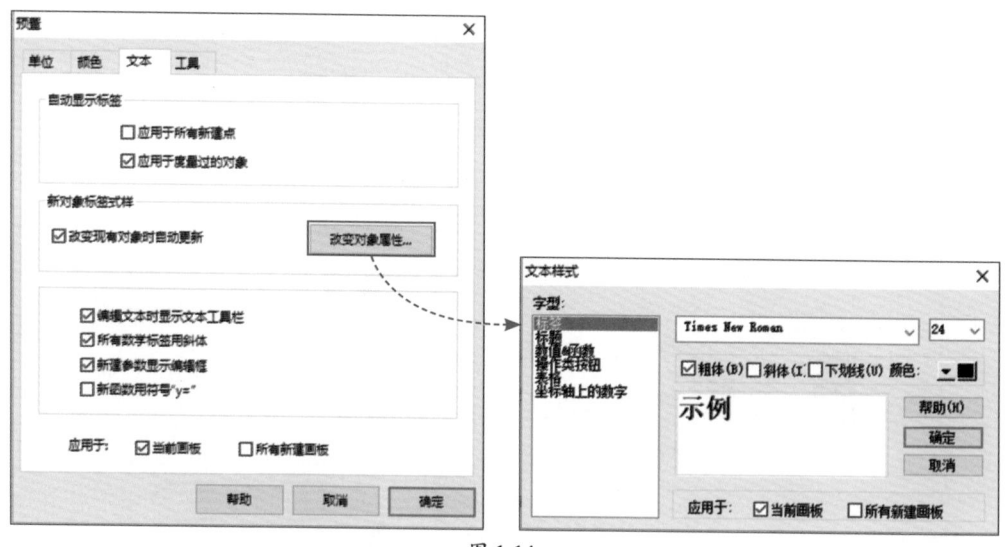

图 1-14

4. 工具

"工具"选项卡中的选项可对箭头工具、多边形工具等工具进行设置，如图1-15所示。该选项卡中不同工具的设置分别如下。

- **箭头工具**：若勾选"双击取消选定"复选框，则操作时要双击文档空白处，才能取消对所选对象的选中状态。

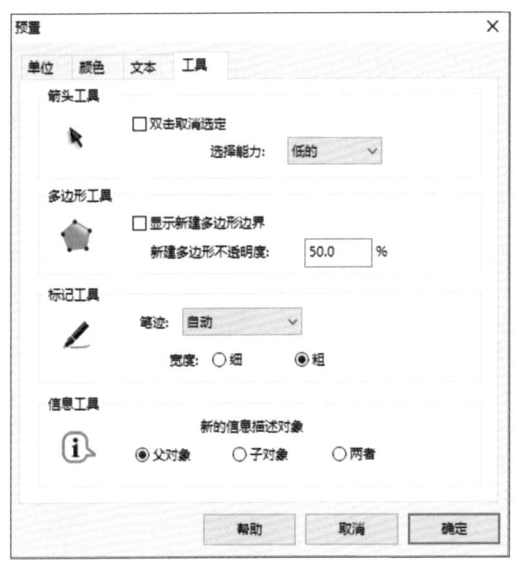

图 1-15

- **多边形工具**：若勾选"显示新建多边形边界"复选框，在绘制多边形时会有边界，这与多边形顶点间所连的线段不同；除了该设置外，还可以设置新建多边形的不透明度。
- **标记工具**：设置标记工具画笔的粗细及线型。
- **信息工具**：设置信息工具显示的内容。

5. 高级预置

按住Shift键，编辑菜单中的"预置"命令将变为"高级预置"命令，执行该命令，打开"高级预置"对话框，如图1-16所示。该对话框中包括"导出""采样"和"系统"三个选项卡，下面对这三个选项卡进行介绍。

图 1-16

（1）导出

打开"高级预置"对话框，默认选择"导出"选项卡，该选项卡中各选项作用如下。

- **导出直线和射线上的箭头**：该复选框用于设置在打印或粘贴到其他文件中时，直线和射线是否显示箭头。
- **剪切/复制到剪贴板的格式**：选中该选项中的"图元文件和位图"单选按钮，则剪切/复制几何画板里的图形并粘贴到其他地方时，输出的图片为图元文件和位图格式；若选中"仅位图"单选按钮，则输出的图片格式为位图格式。
- **剪贴板位图格式比例**：用于设置剪贴板图形放大比例。

（2）采样

"采样"选项卡中的选项可以设置不同对象的样本数量，如图1-17所示。该选项卡中各选项作用如下。

图 1-17

- **新轨迹的样本数量**：用于为新产生的轨迹（由"构造"菜单的"轨迹"产生）设置样点数目（像素），数字越大轨迹越平滑。
- **新函数图像的样本数量**：用于为新产生的函数图像设置样点数目（像素），数字越大图像越平滑。
- **最大轨迹样本数量**：用于在编辑轨迹或者函数图像的属性时，规定轨迹与图像上样点数目的最大允许值。
- **最大迭代样本数量**：用于规定迭代（由"变换"菜单的"迭代"选项产生）的最大次数（或称深度）。

（3）系统

"系统"选项卡中的选项可以设置系统的相关参数，如图1-18所示。该选项卡中部分选项作用如下。

- **正常速度**：用于设置正常动画速度，取值范围在1～10000，数值越大速度越快。动画速度为中速（或正常速度）时的（常规）值为1.0，慢速为正常速度的0.33，快速为正常速度的1.7。

● **屏幕分辨率**：指每厘米长度中像素的多少，也是对屏幕上"1厘米"长的定义。数字越大，坐标系中显示的单位长就越长。

● **图形加速方式**：用于设置图形加速程序，默认是DirectX。

● **对GSP3/GSP4文档的语言支持**：语言选项，选择简体中文即可。

● **编辑颜色菜单**：单击该按钮，打开"编辑颜色菜单"对话框，如图1-19所示。该对话框中可以设置颜色菜单。

图 1-18

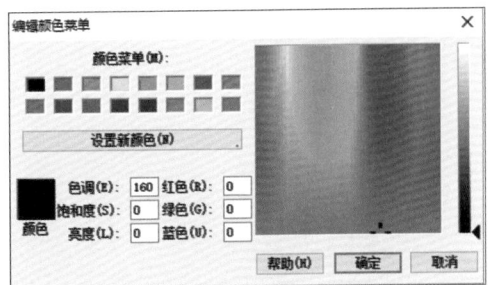

图 1-19

1.4 动态教学相关软件

在教学过程中，除了几何画板，一般还可以通过GeoGebra、Desmos等软件制作课件辅助教学。下面对此进行介绍。

1.4.1 GeoGebra

GeoGebra是一款自由的动态数学软件，适用于绘图计算、几何作图、白板协作等方向。该软件结合了几何、代数与微积分，具有同时处理代数与几何的功能。GeoGebra操作简单，交互性强，同时支持在线操作。用户直接在搜索引擎中搜索"GeoGebra"关键字，即可找到其网站在线使用。

1.4.2 Desmos

Desmos是一个免费的Web端数学图像绘制网站，该网站可以将数学表达式转换为图像，帮助数学学习者直面数学之美。用户可以直接在搜索引擎中搜索"Desmos"关键字，找到其网站可在线使用。

案例实战：新建文件并调整背景颜色

文件是几何画板进行操作的基础，在使用几何画板制作课件之前，首先需要学会如何新建文件。

Step 01 双击几何画板图标打开软件，将自动新建文件，如图1-20所示。

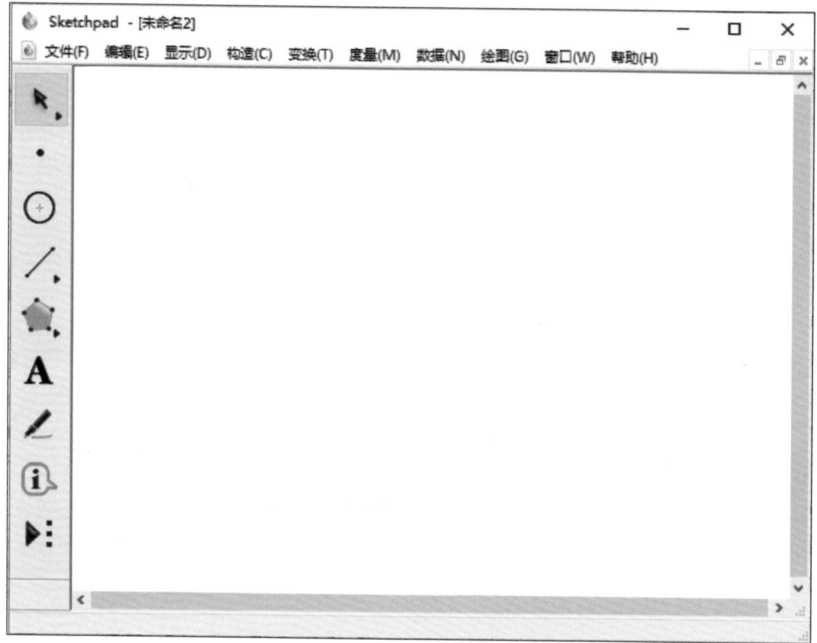

图 1-20

Step 02 执行"编辑"|"预置"命令，打开"预置"对话框，选择"颜色"选项卡，单击"背景"颜色块，打开"颜色选择器"对话框，选择喜欢的颜色，如图1-21所示。

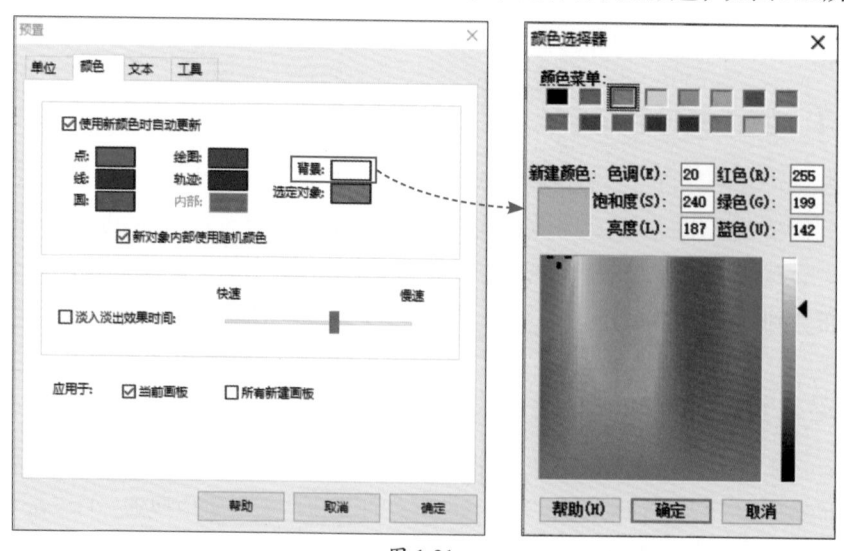

图 1-21

14

Step 03 完成后单击"确定"按钮，返回至"预置"对话框，此时"背景"颜色块变为设置的颜色，如图1-22所示。单击"确定"按钮，即可更改画板背景颜色，如图1-23所示。

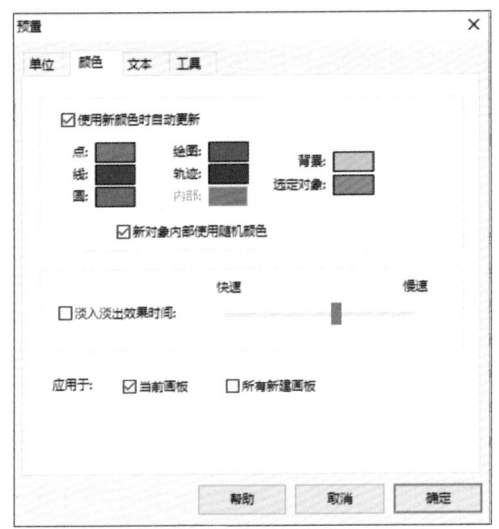

图 1-22

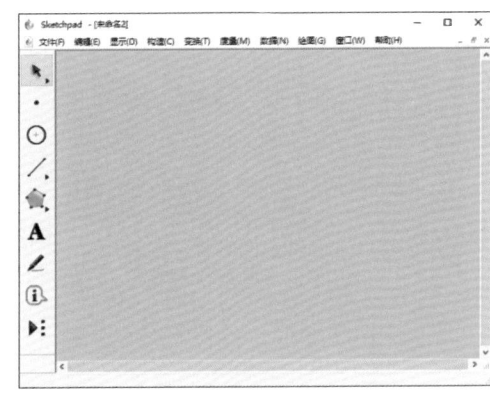

图 1-23

Step 04 执行"文件"|"保存"命令，打开"另存为"对话框，选择要保持的位置并设置文件名称，如图1-24所示。完成后单击"保存"按钮即可保存文件。至此，完成几何画板文件的新建及背景颜色的调整。

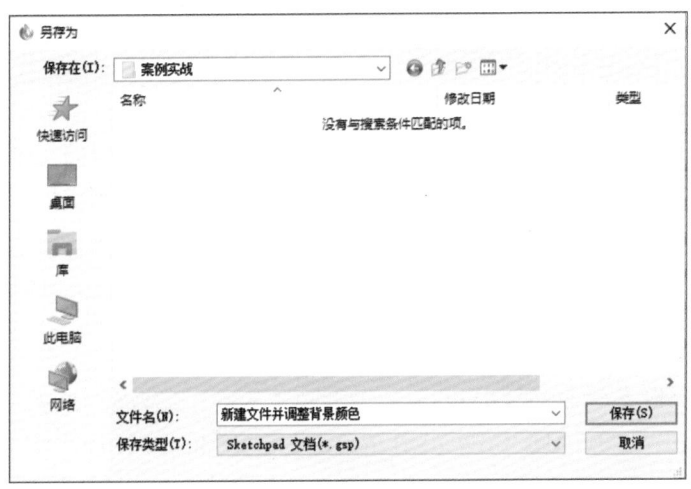

图 1-24

 新手答疑

1. Q：几何画板中如何修改页面顺序？

A： 执行"文件"|"文档选项"命令，打开"文档选项"对话框，选中要改变顺序的页面，按住鼠标左键上下拖动即可更改页面顺序。用户也可以在画板空白处右击，在弹出的快捷菜单中执行"文档选项"命令，打开"文档选项"对话框进行调整。

2. Q：几何画板一般应用在哪些方向？

A： 几何画板是一款优秀的教育软件，该软件可以动态地展示几何对象的位置关系、运行变化规律等，广泛应用于数学教学、物理教学等方向。

3. Q：怎么将几何画板中的角度单位设置为弧度？

A： 执行"编辑"|"预置"命令，打开"预置"对话框，选择"单位"选项卡，单击"角度"下拉按钮，在弹出的列表中选择"弧度"选项后单击"确定"按钮，即可将角度单位设置为弧度。

4. Q：状态栏的作用是什么？

A： 状态栏可以显示用户当前的工作状态，辅助用户进行操作。

5. Q：如何设置新轨迹的样本数量？

A： 按住Shift键，执行"编辑"|"高级预置"命令，打开"高级预置"对话框，选择"采样"选项卡进行设置即可。

6. Q：几何画板有什么特点？

A： 1.动态性。几何画板可以使制作出的点、线、面在保持给定的几何关系的情况下进行运动，生动形象地展示图形的变化；2.交互性。几何画板提供多种操作类按钮，用户可以通过按钮控制动态效果；3.操作简单。几何画板操作简单易上手，用户可以通过简单的步骤展示自身的教学思想和教学水平。

7. Q：几何画板支持输出什么格式？

A： 几何画板支持保存"Sketchpad文档（*.gsp）""GSP4文档（兼容版本）（*.gsp）""HTML/Java Sketchpad文档（*.htm）"和"增强型图元文件（*.emf）"四种类型的文件。

第2章
绘制与构造图形

几何画板绘图功能非常强大，该软件通过组合基础的点、线、圆元素及构造命令，即可构造出丰富的几何图形。本章将对几何图形的绘制与构造进行讲解，通过本章的学习，用户可以学会几何图形的构建。

2.1 绘制简单图形

几何画板中的工具可用于绘制简单的图形，如圆、线段、直线、多边形等。下面介绍这些图形的绘制方法。

2.1.1 绘制点

点工具是几何画板中绘制点的主要工具，可用于绘制自由点、对象上的点及对象交点。

1. 绘制自由点

选择点工具 ·，在画板空白处单击即可绘制自由点，继续在空白处单击可连续绘制自由点。

2. 绘制对象上的点

选择点工具，移动光标至对象上时，对象将突出显示，且状态栏中会显示"在××上构造一点"提示信息，单击即可绘制点，图2-1所示为在圆上绘制点的效果。

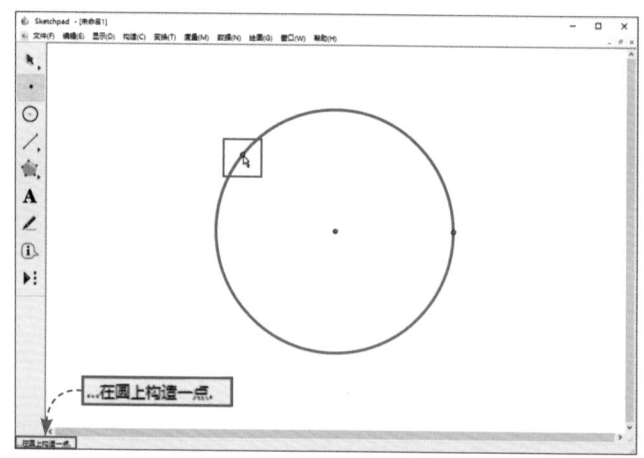

图 2-1

3. 绘制对象交点

绘制对象交点类似于在对象上绘制点。移动光标至对象交点处，相交对象均将突出显示，且状态栏中显示"对象的交点"提示信息，此时单击即可绘制对象交点，如图2-2所示。

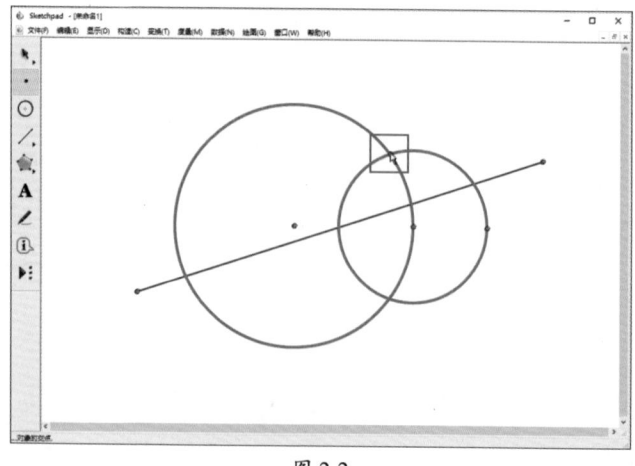

图 2-2

2.1.2　绘制圆

圆工具◎的主要功能是画圆。选择圆工具◎，在画板中单击确定圆心，在另一处单击设置半径，即可绘制圆，如图2-3所示。

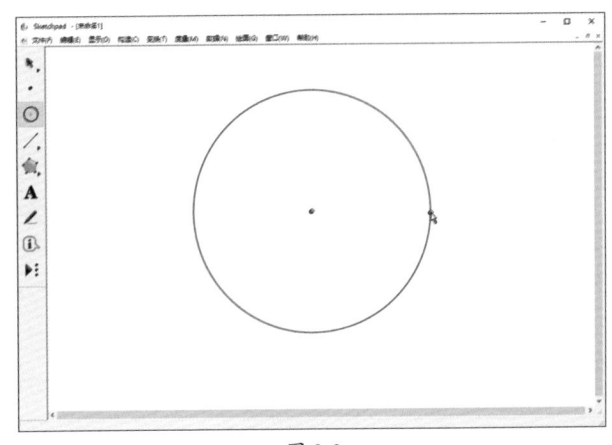

图 2-3

2.1.3　绘制线

几何画板包括线段直尺工具◢、射线直尺工具◢和直线直尺工具◢三种直尺工具，这三种工具分别用于绘制线段、射线及直线。下面对其用法进行介绍。

1. 绘制线段

选择线段直尺工具◢，在画板中单击确定起点，在另一位置单击确定终点，即可绘制线段。连续多次单击可以继续绘制线段。

2. 绘制射线

选择射线直尺工具◢，在画板中单击确定射线端点，在另一位置单击确定射线方向，即可绘制射线，如图2-4所示。

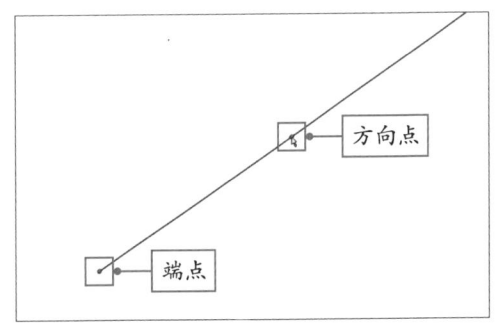

图 2-4

3. 绘制直线

选择直线直尺工具 ，在画板中单击确定直线上的一点，在另一位置单击确定直线方向，即可绘制直线，如图2-5所示。

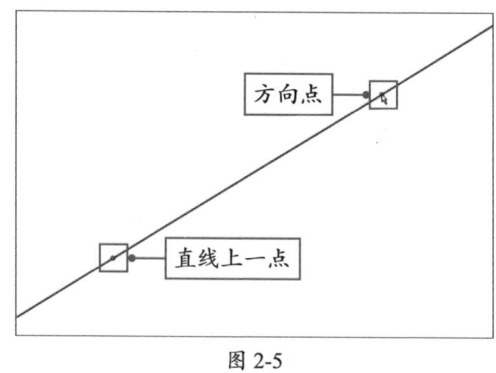

方向点

直线上一点

图 2-5

动手练 绘制圆内接三角形

三角形的三个顶点均在同一圆上的三角形叫作圆内接三角形，下面对圆内接三角形的绘制进行介绍。

Step 01 打开几何画板，执行"编辑"|"预置"命令，打开"预置"对话框，选择"文本"选项卡，勾选"应用于所有新建点"复选框，如图2-6所示。完成后单击"确定"按钮应用设置。

Step 02 使用圆工具 ◎ 在画板中合适位置按住鼠标左键拖曳可绘制圆，如图2-7所示。

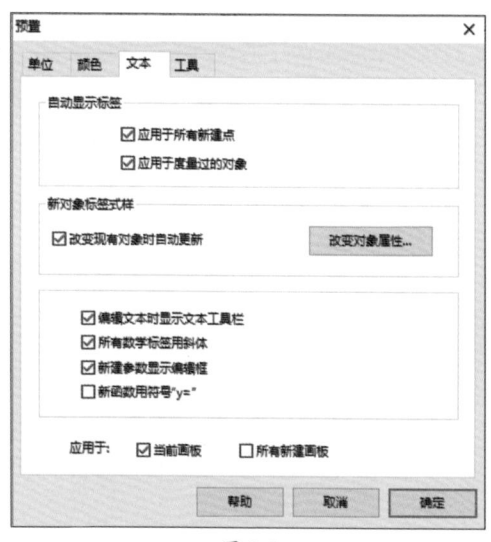

图 2-6

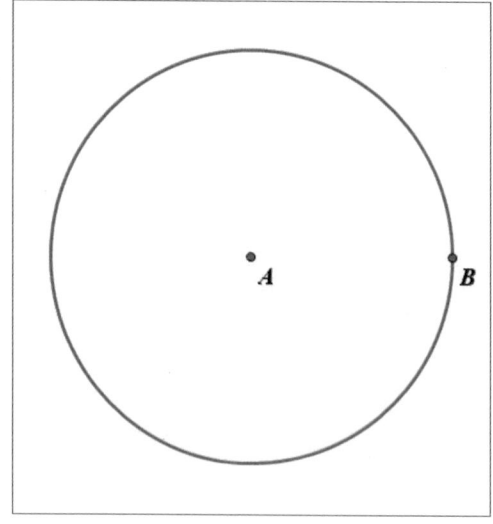

图 2-7

Step 03 选择线段直尺工具 ，移动光标至圆周上，此时圆周呈红色高亮显示，状态栏中显示"构造当前对象起点在圆上"提示信息，单击确定线段起点C；移动光标至圆周上另一处，此时状态栏中显示"终点落到此圆上"提示信息，单击确定线段终点D，如图2-8所示。

Step 04 继续在点C上单击确定线段起点，移动光标至圆周上除点C、点D之外的一处单击，确定线段终点*E*；在点*D*和点*E*上单击，绘制线段*DE*，如图2-9所示。至此，圆内接三角形*CDE*制作完成。

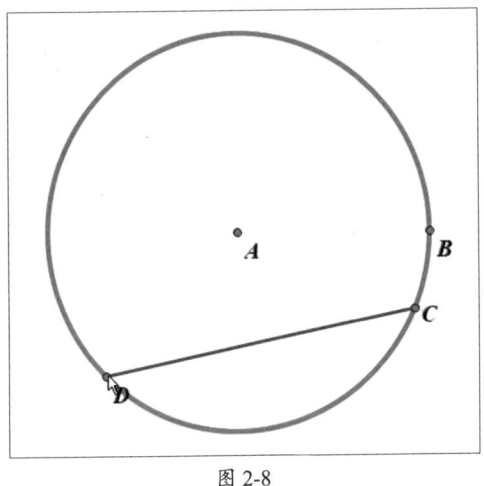

图 2-8

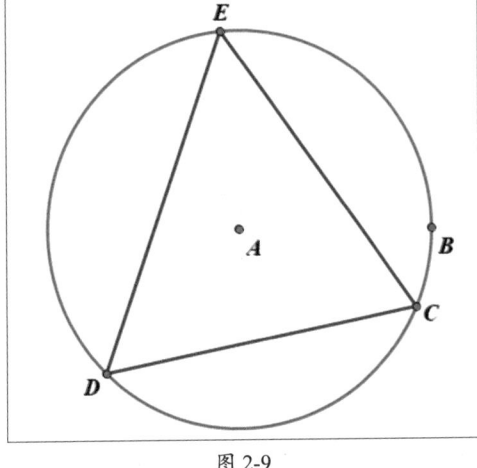

图 2-9

▌2.1.4 绘制多边形

多边形是常见的几何图形，在几何画板中，用户可以通过多边形工具、多边形和边工具及多边形边工具绘制不同效果的多边形。

1. 绘制多边形

若想绘制有内部填充且无边的多边形，可以使用多边形工具。选择多边形工具，在画板中单击确定第一个顶点，在另一位置单击确定第二个顶点，以此类推，最后单击任意一个顶点结束绘制，如图2-10和图2-11所示。

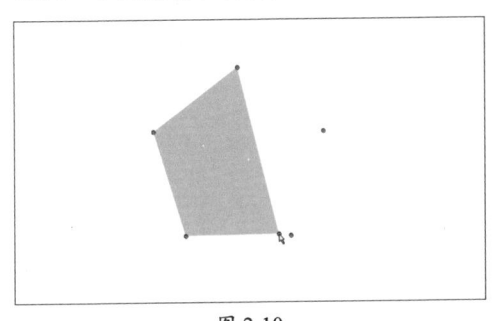

图 2-10

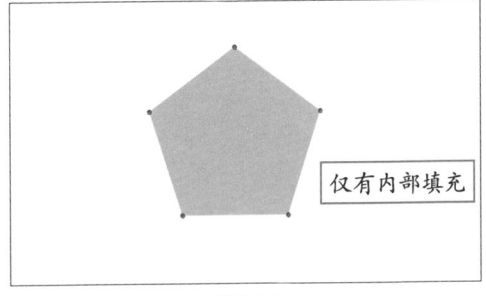

仅有内部填充

图 2-11

2. 绘制多边形和边

多边形和边工具可以绘制有边且含内部填充的多边形，该工具与多边形工具用法一致，图2-12所示为该工具绘制的多边形效果。

3. 绘制多边形边

多边形边工具可以绘制有边且不含内部填充的多边形，该工具用法与多边形工具

、多边形和边工具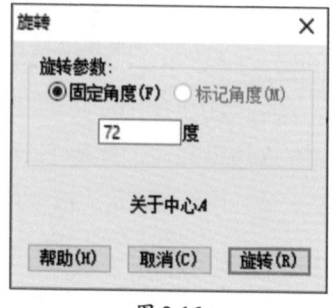一致，图2-13所示为该工具绘制的多边形效果。

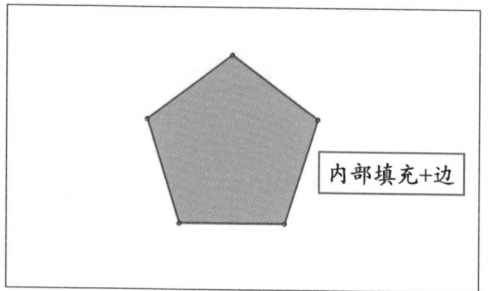

内部填充+边

图 2-12

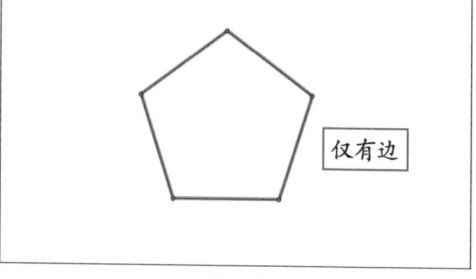

仅有边

图 2-13

动手练 绘制正五边形

正五边形是五条边及五个角都相等的五边形。下面对正五边形的绘制进行介绍。

Step 01 执行"编辑"|"预置"命令，打开"预置"对话框，选择"文本"选项卡，勾选"应用于所有新建点"复选框，完成后单击"确定"按钮应用设置。使用圆工具⊙在画板中合适位置按住鼠标左键拖曳可绘制圆，如图2-14所示。

Step 02 选择点工具·后在圆周上单击，确定第一个点C，如图2-15所示。

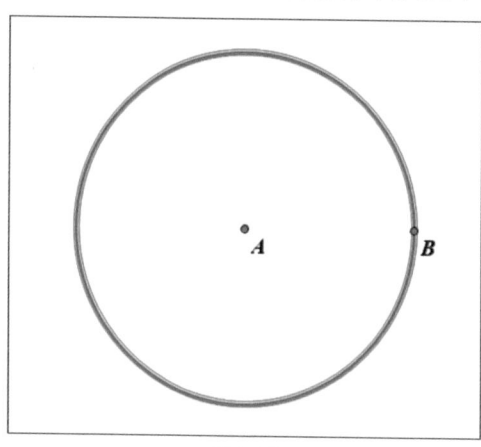

图 2-14

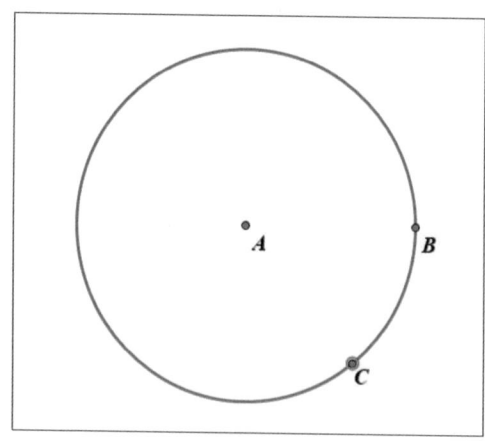

图 2-15

Step 03 双击圆心A，将其标记为中心。选中点C，执行"变换"|"旋转"命令，打开"旋转"对话框，选中"固定角度"单选按钮并设置数值为72，如图2-16所示。

图 2-16

Step 04 完成后单击"旋转"按钮，旋转点 C 得到点 C'，双击点 C' 标签打开"点 C'"属性对话框，修改其标签为 D，完成后单击"确定"按钮，效果如图2-17所示。

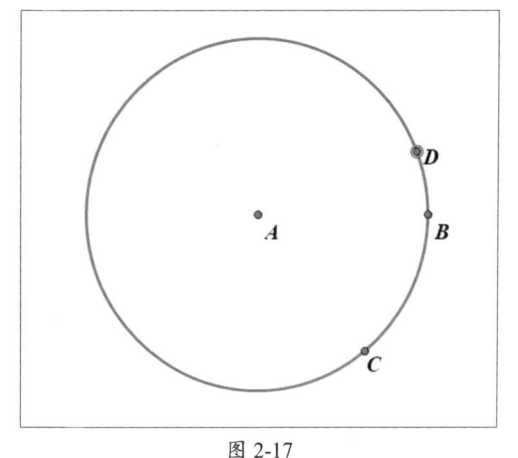

图 2-17

Step 05 使用相同的方法，旋转点 D 得到点 E；旋转点 E 得到点 F；旋转点 F 得到点 G，如图2-18所示。

注意事项 需手动修改旋转得到的点的标签。旋转角度均为72°。

Step 06 选择多边形和边工具 ，依次单击点 C、点 D、点 E、点 F 和点 G，再次单击点 G 结束绘制，如图2-19所示。至此，正五边形绘制完成。

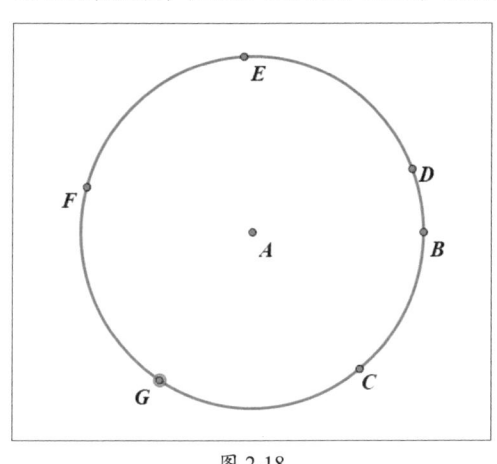

图 2-18

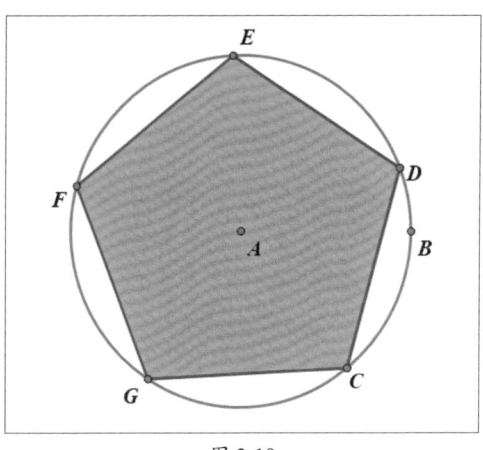

图 2-19

2.1.5　编辑文本

几何画板中用户可以通过文本工具 A 为课件添加文本说明，或显示/隐藏点、线、圆的标签。

1. 创建文本

选择文本工具 A ，在画板的合适位置处按住鼠标左键拖曳可创建文本编辑框，在该文本框中输入文字即可添加文本说明，如图2-20所示。

若想显示点、线、圆的标签，可以选择文本工具后，移动光标至点、线、圆上，待光标变为📝时单击即可显示，如图2-21所示。再次单击可隐藏。

图 2-20

图 2-21

知识点拨

> 双击输入的标签，将打开相应的属性对话框，在该对话框中可对标签进行修改。此外，在文本编辑框中输入文本时，移动光标至对象标签上，待光标变为📝时单击，可将标签以热文本的形式插入文本编辑框中。移动光标至热文本上，相应的对象将高亮显示；修改标签时，文本编辑框中的热文本也会随之改变。

2. 文本工具栏

使用文本工具栏可对输入的文字进行编辑。执行"显示"|"显示文本工具栏"命令，或使用Shift+Ctrl+T组合键，即可显示文本工具栏，如图2-22所示。

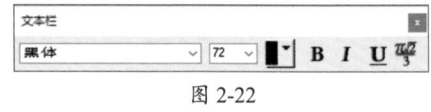

图 2-22

该工具栏中各选项作用如下。

- **字体** ：用于设置文字字体。单击字体框右侧的下拉按钮，在弹出的字体列表中单击，选择合适的字体即可。用户也可以直接在字体框中输入字体名称进行切换。
- **字体大小** ：用于设置字体大小。单击字体大小框右侧的下拉按钮，在弹出的列表中单击，选择合适的字体大小即可。用户也可以直接在字体大小框中输入数值进行设置。
- **颜色** ：用于设置文字颜色。单击颜色框右侧的下拉按钮，在弹出的列表中可以选择常用的颜色。用户也可以单击颜色框，打开"颜色选择器"对话框自定义颜色。
- **粗体** ：用于将文字设置为粗体。
- **斜体** ：用于将文字设置为斜体。
- **下画线** ：用于为文字添加下画线。
- **符号面板** ：单击该按钮，将打开"符号表示法"面板，该面板中包括一些常用的数学符号；单击"符号表示法"面板最右侧的"符号"按钮▼，在弹出的面板中可选择一些不常用的符号，如图2-23所示。

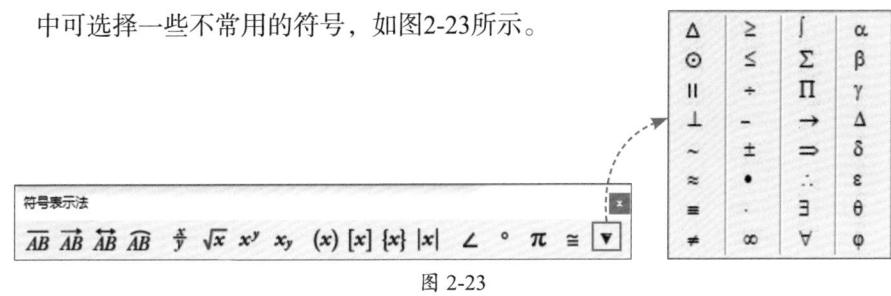

图 2-23

▌2.1.6 手绘图形

手绘图形具有较高的自由度，在制作课件时，用户可以通过标记工具✐手绘图形。除了手绘图形外，标记工具✐还可用于为线、圆、角等对象添加标记。

1.手绘图形

选中标记工具✐，在画板中合适位置按住鼠标左键拖动绘制手绘图形即可，如图2-24和图2-25所示。

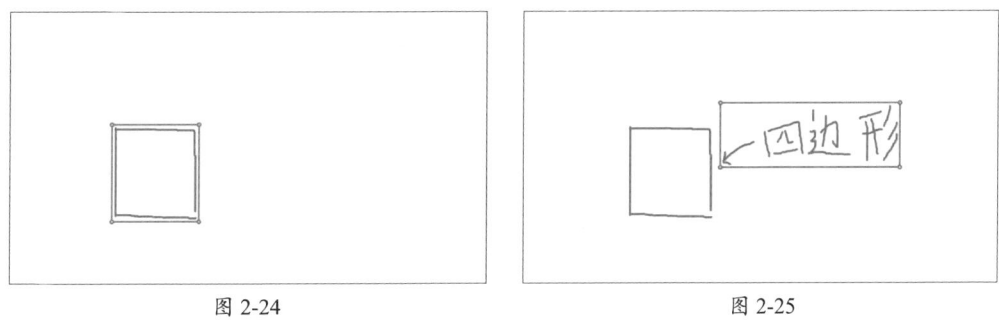

图 2-24　　　　　　　　　　　　　图 2-25

2.添加标记

（1）标记线

选中标记工具✐，移动光标至线上，待光标变为◣时单击，即可在线上添加默认的线型标记，如图2-26所示。再次单击可增加该标记笔画数，最多为4，如图2-27所示。

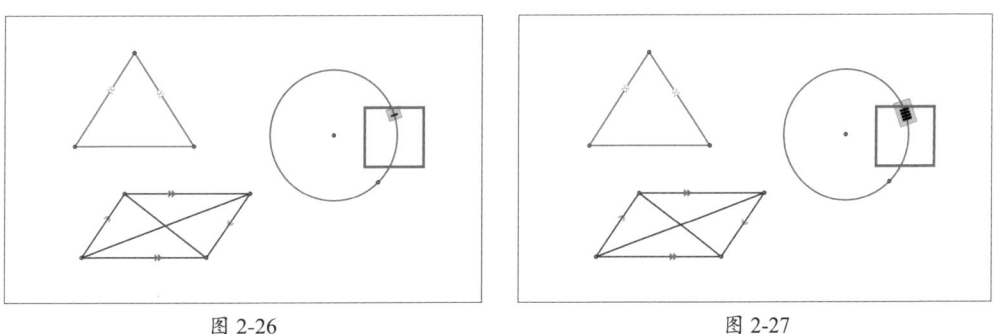

图 2-26　　　　　　　　　　　　　图 2-27

在标记上右击，在弹出的快捷菜单中执行相应的命令，可修改标记形状、粗细、

颜色等属性，如图2-28所示。用户也可以在弹出的快捷菜单中执行"属性"命令，打开
"画线标记"对话框，在"标记笔"选项卡中进行设置，如图2-29所示。

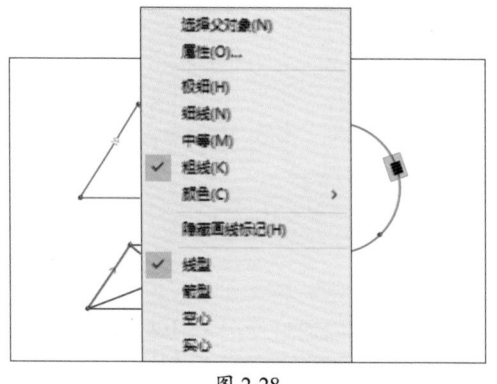

图 2-28

图 2-29

（2）标记角

选择标记工具 ✎，移动光标至角顶点处，待光标变为 ◣ 时，按住鼠标左键向角内侧
方向拖动，即可标记角，如图2-30所示。在角内部单击可增加角标记的笔画数，最多为
4，如图2-31所示。

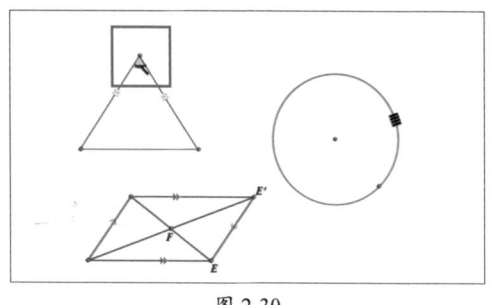

图 2-30

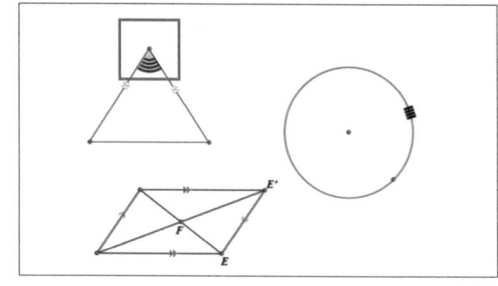

图 2-31

移动光标至角的一边，待光标变为 ◣ 状时，按住鼠标左键拖曳至另一边，可创建带
有箭头的标记，如图2-32所示。用户也可以在角标记上右击，在弹出的快捷菜单中执行
"属性"命令，打开"角标记"对话框，在"标记笔"选项卡中勾选"显示角度方向"
复选框，添加方向箭头，如图2-33所示。

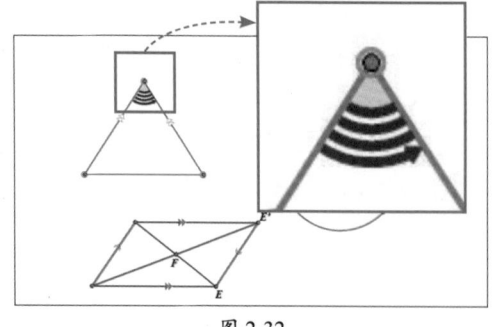

图 2-32

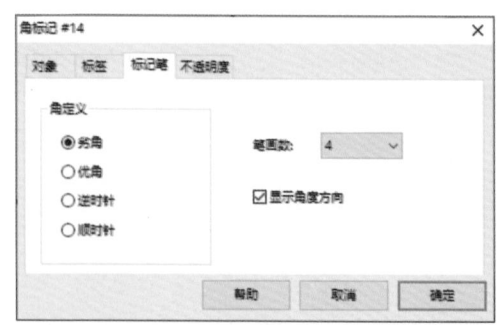

图 2-33

2.1.7　自定义工具

自定义工具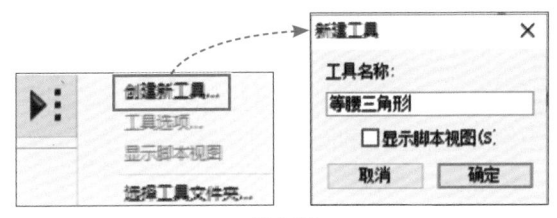可以帮助用户将一些常用的几何图形保存为工具，以便随时调用。下面对此进行介绍。

1. 创建自定义工具

选中要创建为自定义工具的几何图形的全部内容，单击工具箱中的自定义工具，在其子菜单中选择"创建新工具"选项，打开"新建工具"对话框，设置工具名称，如图2-34所示。完成后单击"确定"按钮，即可在当前文档中新建工具。

图 2-34

执行"文件"|"另存为"命令，将文件保存至工具文件夹Tools（可自建）中。

注意事项 保存自定义工具是为了方便后续的添加。

2. 添加自定义工具

关闭几何画板后再重新打开，单击工具箱中的自定义工具，在其子菜单中选择"选择工具文件夹"选项，打开"选择工具文件夹"对话框，找到工具文件夹Tools并将其打开，单击"选择"按钮，在打开的"新建工具文件夹"对话框中单击"确定"按钮，即可将自定义工具添加至新建的文档中，如图2-35所示。

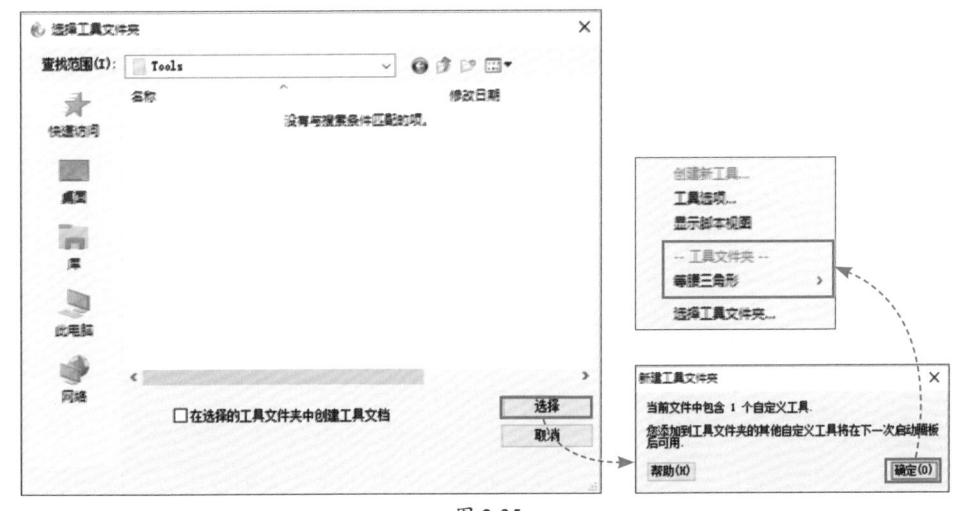

图 2-35

用户也可以自行下载常用的自定义工具，再将其添加至几何画板中。

2.2 构造简单图形

"构造"菜单中的命令可以代替一系列欧几里得尺规作图，帮助用户更加便捷地创建图形，其主要方法是通过几何画板中现有的几何对象构造出新的几何对象。下面对此进行介绍。

2.2.1 构造点

几何画板"构造"菜单中包括三种构造点的命令：对象上的点、中点及交点，这三种命令分别用于绘制不同的点。

1. 构造对象上的点

以构造圆上的点为例，选中绘制的圆，执行"构造"|"圆上的点"命令，即可构造圆上的任一点，如图2-36和图2-37所示。

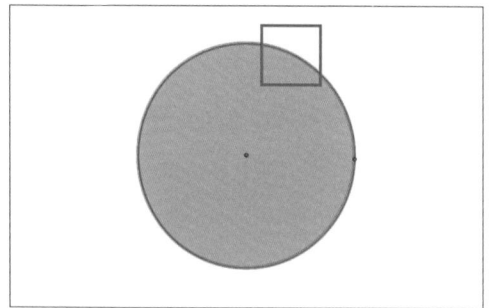

图 2-36

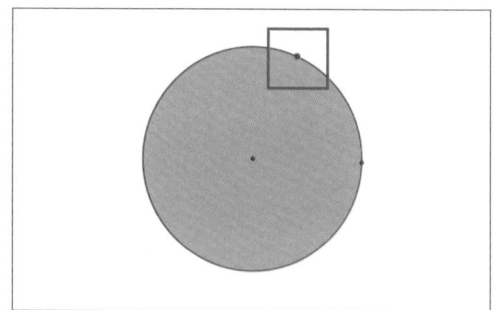

图 2-37

2. 构造中点

中点在数学中是指将一条线段分为两条相等线段的点。选中任意一条线段，执行"构造"|"中点"命令，或使用Ctrl+M组合键，即可构造该条线段的中点，如图2-38和图2-39所示。

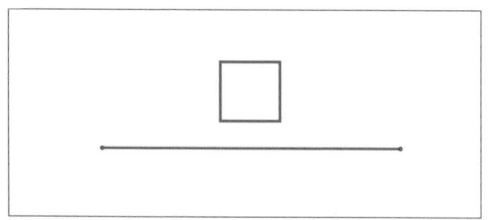

图 2-38

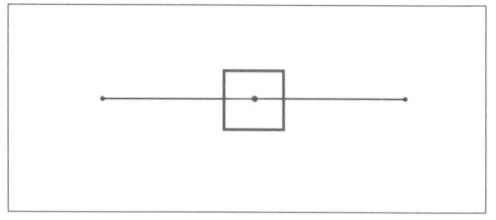

图 2-39

3. 构造交点

交点在数理科学中是指线与线、线与面相交的点，在几何画板中，可以构造线与线、线与圆、圆与圆、轨迹与轨迹、轨迹与其他对象的交点。选中两个相交对象，执行"构造"|"交点"命令，或使用Shift+Ctrl+I组合键，即可构造这两个相交对象的交点，

几何画板课件制作标准教程（全彩微课版）

如图2-40和图2-41所示。

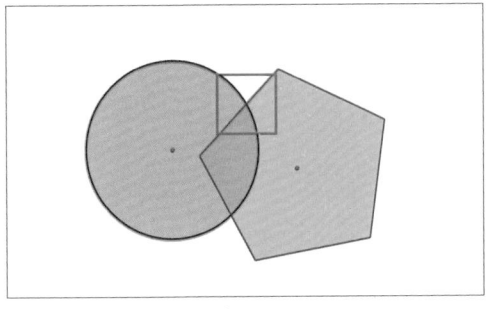

图 2-40

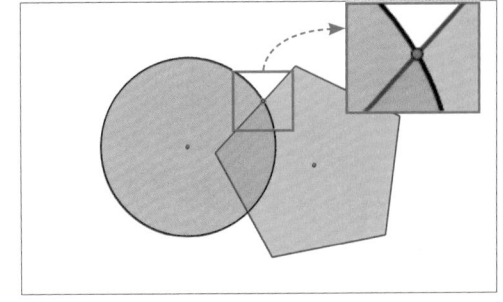

图 2-41

注意事项 移动相交的对象，当它们不再相交时，交点也不复存在。

动手练 构造三角形中线

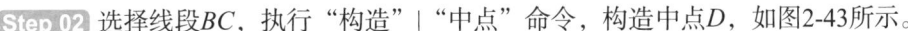

　　三角形的中线是连接三角形顶点和它的对边中点的线段，每个三角形都有三条中线。下面对三角形中线的构造进行介绍。

Step 01 使用多边形边工具📐绘制△ABC，如图2-42所示。

Step 02 选择线段BC，执行"构造"|"中点"命令，构造中点D，如图2-43所示。

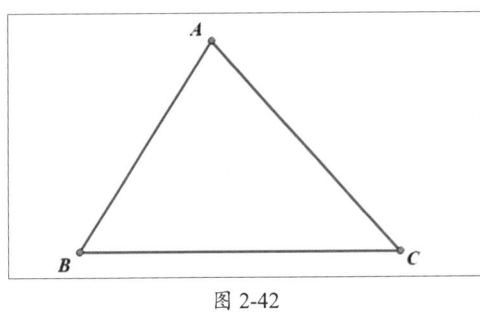

图 2-42

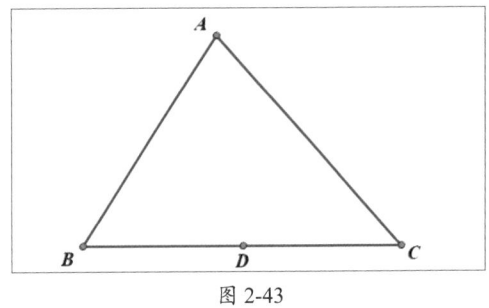

图 2-43

Step 03 使用线段直尺工具📏在点A和点D上单击，绘制线段AD，如图2-44所示。线段AD即为△ABC的中线之一。

Step 04 使用相同的方法构造三角形另外两条中线，选中三条中线，执行"显示"|"线型"|"虚线"命令，将线条设置为虚线，效果如图2-45所示。至此，三角形中线的构造完成。

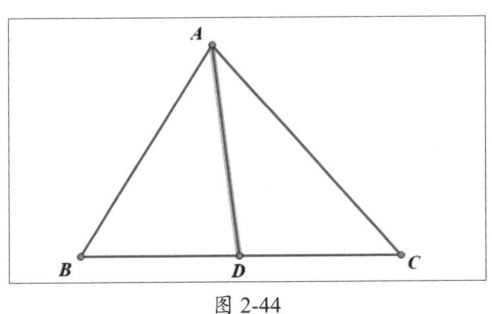

图 2-44

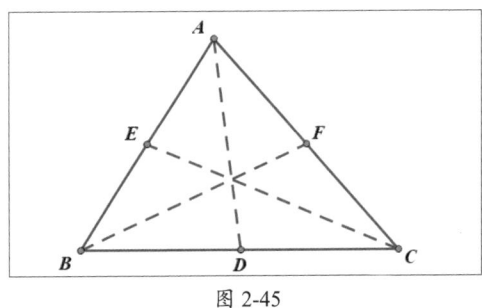

图 2-45

2.2.2 构造线

几何画板中包括六种构造线的命令：线段、射线、直线、平行线、垂线及角平分线，这六种命令分别可以创建不同的线。

1. 构造线段

使用点工具 ⌐·⌐ 在画板中任意绘制两点，选中绘制的两点，执行"构造"|"线段"命令，或使用Ctrl+L组合键，即可构造线段，如图2-46和图2-47所示。

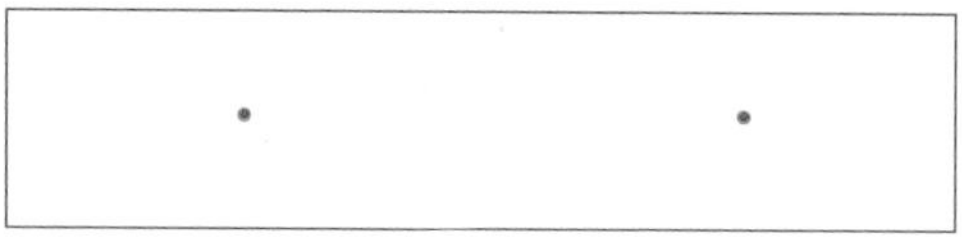

图 2-46 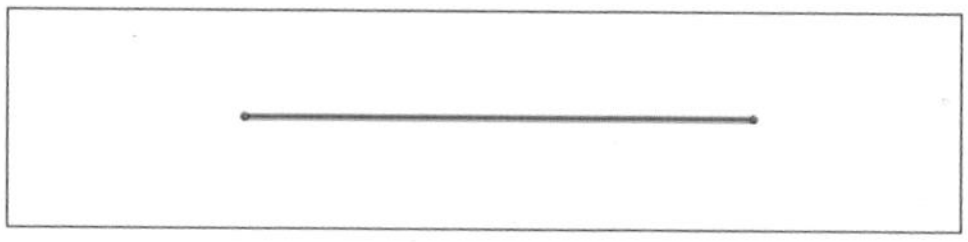　　　　　　　　　　　　　　　　图 2-47

2. 构造射线

使用点工具 ⌐·⌐ 在画板中任意绘制两点，选中绘制的两点，执行"构造"|"射线"命令，即可以先选中的点为起点，以后选中的点确定方向，构造射线，如图2-48所示。

3. 构造直线

使用点工具 ⌐·⌐ 在画板中任意绘制两点，选中绘制的两点，执行"构造"|"直线"命令，即可构造直线，如图2-49所示。

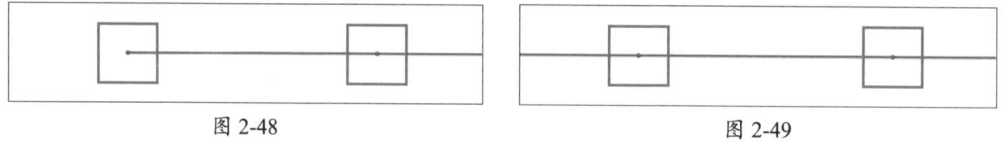

图 2-48　　　　　　　　　　　　　　　　图 2-49

4. 构造平行线

使用线段直尺工具 ⌐╱⌐ 在画板中绘制任意一条线段，使用工具 ⌐·⌐ 在线段外绘制任意一点，选中绘制的线段及点，执行"构造"|"平行线"命令，即可过点构造与线段平行的直线，如图2-50和图2-51所示。

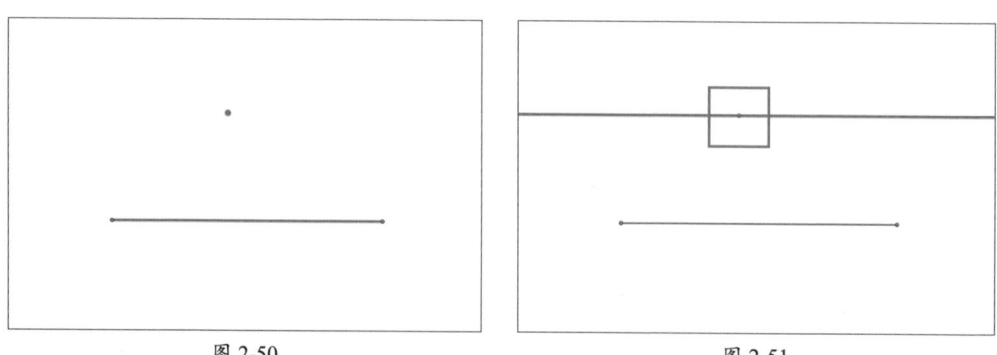

图 2-50　　　　　　　　　　　　　　　　图 2-51

注意事项 平行线构造后，无论移动线段或移动点，平行线都将保持过点且与线段平行。

5. 构造垂线

使用线段直尺工具☑在画板中绘制任意一条线段，执行"构造"|"线段上的点"命令，构造线段上的点，选中线段及构造出的点，执行"构造"|"垂线"命令，即可过点构造与线段垂直的线，如图2-52和图2-53所示。

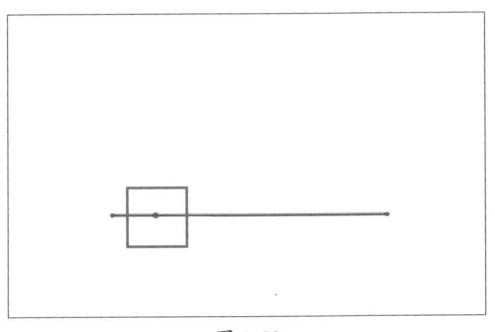
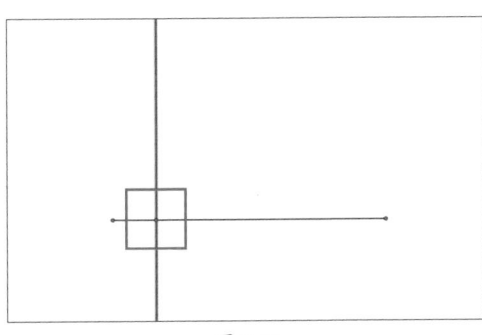

图 2-52

图 2-53

注意事项 用户也可以绘制线段外一点，构造过该点与线段垂直的线。

6. 构造角平分线

使用线段直尺工具☑在画板中绘制任意两条端点相交的线段，选择两条线段，执行"构造"|"角平分线"命令，即可构造这两条线段夹角的角平分线，如图2-54和图2-55所示。

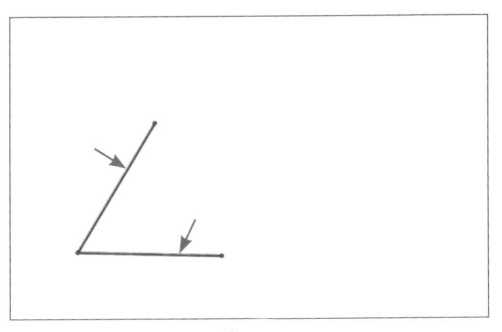
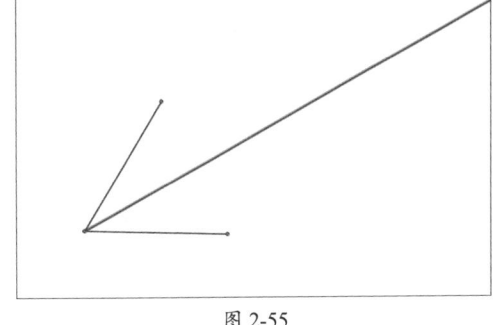

图 2-54

图 2-55

注意事项 选中任意三个点，执行"构造"|"角平分线"命令，将以第二个选中的点为起点创建角平分线。

动手练 构造三角形垂心

三角形垂心是指三角形三条高与对边或其延长线相交于一点的点，下面对三角形垂心的构造进行介绍。

Step 01 使用直线直尺工具☑绘制三条相交的直线j、k、l，选中直线上的点，使用Ctrl+H组合键隐藏。选中直线j和直线k，执行"构造"|"交点"命令，构造交点A，选中直线k和直线l，执行"构造"|"交点"命令，构造交点B，选中直线j和直线l，执行"构造"|"交点"命令，构造交点C。使用多边形边工具☑单击交点创建

$\triangle ABC$，如图2-56所示。

Step 02 选中点A与直线l，执行"构造"|"垂线"命令，构造过点A与直线l垂直的线m，如图2-57所示。

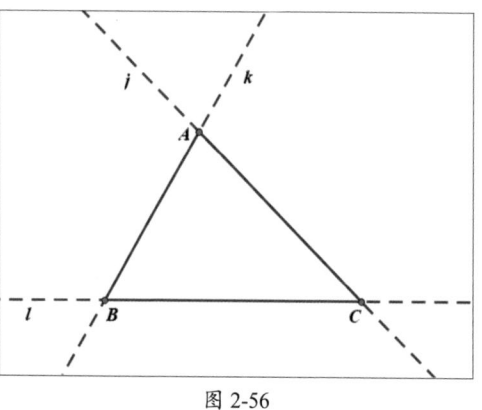

图 2-56

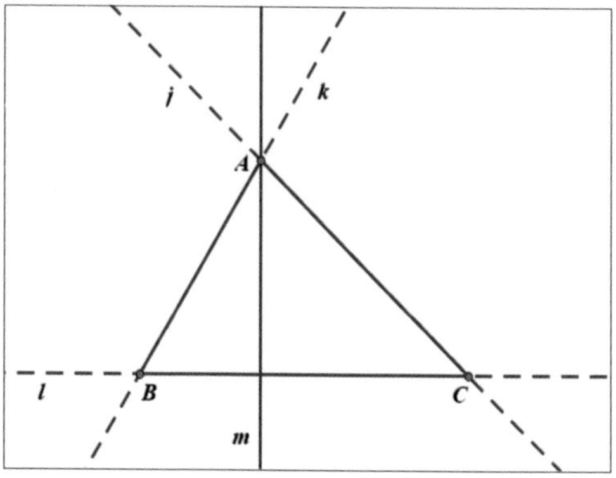

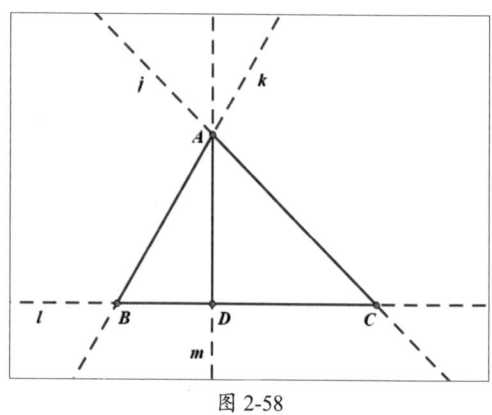

图 2-57

Step 03 选中垂线m和直线l，执行"构造"|"交点"命令，构造交点D，选中点A和点D，执行"构造"|"线段"命令，构造线段AD，如图2-58所示。

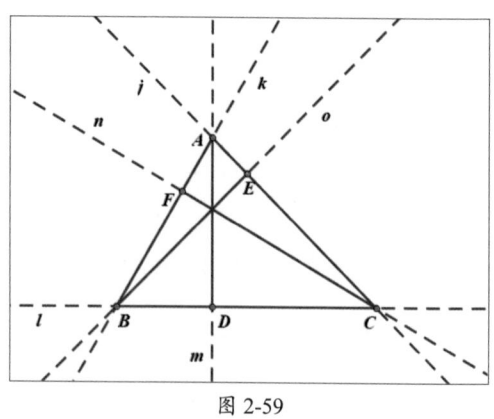

图 2-58

Step 04 使用相同的方法构造线段BE和线段CF，如图2-59所示。

图 2-59

Step 05 选中直线j、直线k、直线l、垂线m、垂线n和垂线o，使用Ctrl+H组合键隐藏，如图2-60所示。

Step 06 选中线段AD和线段BE，执行"构造"|"交点"命令，构造交点G，交点G

即为△ABC的垂心。选中线段AD、线段BE和线段CF，执行"显示"|"线型"|"细线"命令，设置线型为细线；执行"显示"|"线型"|"虚线"命令，设置线型为虚线，如图2-61所示。至此，三角形垂心的构造绘制完成。

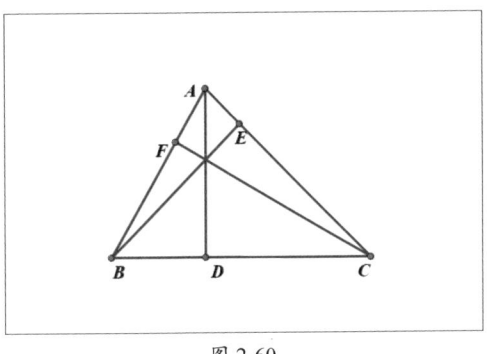

图 2-60

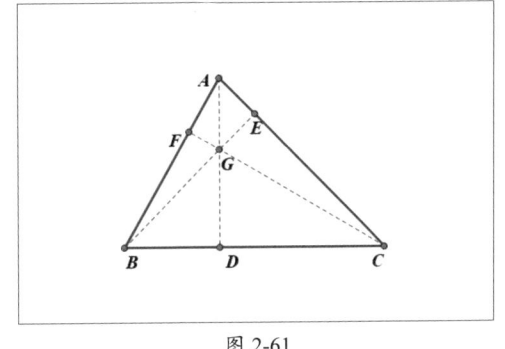

图 2-61

2.2.3 构造圆

几何画板中包括两种构造圆的命令：以圆心和圆周上的点绘圆及以圆心和半径绘圆。这两种命令可以通过不同的方式构造圆。

1. 以圆心和圆周上的点绘圆

使用点工具 在画板中任意绘制两点，依次选中绘制的两点，执行"构造"|"以圆心和圆周上的点绘圆"命令，即可以先选中的点为圆心、以后选中的点为圆周上的点构造圆，如图2-62和图2-63所示。

图 2-62

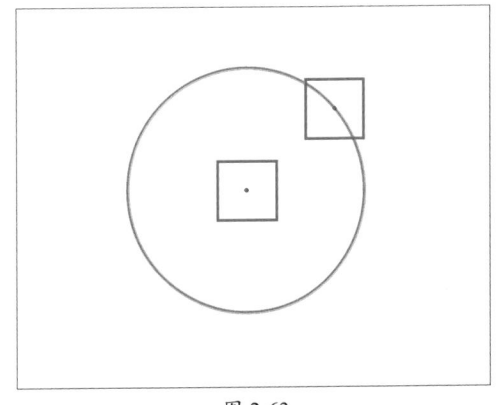

图 2-63

注意事项 若两个点是同时选中的，将以先绘制的点为圆心、以后绘制的点为圆周上的点构造圆。

2. 以圆心和半径绘圆

使用线段直尺工具 在画板中绘制任意一条线段，选择线段一侧端点及线段，执行"构造"|"以圆心和半径绘圆"命令，即可以端点为圆心、以线段为半径构造圆，如

图2-64和图2-65所示。

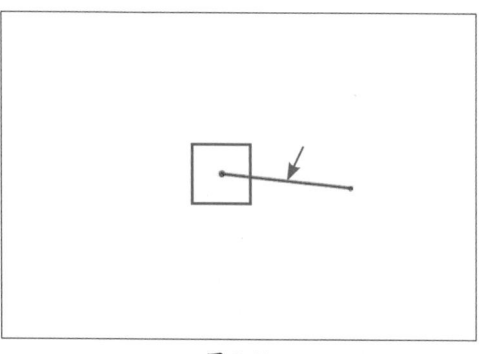

图 2-64

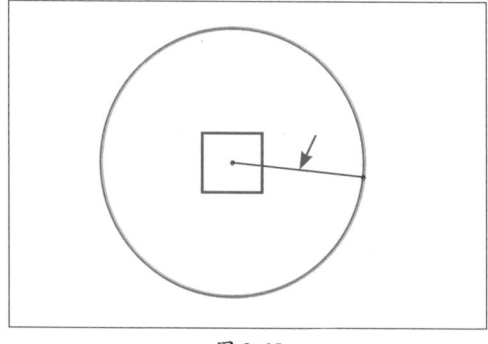

图 2-65

动手练 构造半径为3厘米的圆

通过"构造"菜单中的命令，用户可以轻松绘制指定半径的圆，下面对此进行介绍。

Step 01 选择点工具 · 在画板中任意一点单击，绘制点A，选中绘制的点A，执行"变换"|"平移"命令，打开"平移"对话框，选中"极坐标"单选按钮，设置"固定距离"为3厘米，"固定角度"为0°，如图2-66所示。

Step 02 完成后单击"平移"按钮，平移点A得到点A'。选中点A和点A'，使用Ctrl+L组合键，构造线段AA'，如图2-67所示。

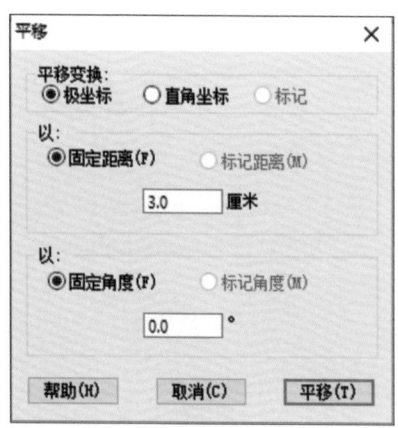

图 2-66

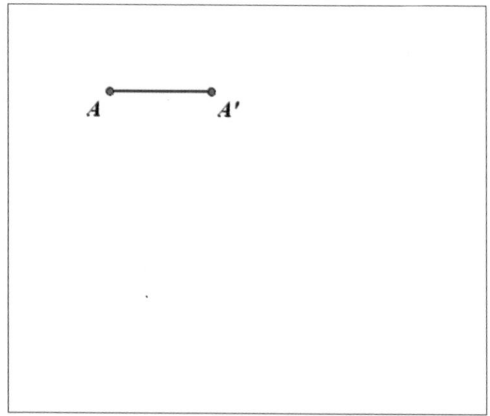

图 2-67

Step 03 选择点工具 · 在画板中任意一点单击，绘制点B，选中点B和线段AA'，执行"构造"|"以圆心和半径绘圆"命令，绘制圆c_1，如图2-68所示。

Step 04 选中圆c_1，执行"度量"|"半径"命令，度量圆c_1的半径，如图2-69所示。至此，半径为3厘米的圆的构造完成。

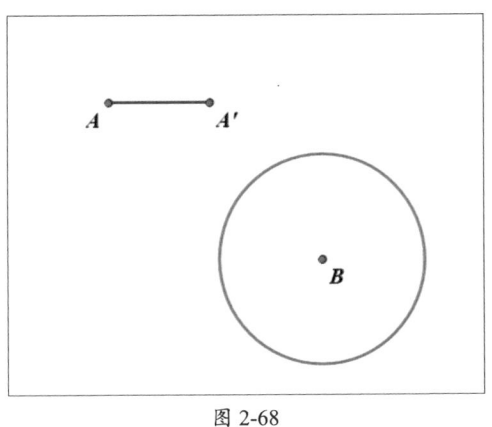

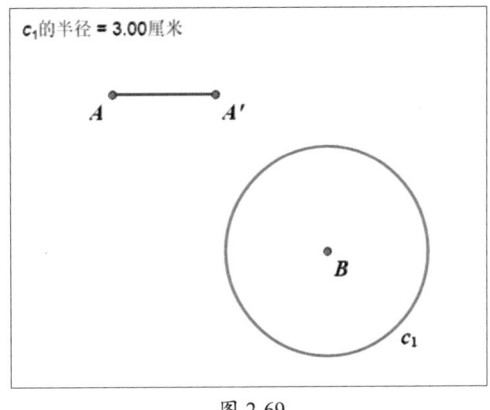

图 2-68　　　　　　　　　　图 2-69

2.2.4　构造弧

几何画板中包括两种构造弧的命令：圆上的弧和过三点的弧。这两种命令可以通过不同的方式构造弧。

1. 构造圆上的弧

使用圆工具⊙在画板中任意绘制一圆，使用点工具·在圆上创建两点，选中绘制的圆及圆上的两点，执行"构造"|"圆上的弧"命令，即可构造弧，如图2-70和图2-71所示。

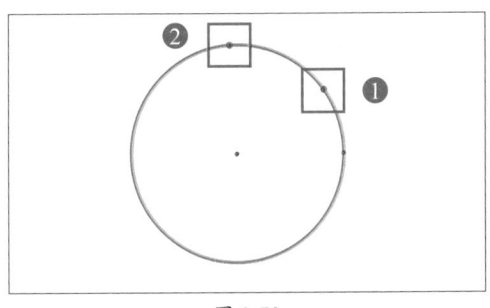

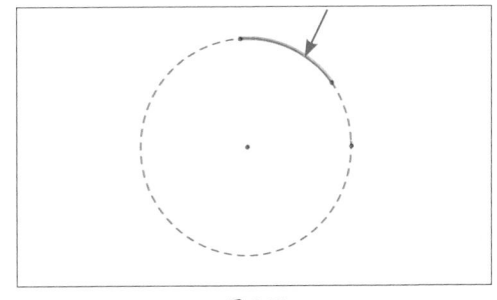

图 2-70　　　　　　　　　　图 2-71

注意事项 选中圆上两点的顺序不同，构造的弧也将不同。

2. 构造过三点的弧

使用点工具·在画板中任意绘制三个点，依次选中三个点，执行"构造"|"过三点的弧"命令，即可创建弧，如图2-72和图2-73所示。

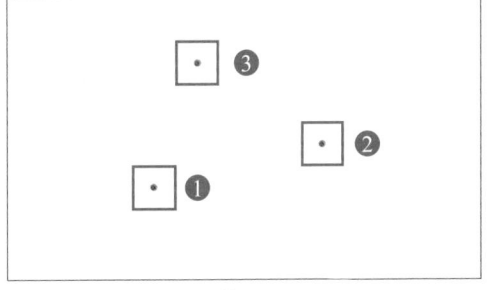

图 2-72

注意事项 选中三点的顺序不同，构造的弧也将不同。

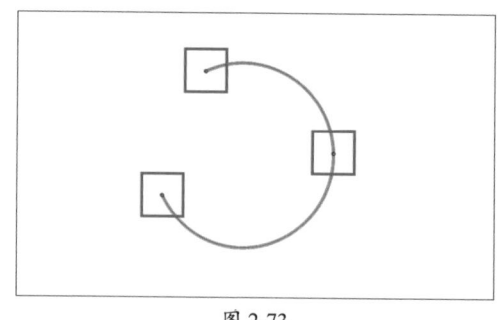

图 2-73

2.2.5　构造内部

构造内部命令可以构造多边形、圆、扇形等对象的内部。选择不同对象时，该命令的表述也会有所不同。

1. 构造多边形内部

使用点工具 · 在画板中绘制多个点，依次选中绘制的多个点，执行"构造"|"多边形内部"命令，或使用Ctrl+P组合键，即可构造多边形的内部，如图2-74和图2-75所示。

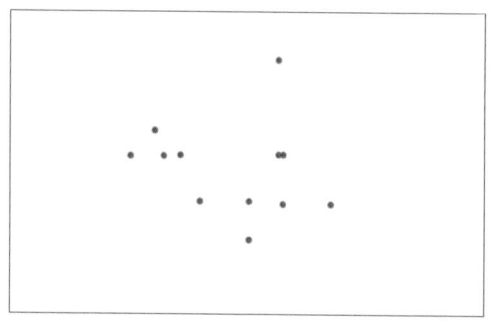

图 2-74

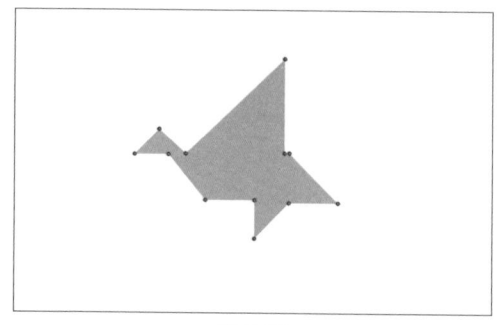

图 2-75

注意事项 选中多边形点的顺序不同，构造的内部也将不同。

2. 构造圆内部

使用圆工具 ◎ 在画板中的合适位置绘制一个圆，选中绘制的圆，执行"构造"|"圆内部"命令，或使用Ctrl+P组合键，构造圆内部，如图2-76和图2-77所示。

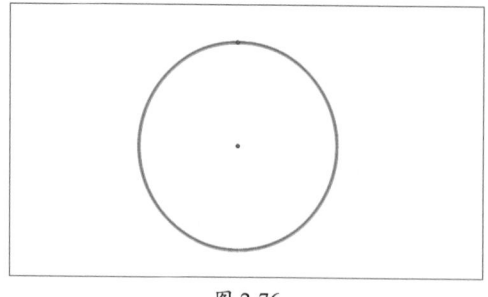

图 2-76

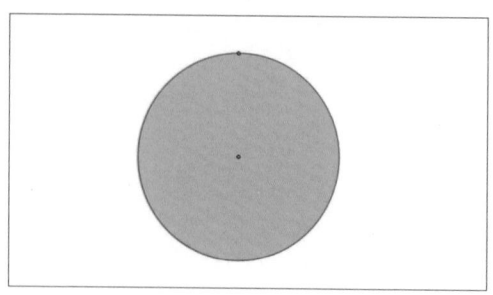

图 2-77

3. 构造弧内部

　　"弧内部"命令包括"扇形内部"和"弓形内部"两个子命令。使用点工具 ·· 在画板上任意绘制三个点，依次选中三个点，执行"构造"|"过三点的弧"命令，创建弧，选中创建的弧，执行"构造"|"弧内部"|"扇形内部"命令，或使用Ctrl+P组合键，即可创建扇形内部，如图2-78所示；若选中弧后执行"构造"|"弧内部"|"弓形内部"命令，则将创建弓形内部，如图2-79所示。

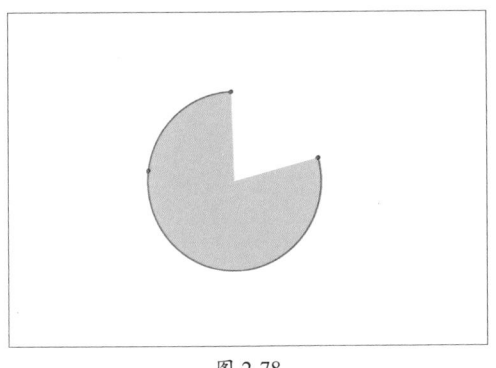

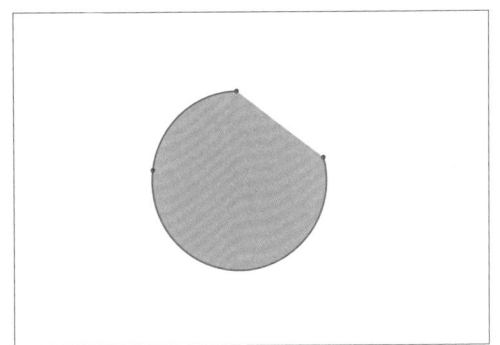

图 2-78　　　　　　　　　　　　　　　　图 2-79

2.2.6　构造轨迹

　　在数学概念中，轨迹是符合一定条件的动点所形成的图形，或者说，符合一定条件的点的全体所组成的集合，叫作满足该条件的点的轨迹。几何画板构造的轨迹是指动点引起的随动对象移动过程形成的轨迹。

　　选中动点与随动对象，执行"构造"|"轨迹"命令，即可创建随动对象随动点移动形成的轨迹，如图2-80和图2-81所示。

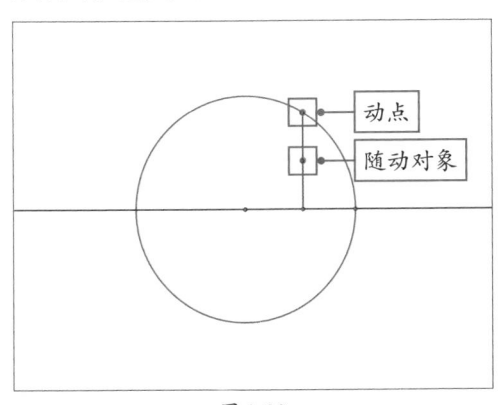

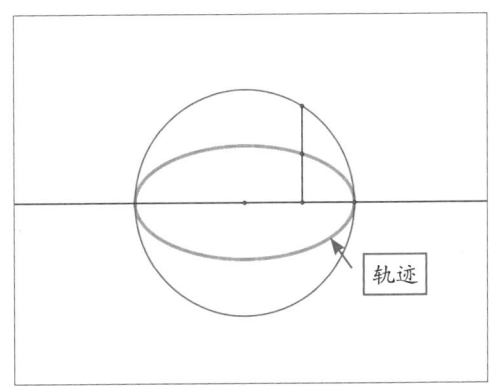

图 2-80　　　　　　　　　　　　　　　　图 2-81

注意事项 构造轨迹时，应理解对象间的几何关系，准确地找到动点与随动对象进行构造。

案例实战：绘制三角形外接圆

三角形外接圆是指与三角形各顶点都相交的圆，其圆心为三角形的外心。下面对三角形外接圆的绘制进行介绍。

Step 01 使用多边形边工具 □ 绘制 $\triangle ABC$，如图2-82所示。

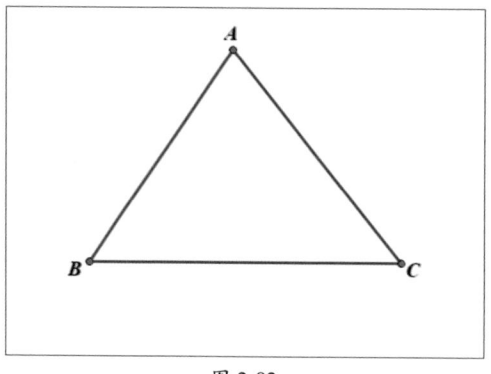

图 2-82

Step 02 选中线段 BC，执行"构造"|"中点"命令，构造线段 BC 的中点 D，选中点 D 和线段 BC，执行"构造"|"垂线"命令，构造线段 BC 过中点 D 的垂线 j，如图2-83所示。

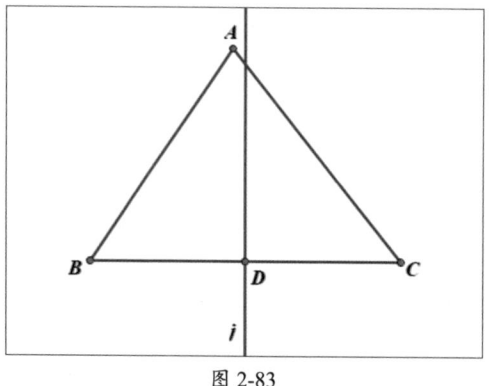

图 2-83

Step 03 选中线段 AC，执行"构造"|"中点"命令，构造线段 AC 的中点 E，选中点 E 和线段 AC，执行"构造"|"垂线"命令，构造线段 AC 过中点 E 的垂线 k，如图2-84所示。

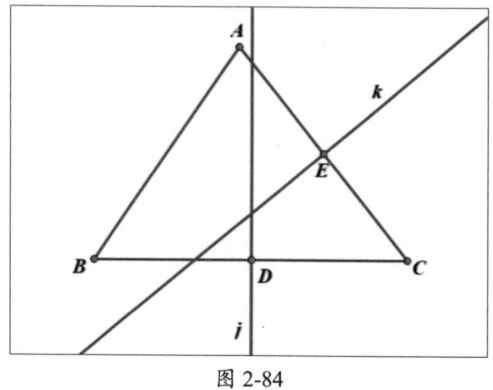

图 2-84

Step 04 选中垂线j和垂线k，执行"构造"|"交点"命令，构造交点F，如图2-85所示。交点F即为$\triangle ABC$的外心。

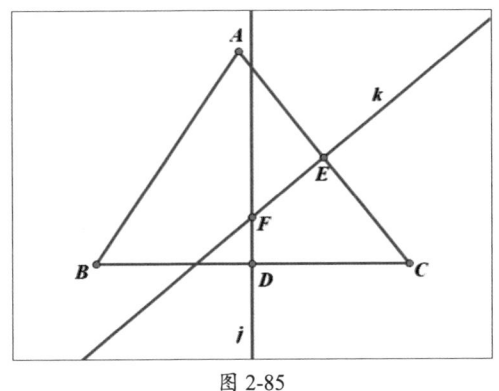

图 2-85

Step 05 选中点F和点A，执行"构造"|"以圆心和圆周上的点绘圆"命令，绘制圆c_1，如图2-86所示。圆c_1即为$\triangle ABC$的外接圆。

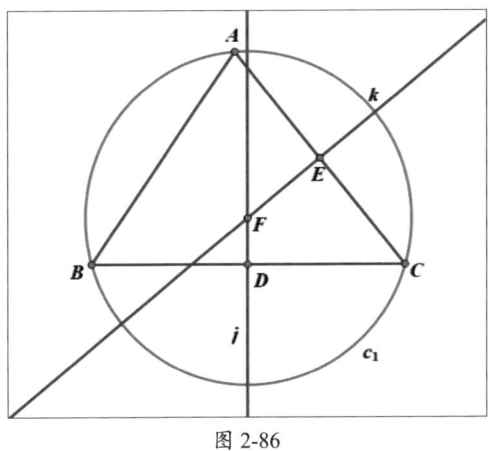

图 2-86

Step 06 选中垂线j、垂线k、点D和点E，使用Ctrl+H组合键将其隐藏，选中$\triangle ABC$的三条边，执行"显示"|"线型"|"细线"命令，设置线型为细线；执行"显示"|"线型"|"虚线"命令，设置线型为虚线，如图2-87所示。至此，$\triangle ABC$外接圆绘制完成。

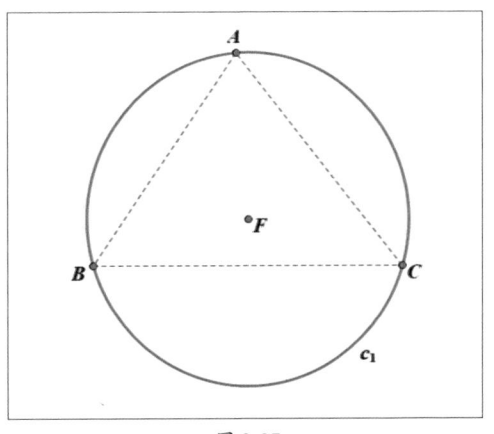

图 2-87

39

1. Q: "角标记"对话框"标记笔"选项卡中的劣角、优角、顺时针、逆时针是什么意思？

A: "角标记"对话框"标记笔"选项卡中，"角定义"列表中的"劣角"又称凸角，是指大于0°小于180°的角，该类型角包括直角、锐角和钝角；优角又称凹角，是指大于平角（180°）小于周角（360°）的角；"逆时针"为射线逆时针旋转形成的角，为正角；"顺时针"为射线顺时针旋转形成的角，为负角。

2. Q: 三角形内切圆怎么绘制？

A: 三角形内切圆是指与三角形三边都相切的圆，其圆心为三角形的内心，而三角形的内心是三角形三条角平分线的交点。用户可以绘制任意三角形后构造三个角的角平分线，确定内切圆圆心；再过内切圆圆心做任意一边的垂线，构造垂线及与之垂直的边的交点；选中圆心及构造出的交点，执行"构造"|"以圆心和圆周上的点绘圆"命令，即可构造三角形内切圆。

3. Q: 怎么给对象添加标签？

A: 几何画板中给对象添加标签有多种方式，用户可以使用文本工具 A 在对象上单击，显示其标签；也可以选中对象后执行"编辑"|"属性"命令，或使用 Alt+? 组合键，打开相应的属性对话框，勾选"标签"选项卡中的"显示标签"复选框显示标签；或在对象上右击，在弹出的快捷菜单中执行"属性"命令，打开相应的属性对话框进行设置。

4. Q: 怎么修改对象标签？

A: 使用文本工具 A 在对象标签上双击，打开相应的属性对话框，在"标签选项卡"中的标签文本框中输入新的标签后，单击"确定"按钮即可。用户也可以执行"编辑"|"属性"命令，或使用 Alt+? 组合键，打开相应的属性对话框进行设置。

5. Q: 构建垂线或平行线后，移动原始线，还会保持垂直或平行关系吗？

A: 会。构建垂线或平行线后，无论怎么改变原始线的方向、位置或点的位置，垂线都将保持过点与原始线垂直，平行线都将保持过点与原始线平行。

第 3 章
编辑与变换图形

几何画板具有强大的绘图功能，除了基础绘图工具外，用户还可以通过"编辑"菜单和"变换"菜单中的命令，制作更加复杂的图形。本章将对编辑和变换对象的方法进行介绍。

通过几何画板中的"编辑"及"显示"菜单，可以完成对对象的编辑操作。下面对其中常用的一些命令进行介绍。

3.1.1 选择对象

若想编辑对象，首先需要将其选中，几何画板中一般可以通过移动箭头工具 或"编辑"菜单中的命令选择对象。

1. 选择对象

选择移动箭头工具 ，在要选中的对象上单击即可将其选中，此时该对象将突出显示，如图3-1所示。再次单击其他对象，可加选对象，如图3-2所示。用户也可以在画板中按住鼠标左键拖曳框选多个对象。

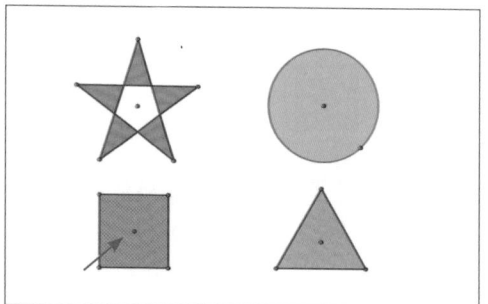

图 3-1

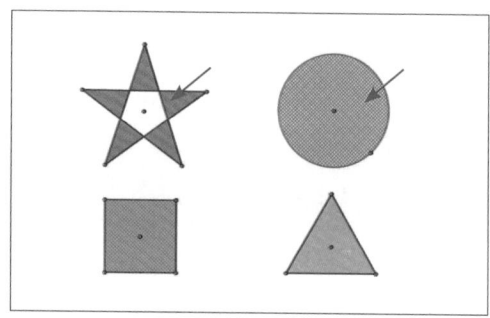

图 3-2

知识点拨

按住Shift键加选对象时，在空白处单击不会取消选择，因此用户可以结合单击选择与框选的方式，快速选择要选中的对象。

2. 选择父对象 / 子对象

几何画板中的父对象和子对象是指对象之间的派生关系，若某个对象是在已有对象的基础上绘制的，则称这个对象为已有对象的子对象，而已有对象则为其父对象。父对象可以影响子对象的效果，而子对象不会影响父对象。

若想选中某一对象的父对象，可以选择该对象后执行"编辑"|"选择父对象"命令，或使用Alt+↑组合键，如图3-3所示。若想选中某一对象的子对象，可以选择该对象后执行"编辑"|"选择子对

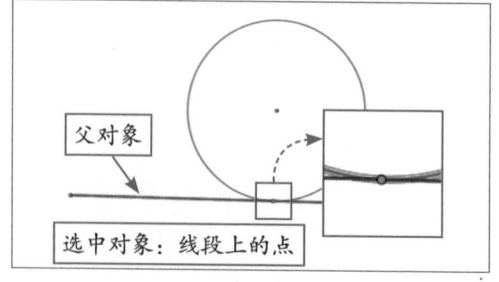

图 3-3

象”命令，或使用Alt+↓组合键，如图3-4所示。

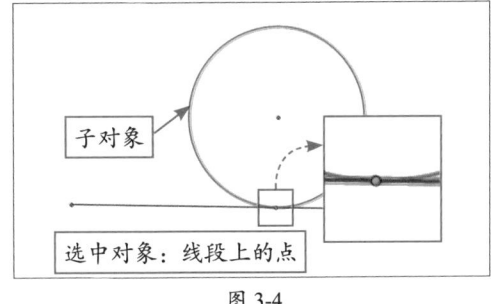

图 3-4

3. 全选对象

在选择移动箭头工具 的情况下，执行“编辑”|“全选”命令，或使用Ctrl+A组合键，将选中画板中的所有对象，如图3-5所示。

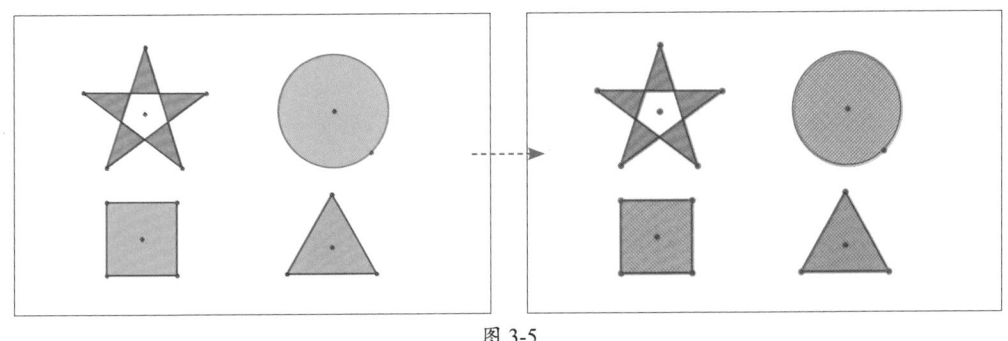

图 3-5

4. 取消选择

若想取消选择某一对象，则应在该对象上单击或按Esc键即可，如图3-6所示。若想取消选择所有对象，在画板空白处单击或按Esc键即可，如图3-7所示。

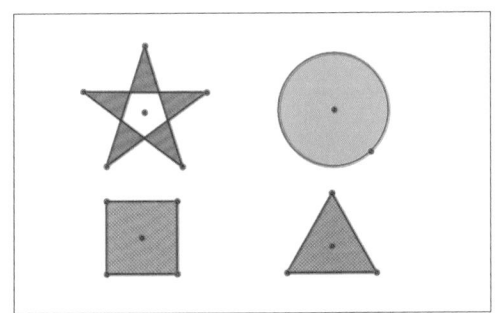

图 3-6

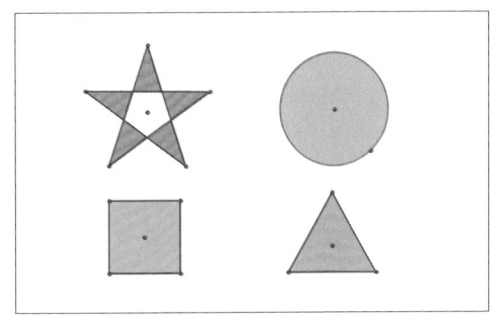

图 3-7

▌3.1.2 复制/粘贴对象

复制粘贴可以快速地生成相同的对象，从而节省课件的制作时间，提高效率。

选中要复制的对象，如图3-8所示，执行“编辑”|“复制”命令，或使用Ctrl+C组合键，即可将选中对象复制在剪贴板中，执行“编辑”|“粘贴”命令，或使用Ctrl+V组

合键，即可粘贴复制的对象，如图3-9所示。

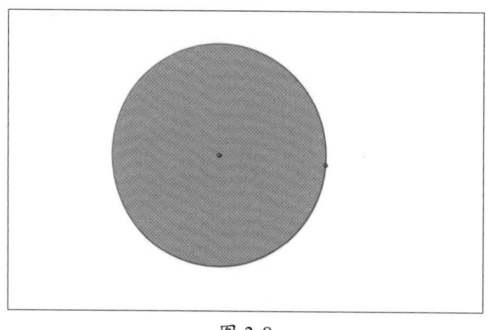

图 3-8

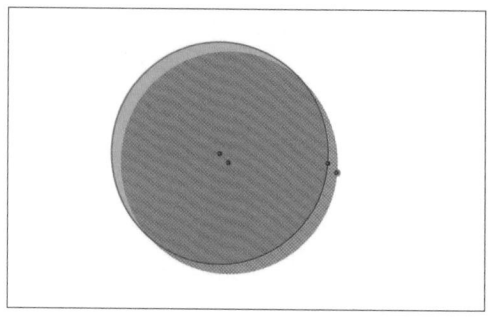

图 3-9

知识点拨

> 用户也可以执行"编辑"|"剪切"命令，或使用Ctrl+X组合键剪切对象，再执行"编辑"|"粘贴"命令，或使用Ctrl+V组合键将其粘贴在新的位置。剪切与复制的区别在于原对象是否存在：剪切后原对象不存在，而复制不影响原对象。

3.1.3 分离/合并对象

"分离/合并"命令可以将一个对象合并到另一个对象，或者将合并的对象分离开。在几何画板中，根据选中对象的不同，"分离/合并"命令的表述也会有所不同。

以圆上点的合并为例，选择点D与圆C_1，如图3-10所示，执行"编辑"|"合并点到圆"命令，点D将合并至圆C_1上，如图3-10和图3-11所示。此时点D只能在圆C_1上移动。

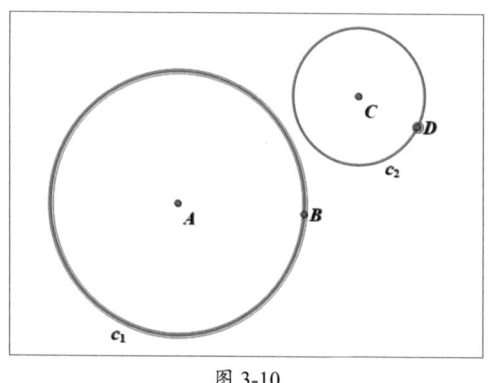

图 3-10

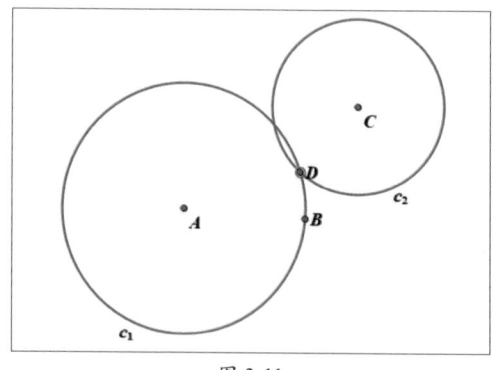

图 3-11

若想分离点D与圆C_1，选中点D，执行"编辑"|"从圆分离点"命令即可，此时点D变为自由点，可在画板中自由地移动。

知识点拨

> 选中文字与点时，按住Shift键，执行"编辑"|"合并文本到点"命令，可以合并文字和点，此时通过设置点的动画，可实现文字的动态效果。合并两个点时，选择的顺序会影响合并的效果。

3.1.4　显示/隐藏对象

使用几何画板制作课件时，可以根据需要隐藏或显示对象，使画板更加整齐有序，也便于快速地找到需要的对象。根据选择对象的不同，"隐藏对象"命令的表述也会有所不同。

选中要隐藏的线段，执行"显示"|"隐藏线段"命令，或使用Ctrl+H组合键，即可将选中的线段隐藏，图3-12所示是未隐藏效果，图3-13所示是隐藏效果。

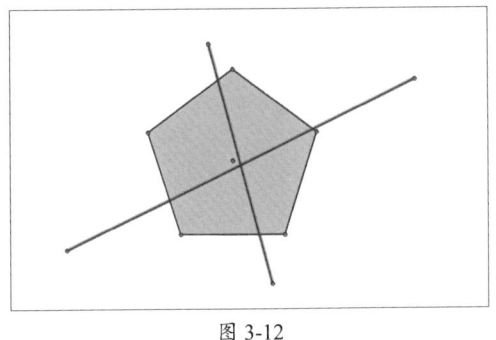

图 3-12

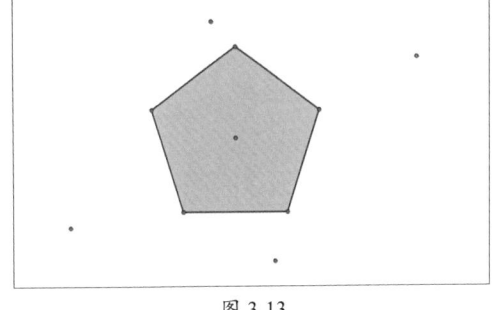

图 3-13

若想显示隐藏的对象，执行"显示"|"显示所有隐藏"命令，或使用Shift+Ctrl+H组合键即可。

3.1.5　显示/隐藏标签

构造几何对象时，系统会自动给绘制的对象配备标签，用户一般可以通过以下三种方法显示或隐藏标签。

- **文本工具**：选择文本工具 A，移动光标至要显示标签的对象，待光标变为 时单击，即可显示标签，如图3-14所示；若标签已显示，再次单击可将隐藏标签。

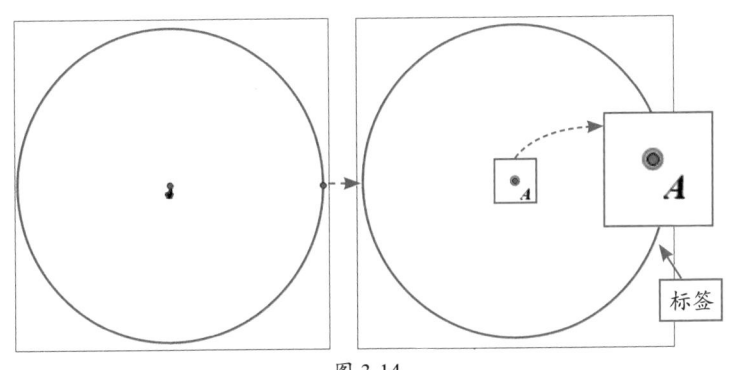

图 3-14

- "显示标签"命令：选择要显示标签的对象，执行"编辑"|"显示标签"命令，或使用Ctrl+K组合键即可；执行"编辑"|"隐藏标签"命令，或使用Ctrl+K组合键将隐藏标签。

- 快捷菜单命令：选择要显示标签的对象，右击，在弹出的快捷菜单中执行"显示标签"命令，即可显示标签；再次右击，在弹出的快捷菜单中执行"隐藏标签"命令，即可隐藏标签。

若想修改默认的标签，可以选中标签后执行"显示"|"标签"命令，或使用Alt+/组合键，打开"点A"属性对话框"标签"选项卡进行设置，如图3-15所示。用户也可以使用文本工具 A 双击标签，打开属性对话框"标签"选项卡进行设置。

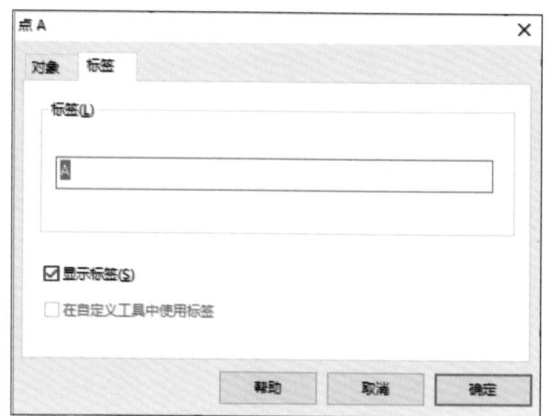

图 3-15

选中标签后，执行"编辑"|"属性"命令，或使用Alt+? 组合键，同样可以打开"属性"对话框对标签进行设置。

3.1.6 追踪

"显示"菜单中的"追踪"命令可以追踪生成点、线或图形运动的轨迹，从而方便用户理解对象的运动轨迹或创建图案效果。

选中要追踪轨迹的对象，如点D，执行"显示"|"追踪中点"命令，或使用Ctrl+T组合键，追踪中点，单击动画按钮，此时将生成点D的运动轨迹，如图3-16所示。

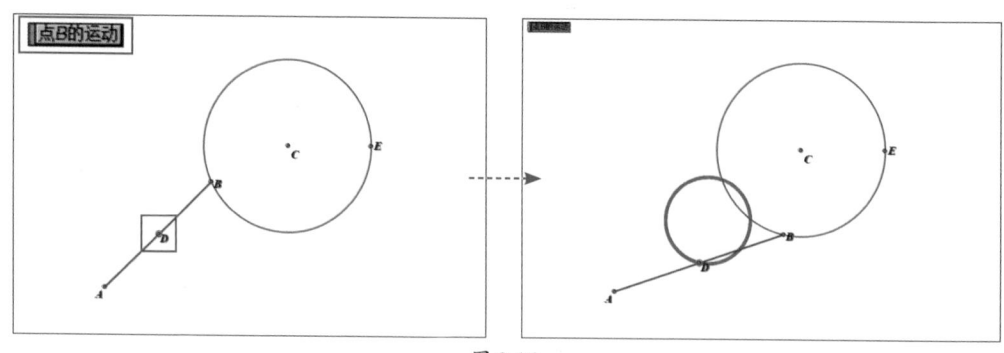

图 3-16

执行"显示"|"擦除追踪踪迹"命令，或使用Shift+Ctrl+E组合键，可清除已有的轨迹；若想不再生成运动轨迹，可再次执行"显示"|"追踪中点"命令，或使用Ctrl+T组合键，取消追踪。

3.1.7 设置对象显示

"显示"菜单中的"点型""线型"及"颜色"命令可用于设置选中对象的显示效果，下面对此进行介绍。

1. 设置对象点型

"点型"命令子菜单中包括"最小""稍小""中等"及"最大"四个子命令，默认选择"中等"子命令。这些子命令分别可以设置点的大小，如图3-17所示。

图 3-17

2. 设置对象线型

"线型"命令子菜单中包括"极细""细线""中等""粗线""实线""虚线"及"点线"7个子命令，默认选择"中等"及"实线"子命令。这些子命令分别可以设置线条的粗细及形态，如图3-18所示。

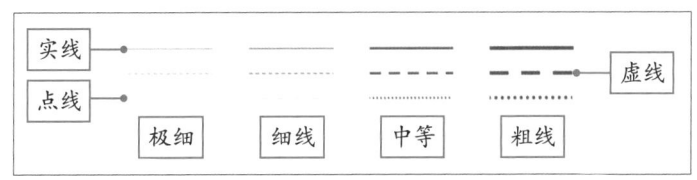

图 3-18

3. 设置对象颜色

"颜色"命令可以设置选中对象的颜色，用户既可以选择预设的颜色，也可以执行"显示"|"颜色"|"其他"命令，打开"颜色选择器"对话框自定义颜色，如图3-19所示。

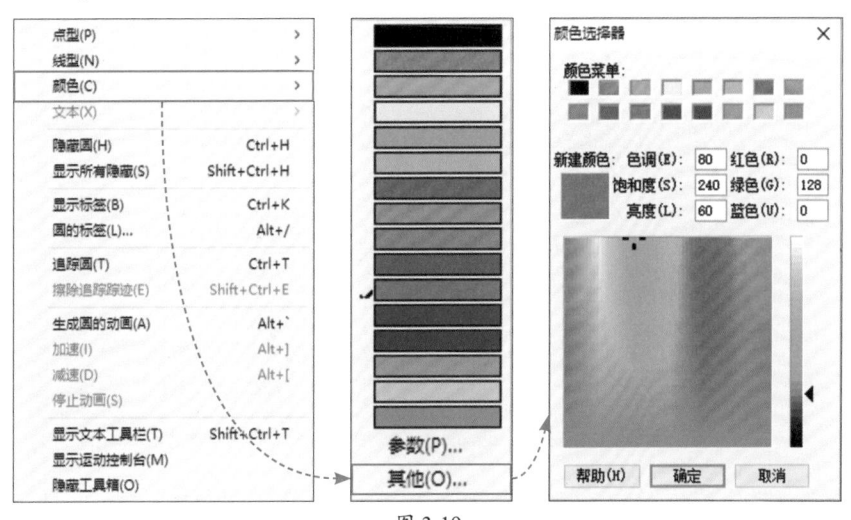

图 3-19

若选中参数与要设置颜色的对象，还可以执行"显示"|"颜色"|"参数"命令，打开"颜色参数"对话框设置颜色，如图3-20所示。设置完成后单击"确定"按钮，即可通过参数设置对象颜色。

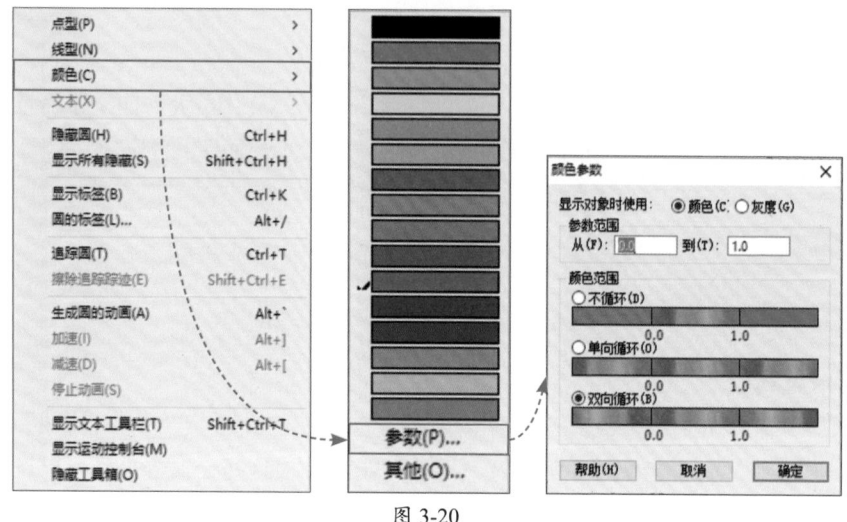

图 3-20

动手练 通过参数控制圆颜色

参数在几何画板中的应用非常广泛，可以为图形变化添加更多的可能。下面练习通过参数控制圆颜色。

Step 01 使用圆工具◎绘制一个圆形，执行"构造"|"圆内部"命令，构造圆的内部，如图3-21所示。

Step 02 执行"数据"|"新建参数"命令，打开"新建参数"对话框，新建参数a，如图3-22所示。

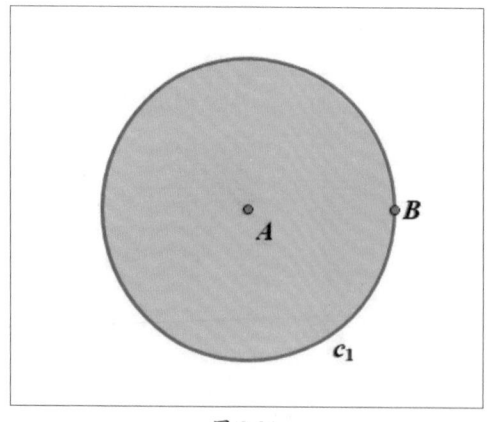

图 3-21

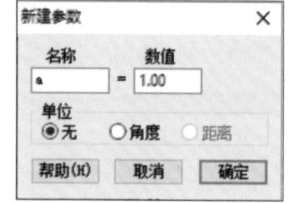

图 3-22

Step 03 选中参数a和圆内部，执行"显示"|"颜色"|"参数"命令，打开"颜色

参数"对话框，如图3-23所示。保持默认设置，单击"确定"按钮应用设置。

Step 04 更改参数a的数值，圆内部的颜色也会随之变化，如图3-24所示。

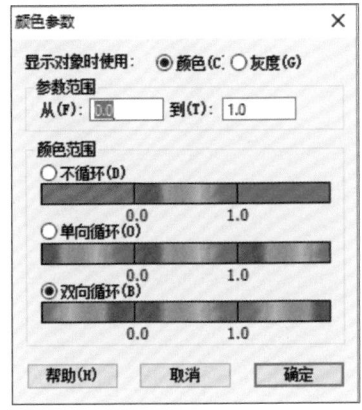

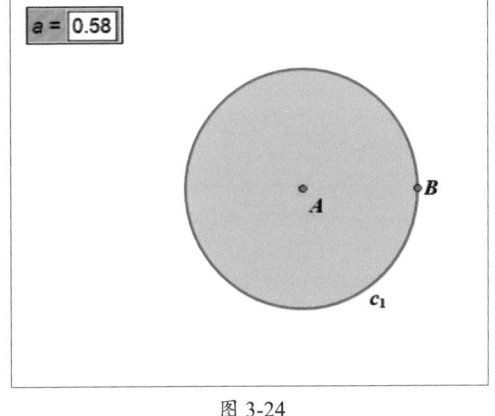

图 3-23　　　　　　　　　　　　　　　图 3-24

3.2　变换图形

　　工具和"构造"菜单中的命令构造了基本的图形，而"变换"菜单中的命令则可以在基本图形的基础上，进行旋转、缩放、反射等操作，从而制作出更加复杂丰富的图形。

3.2.1　标记对象

　　"变换"菜单中的标记功能包括"标记中心""标记镜面""标记角度""标记比""标记向量""标记距离"六个命令，这些命令可以辅助变换操作。

1. 标记中心

　　"标记中心"命令一般与"旋转""缩放"命令搭配使用，该命令可以将一点标记为中心，旋转或缩放时将以该点为基点进行旋转或缩放。

　　选中画板中任意一点，执行"变换"|"标记中心"命令，或使用Shift+Ctrl+F组合键，将其标记为中心，选中的点将会闪现黑色同心圆，如图3-25所示。

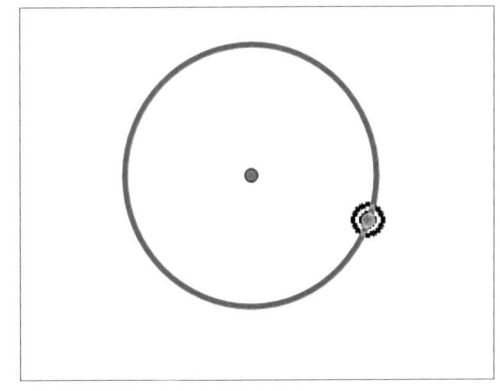

图 3-25

此时选中对象，执行"变换"|"旋转"命令，将以标记的中心为旋转中心进行旋转，图3-26所示为旋转180°的效果。

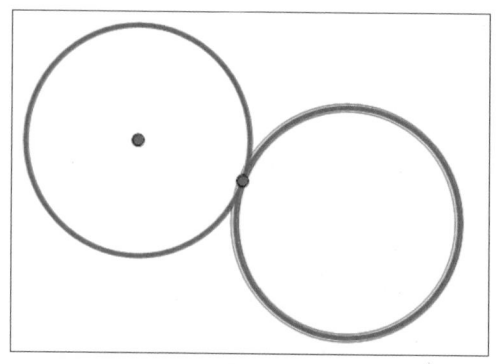

图 3-26

2. 标记镜面

"标记镜面"命令一般与"反射"命令搭配使用，该命令可将一条线标记为反射镜面，反射时将以该线为对称轴反射对象。

选中任意一条线或线段，执行"变换"|"标记镜面"命令，将其标记为镜面，选中的线段上将闪现黑色四边形，如图3-27所示。此时选中对象，执行"变换"|"反射"命令，将以标记的线为对称轴进行反射，如图3-28所示。调整镜面线条后，反射效果也会随之变化。

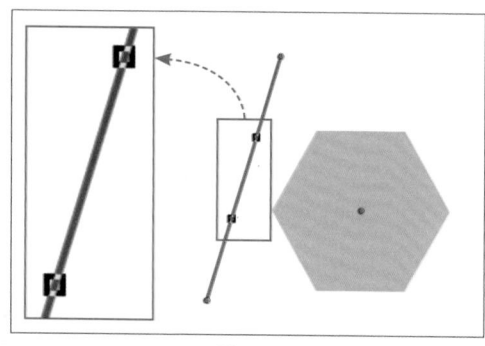

图 3-27

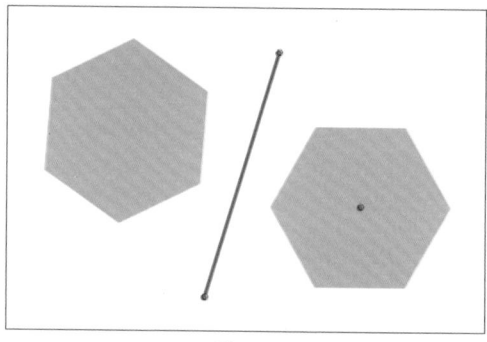

图 3-28

3. 标记角度

"标记角度"命令一般与"旋转"命令搭配使用，该命令可标记已知的角度，在旋转时按照该角度进行旋转。

依次选中三个点（选中的第二个点为角的顶点）或选择度量得出的角度值，执行"变换"|"标记角度"命令，标记角度，如图3-29所示。此时选中对象，执行"变换"|"旋转"命令，在打开的"旋转"对话框中选中"标记角度"单选按钮，完成后单击"确定"按钮，将根据标记的角度进行旋转，如图3-30所示。

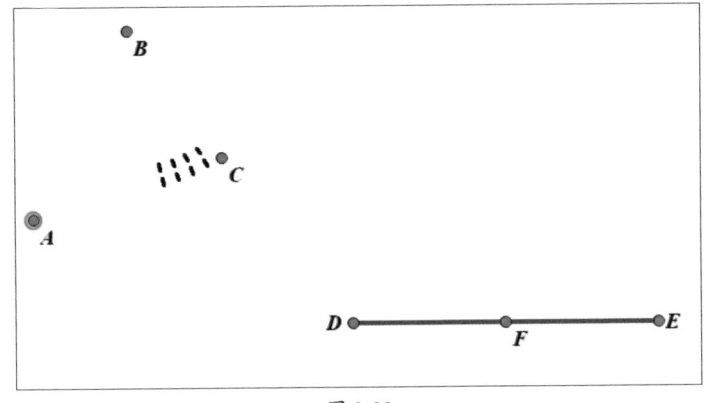

图 3-29

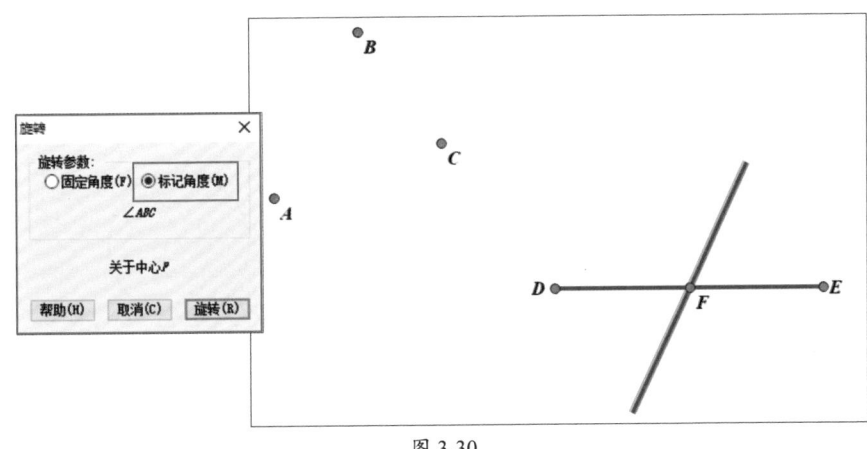

图 3-30

4. 标记比

　　"标记比"命令一般与"缩放"命令搭配使用，该命令可标记比值，在缩放时按照该比值进行缩放。标记比一般包括以下三种方式。

- 先后选中一条线上的三个点 A、B、C，执行"变换"|"标记比"命令，标记 AC/AB。
- 先后选中两条线段，执行"变换"|"标记线段比"命令，标记第一条线段/第二条线段的比。
- 选中一个没有单位的数值，执行"变换"|"标记比值"命令，标记比值。

5. 标记向量

　　在数学概念中，向量是指具有大小和方向的量。在几何画板中，用户可以执行"标记向量"命令来标记向量，该命令一般与"平移"命令搭配使用。

　　先后选中两点，执行"变换"|"向量"命令来标记向量。此时选中对象执行"变换"|"平移"命令，在打开的"平移"对话框中选中"标记"单选按钮，单击"确定"按钮，将根据标记向量的方向和距离进行平移，如图3-31所示。

51

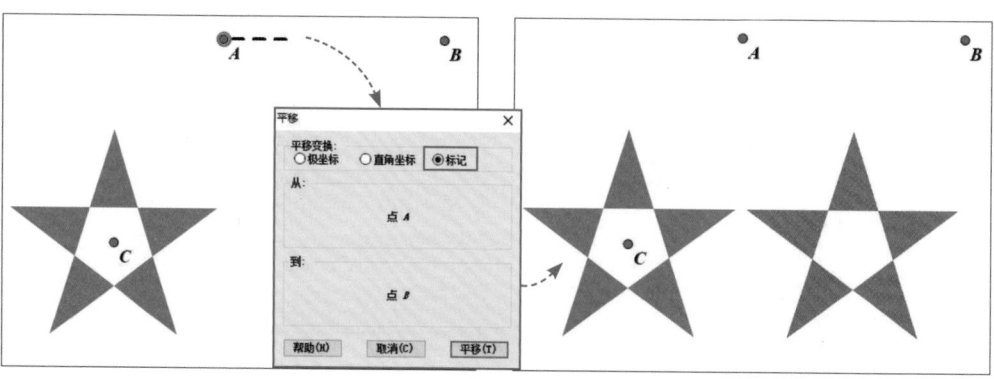

图 3-31

6. 标记距离

"标记距离"命令一般与"平移"命令搭配使用，该命令可标记距离，在平移时按照标记的距离移动对象。

选中一个或两个带长度单位的度量值或计算值，执行"变换"|"标记距离"命令来标记距离，如图3-32所示。此时选中对象，执行"变换"|"平移"命令，在打开的"平移"对话框中选中"标记距离"单选按钮，完成后单击"平移"按钮，将根据标记的距离进行平移，如图3-33所示。

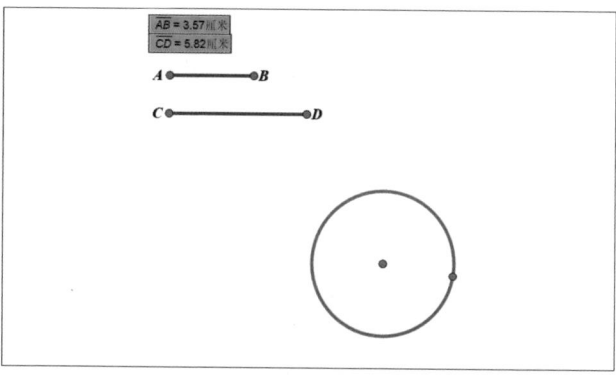

图 3-32

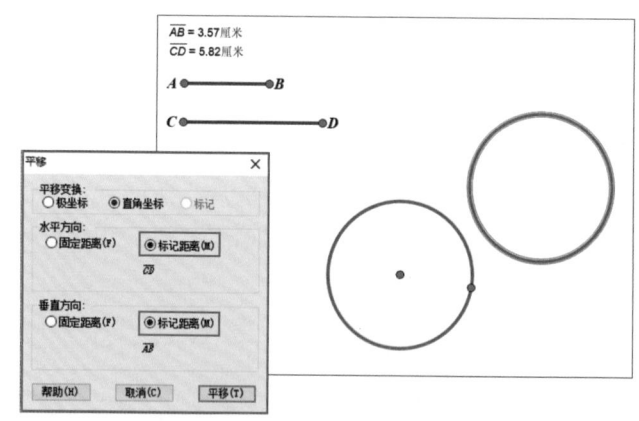

图 3-33

注意事项 在"平移"对话框中选择不同的坐标系，平移的效果也会有所不同。

3.2.2 平移对象

在几何数学领域中，平移是指在同一平面内，将一个图形上的所有点都按照某个直线方向做相同距离的移动。几何画板中，一般可以通过"平移"命令平移对象。

选中要平移的对象，执行"变换"|"平移"命令，打开"平移"对话框，在该对话框中设置参数后单击"确定"按钮，即可按照设置平移对象，如图3-34所示。

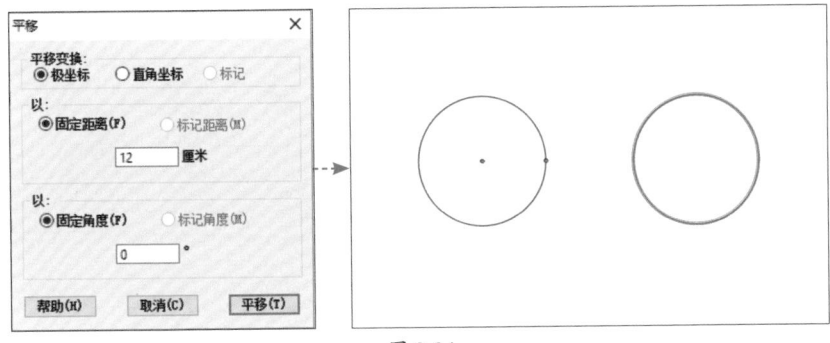

图 3-34

在"平移"对话框中选中"极坐标"单选按钮后，可通过设置距离与角度平移对象；选中"直角坐标"单选按钮后，可通过设置水平方向和垂直方向的距离平移对象；若在平移前标记了向量，还可选中"标记"单选按钮，根据向量的方向和距离平移对象。

注意事项 在几何画板中，通过"平移"命令平移对象后，原对象不会消失。

3.2.3 旋转对象

几何画板中的旋转一般通过"变换"菜单中的"旋转"命令或工具箱中的旋转箭头工具🔲实现。在旋转对象前，首先需要设立旋转中心。

1. "旋转"命令

选中要旋转的对象，双击任一点，标记为旋转中心，执行"变换"|"旋转"命令，打开"旋转"对话框。在该对话框中设置角度后单击"旋转"按钮，即可按照设置旋转对象，结果如图3-35所示。

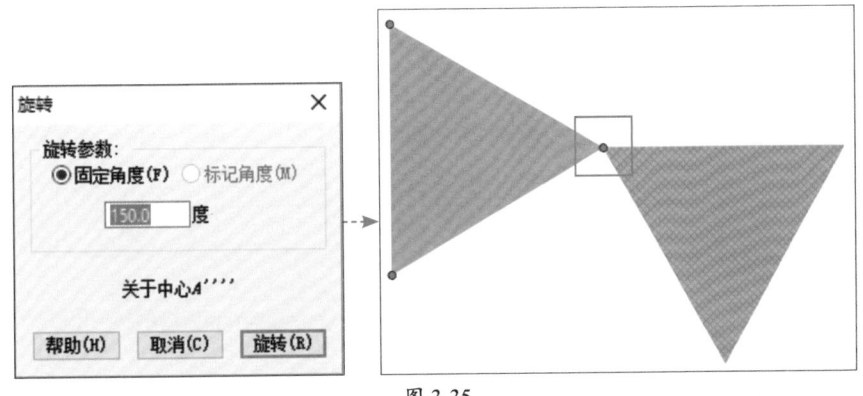

图 3-35

注意事项 设置旋转参数固定角度时，正值为绕旋转中心逆时针旋转；负值为绕旋转中心顺时针旋转。

2. 旋转箭头工具

使用旋转箭头工具 🔄 选中要旋转的对象，双击任意一点，标记为旋转中心，按住鼠标左键拖曳即可旋转对象，如图3-36所示。

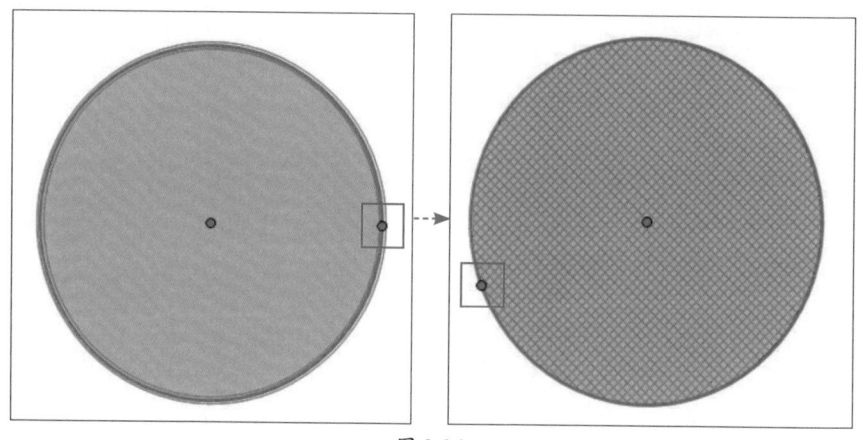

图 3-36

注意事项 使用旋转箭头工具 🔄 旋转对象时，并不会复制旋转的对象。

动手练 通过旋转绘制正方形

几何画板中制作正方形的方法有多种，下面通过旋转制作正方形。

Step 01 使用线段直尺工具 📏 绘制任意一条线段AB，如图3-37所示。

Step 02 选择移动箭头工具 🔄，双击点A将其标记为旋转中心。选中点B和线段AB，执行"变换"|"旋转"命令，打开"旋转"对话框，设置"固定角度"为90°，完成后单击"旋转"按钮，得到线段AB'和点B'，如图3-38所示。

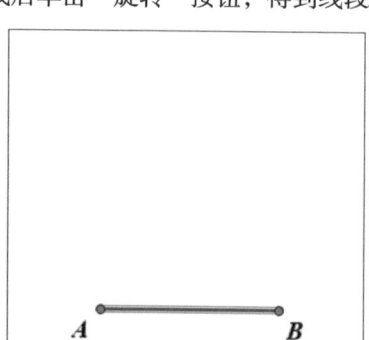

图 3-37

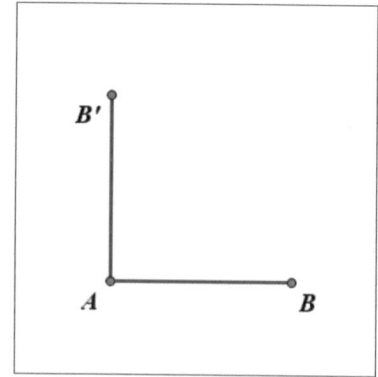

图 3-38

Step 03 双击点B'，将其标记为旋转中心，选中点A和线段AB'，执行"变换"|"旋转"命令，打开"旋转"对话框，设置"固定角度"为90°，完成后单击"旋转"按钮，得到线段$B'A'$和点A'，如图3-39所示。

Step 04 选中点 A' 和点 B，使用 Ctrl+L 组合键，构造线段 $A'B$，如图 3-40 所示。

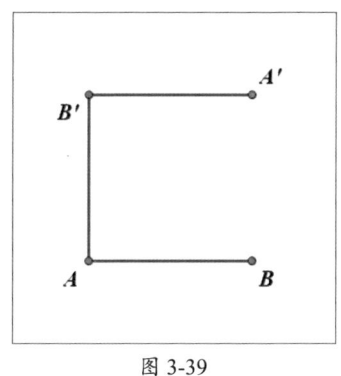

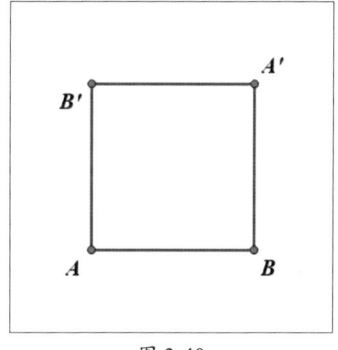

图 3-39   图 3-40

Step 05 双击点 A' 标签，打开"点 A'"属性对话框，修改点 A' 标签为 C，使用相同的方法修改点 B' 标签为 D，如图 3-41 所示。

Step 06 选中点 A 和点 B，执行"度量"|"距离"命令，度量两点间的距离，如图 3-42 所示。

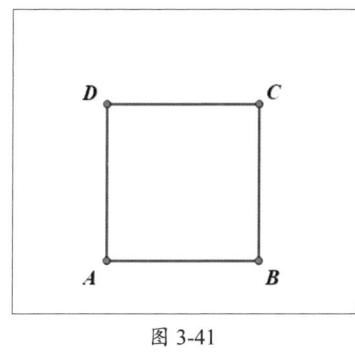

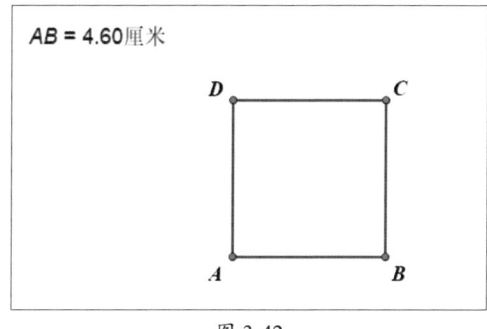

图 3-41   图 3-42

Step 07 使用相同的方法度量点 B 和点 C、点 C 和点 D、点 A 和点 D 之间的距离，如图 3-43 所示。可看出四边形 $ABCD$ 的四条边相等，即四边形 $ABCD$ 为菱形。

Step 08 选中点 D、点 A 和点 B，执行"度量"|"角度"命令，度量 $\angle DAB$ 的角度，如图 3-44 所示。可看出 $\angle DAB$ 为直角，即菱形 $ABCD$ 为正方形。

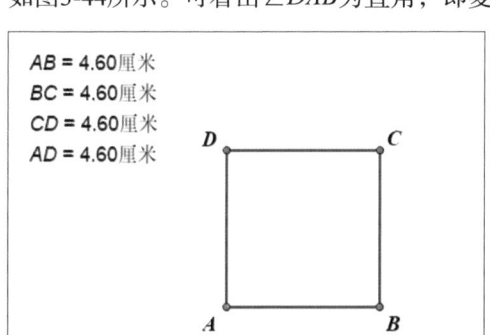

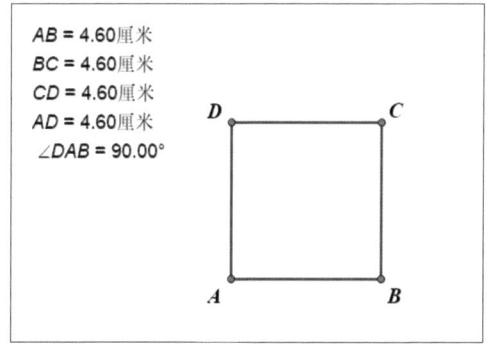

图 3-43   图 3-44

▌3.2.4 缩放对象

几何画板中的缩放一般通过"变换"菜单中的"缩放"命令或工具箱中的缩放箭头工具 ▸ 实现。

1. "缩放"命令

选中要缩放的对象，双击任意一点，标记为缩放中心，执行"变换"|"缩放"命令，打开"缩放"对话框。在该对话框中设置缩放比后单击"确定"按钮，即可按照设置缩放对象，如图3-45所示。

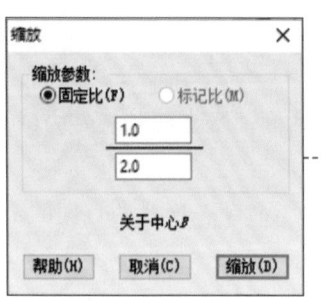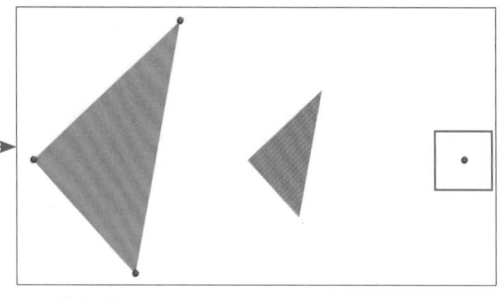

图 3-45

选中"固定比"单选按钮，可以通过输入象与原象的缩放比值缩放对象，其中分子是象值，分母是原象值；若提前标记比，在打开的"缩放"对话框中将默认选中"标记比"单选按钮，即通过标记比缩放对象。

2. 缩放箭头工具

选择缩放箭头工具 ▸ ，选择要缩放的对象，双击任意一点，标记为缩放中心，按住鼠标左键拖曳即可缩放对象，图3-46所示是原始效果，图3-47所示为缩小效果。

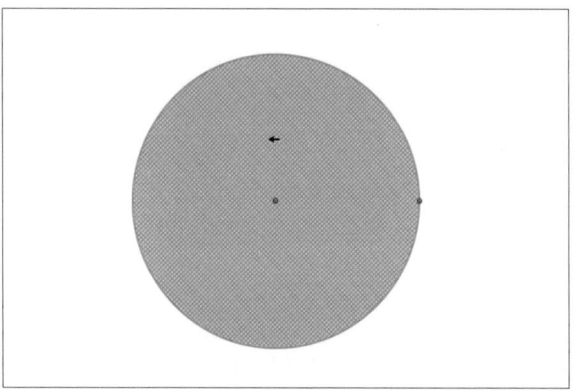

图 3-46

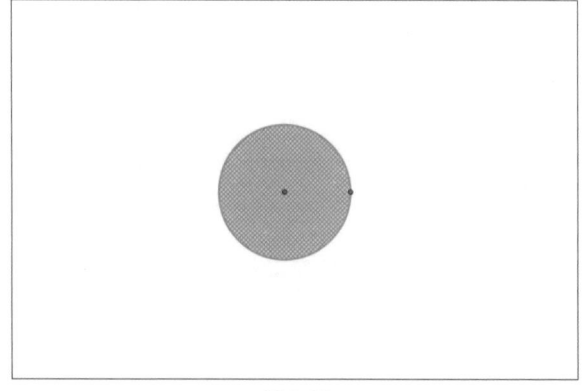

图 3-47

动手练 绘制同心圆

同心圆是指圆心相同半径不同的圆，下面通过"缩放"命令绘制同心圆。

Step 01 使用圆工具◎绘制一个圆，使用文本工具A单击圆周为其添加标签c_1，单击圆心点及圆上点添加标签A、B，如图3-48所示。

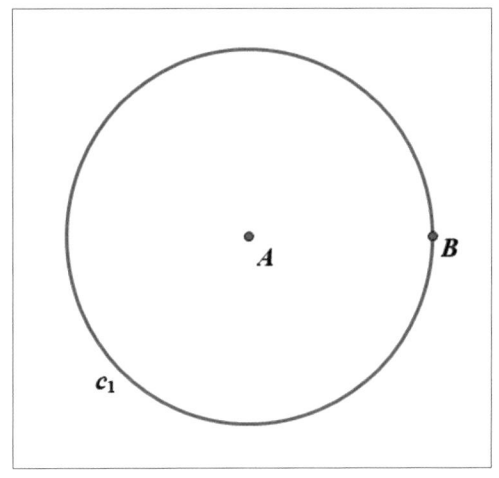

图 3-48

Step 02 双击点A，将其标记为中心。选中圆c_1，执行"变换"|"缩放"命令，打开"缩放"对话框，选中"固定比"单选按钮，设置比值为2/3，如图3-49所示。

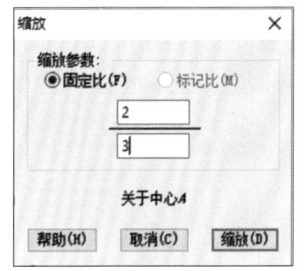

图 3-49

Step 03 完成后单击"缩放"按钮，缩放圆c_1得到圆c_1'，修改其标签为c_2，如图3-50所示。

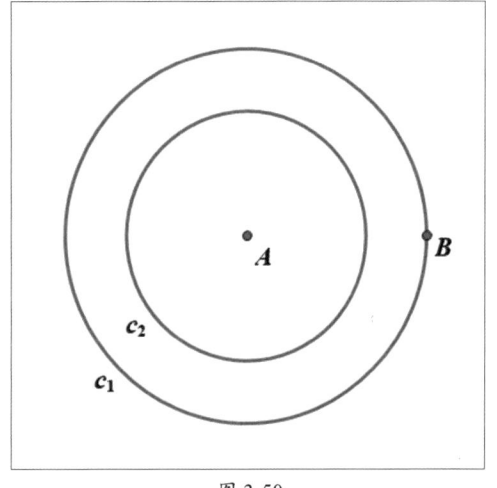

图 3-50

Step 04 选中圆 c_1，执行"变换"|"缩放"命令，打开"缩放"对话框，设置"固定比"为1/3，完成后单击"缩放"按钮，缩放圆 c_1 得到圆 c_1'，修改其标签为 c_3，如图3-51所示。至此，同心圆的绘制完成。

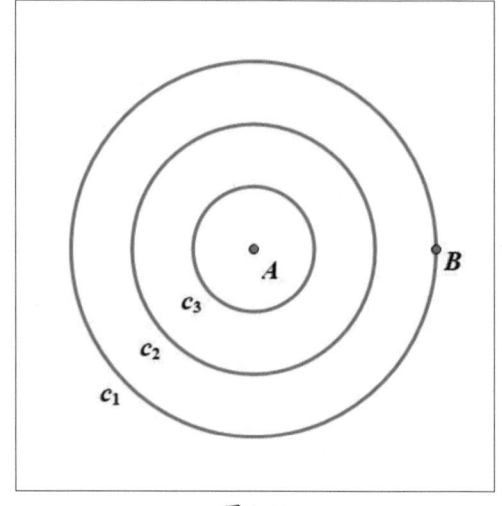

图 3-51

3.2.5 反射对象

几何画板中，反射是将选中的对象按标记的镜面进行翻转，构造轴对称关系，该操作一般通过"反射"命令实现。

双击某一线条，标记为镜面，选中要反射的对象，执行"变换"|"反射"命令，即可得到与原对象轴对称的新对象，如图3-52所示。选择其中一个对象进行操作，另一对象也会作出相应的变化。

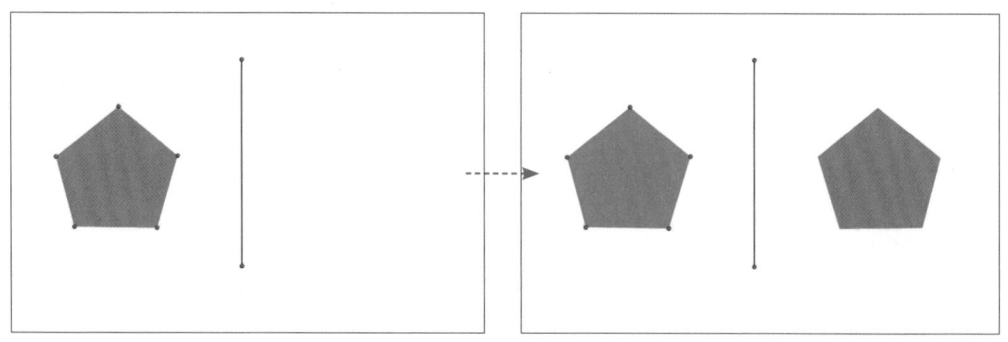

图 3-52

注意事项 部分对象如轨迹、函数图像等不能反射。反射之前，应提前标记镜面，否则系统将随机标记一根线条作为标记镜面。

3.2.6 迭代对象

在数学领域，迭代是重复执行一系列运算步骤，从前面的量依次求出后面的量的过程，其相当于程序设计的递归算法，可以通过自身的结构来描述自身。了解迭代之前，首先应了解与其相关的四个概念。

- **迭代：** 按一定的迭代规则，从原象到初象的反复映射过程。
- **原象：** 产生迭代序列的初始对象。
- **初象：** 原象经过一系列迭代操作得到的对象。
- **迭代次数：** 创建迭代的次数。

Step 01 以迭代构造正六边形为例。使用点工具 ⊡ 在画板中绘制任意两点A、B，使用移动箭头工具 ▶ 双击点A，将其标记为中心，选中点B，执行"变换"|"旋转"命令，将其旋转60°，得到点B'，如图3-53所示。

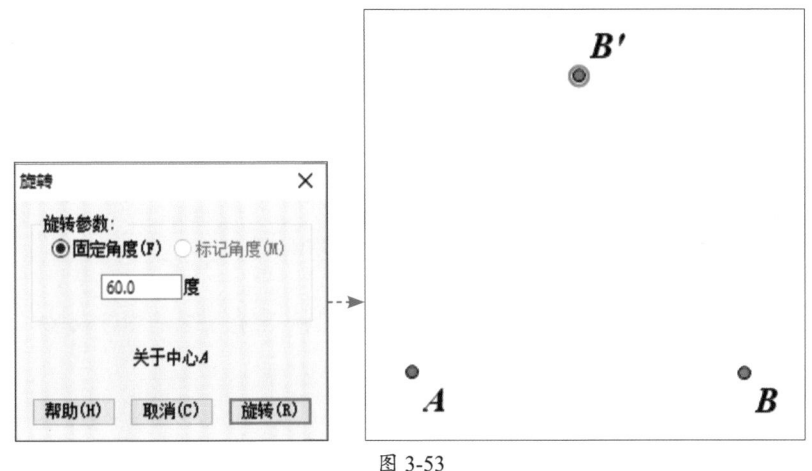

图 3-53

Step 02 选中点B和点B'，执行"构造"|"线段"命令，构造线段BB'，如图3-54所示。选择点B，执行"变换"|"迭代"命令，打开"迭代"对话框，单击点B'，如图3-55所示。

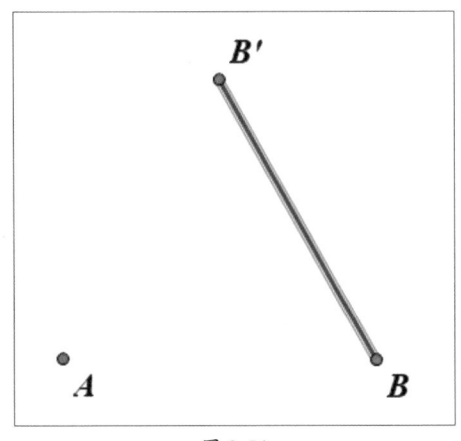

图 3-54

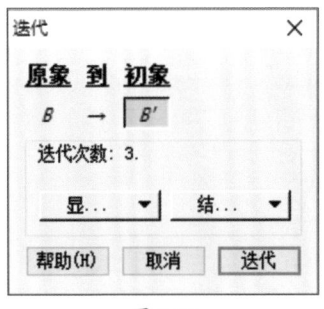

图 3-55

Step 03 单击"迭代"对话框中的"显示"下拉按钮，在弹出的列表中选择"增加迭代"选项，增加迭代次数至5，如图3-56所示。完成后单击"迭代"按钮，即可构造正六边形，如图3-57所示。

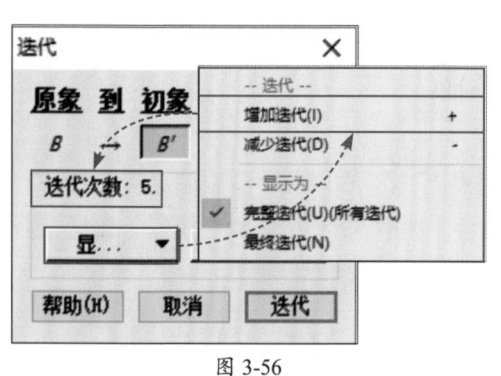

图 3-56

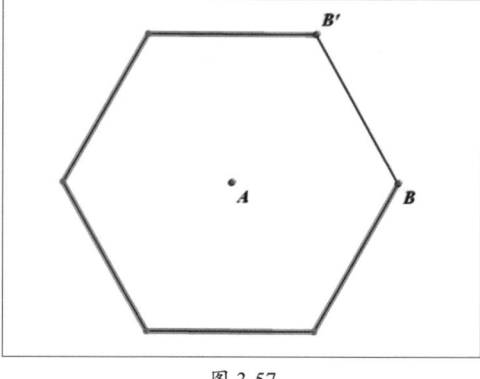

图 3-57

选中参数时，按住Shift键单击"变换"菜单，"构造"命令将变为"深度迭代"命令，执行该命令创建迭代后，可以通过设定参数确定迭代次数。

动手练 制作正五边形迭代效果

迭代是一种非常有趣的功能，可以制作出有意思的图像效果。下面练习制作正五边形迭代效果。

Step 01 使用线段直尺工具绘制任意一条线段AB，双击点A，将其标记为中心，选中点B和线段AB，执行"变换"|"旋转"命令，打开"旋转"选项卡，设置"固定角度"为108°，完成后单击"旋转"按钮得到点B'和线段AB'，如图3-58所示。修改点B'标签为E。

Step 02 双击点E，将其标记为中心，选中点A和线段AE，使用相同的方法将其旋转108°，并修改点A'标签为D，如图3-59所示。

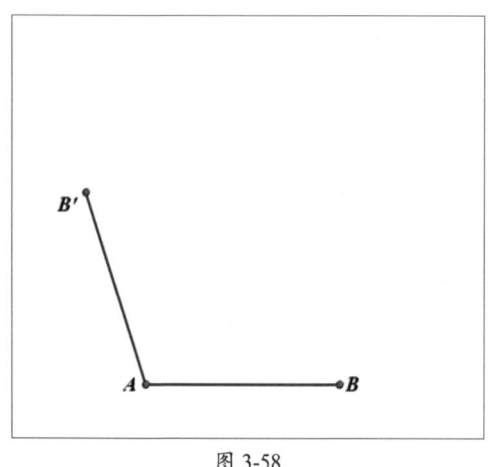

图 3-58

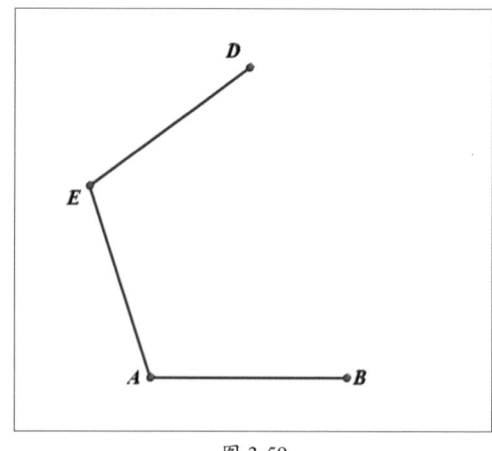

图 3-59

Step 03 使用相同的方法，以点D为中心旋转点E和线段ED，修改点E'标签为C，选中点B和点C，使用Ctrl+L组合键，构造线段BC，完成正五边形的绘制，如图3-60所示。

Step 04 选中线段AB，执行"构造"|"线段上的点"命令，构造点F，如图3-61所示。

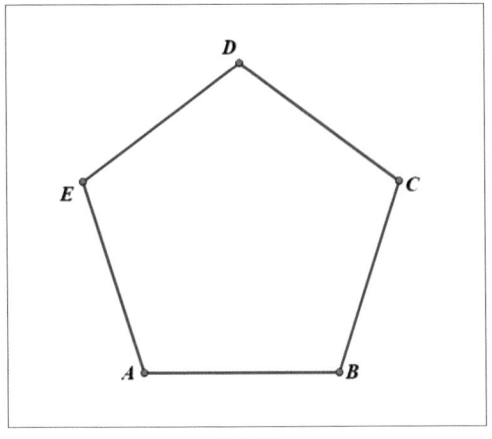

图 3-60

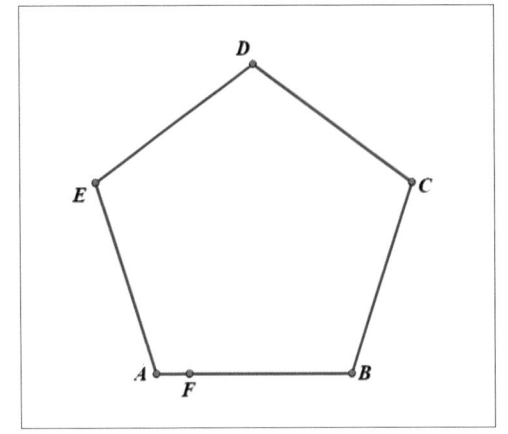

图 3-61

Step 05 依次选中点A、点B和点F，执行"变换"|"标记比"命令，标记AF/AB的比值。双击点B，将其标记为中心，选中点C，执行"变换"|"缩放"命令，打开"缩放"对话框，选中"标记比"单选按钮，如图3-62所示。

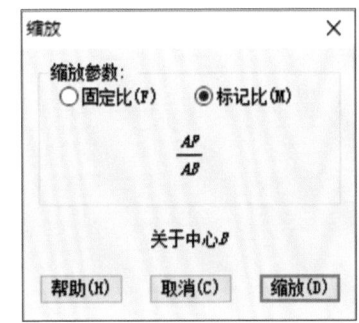

图 3-62

Step 06 完成后单击"确定"按钮，缩放点C得到点C'，修改点C'标签为G，如图3-63所示。

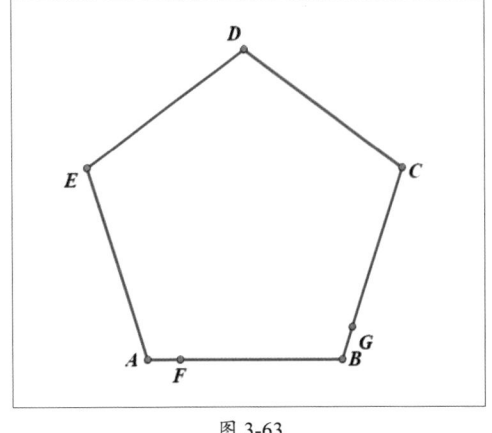

图 3-63

Step 07 选中点A和点B，执行"变换"|"迭代"命令，打开"迭代"对话框，依次单击点F和点G，按键盘上的+键增加迭代次数至10次，此时"迭代"对话框如图3-64所示。

Step 08 完成后单击"迭代"按钮，效果如图3-65所示。

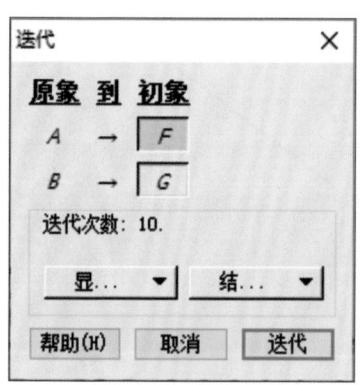

图 3-64

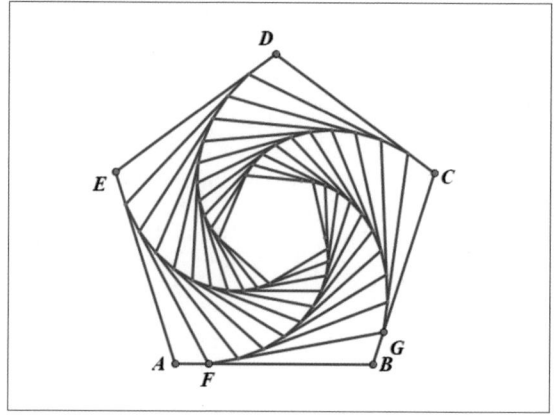

图 3-65

Step 09 拖动点F，迭代效果也会随之变化，如图3-66所示。

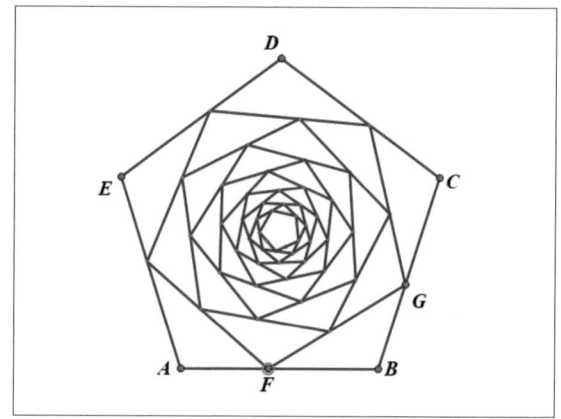

图 3-66

Step 10 用户也可以选中线段后执行"显示"|"颜色"命令，制作出更加绚丽的效果，如图3-67所示。至此，正五边形迭代效果绘制完成。

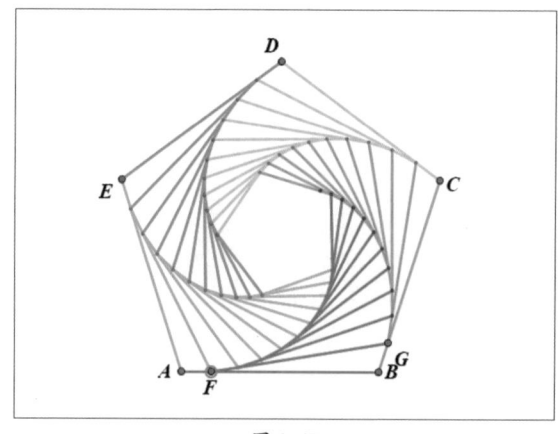

图 3-67

　　毕达哥拉斯树又称勾股树，是根据勾股定理所绘制的可无限重复的树形图形。下面对其制作方法进行介绍。

Step 01 使用线段直尺工具▢绘制任意一条线段AB，选择移动箭头工具▢，双击点A，将其标记为旋转中心。选中点B和线段AB，执行"变换"|"旋转"命令，打开"旋转"对话框，保持默认设置，单击"旋转"按钮得到线段AB'和点B'，修改点B'标签为D，如图3-68所示。

Step 02 使用相同的方法将点D标记为中心，旋转点A和线段AD，得到点A'和线段DA'，修改点A'标签为C，选中点B和点C，使用Ctrl+L组合键，构造线段BC，完成正方形的构造，如图3-69所示。

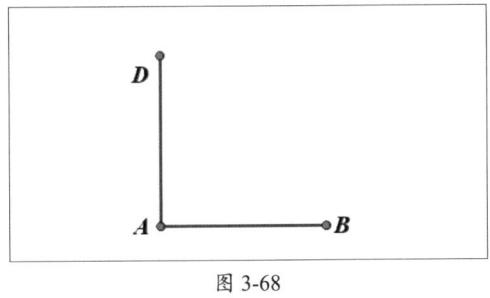

图 3-68

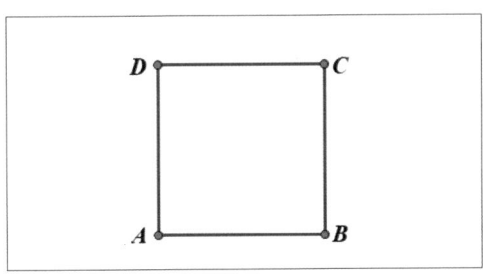

图 3-69

Step 03 选中线段DC，执行"构造"|"中点"命令，构造中点E，选中点E、点C和点D，执行"构造"|"圆上的弧"命令，构造弧$\overset{\frown}{CD}$，在弧$\overset{\frown}{CD}$上任选一点F，如图3-70所示。

Step 04 选中弧$\overset{\frown}{CD}$和点E，使用Ctrl+H组合键将其隐藏。选中点D和点F，执行"度量"|"距离"命令，度量其距离，如图3-71所示。

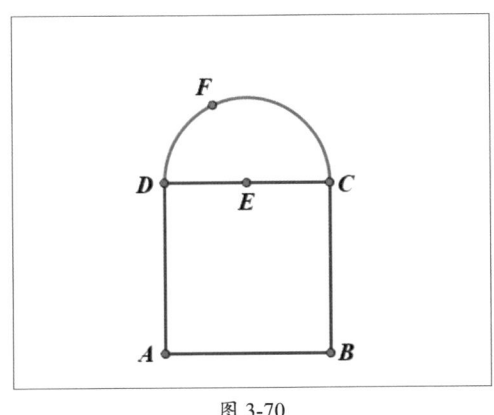

图 3-70

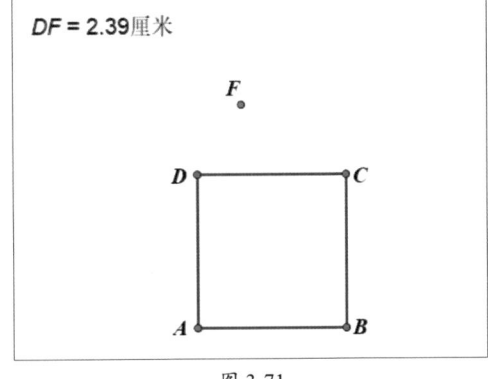

$DF = 2.39$厘米

图 3-71

Step 05 选中点A、点B、点C和点D，执行"构造"|"四边形的内部"命令，构造正方形内部。选中度量出的点D和点F之间的距离值及正方形内部，执行"显示"|"颜色"|"参数"命令，打开"颜色参数"对话框，保持默认设置，单击"确定"按钮应用

设置，此时可通过调整点D和点F之间的距离更改正方形内部的颜色，如图3-72所示。

Step 06 执行"数据"|"新建参数"命令，打开"新建参数"对话框，设置"名称"为a，完成后单击"确定"按钮新建参数a，如图3-73所示。

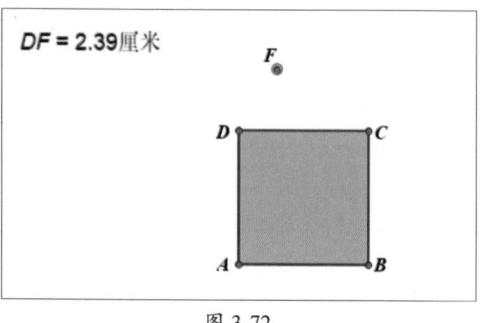

图 3-72

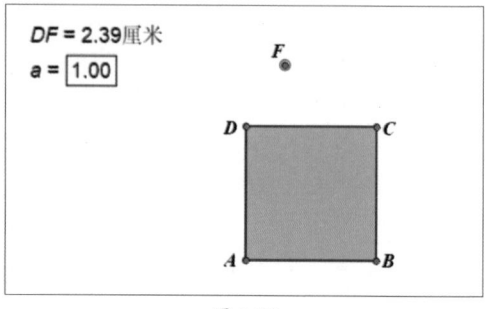

图 3-73

Step 07 依次选中点A、点B和参数a，按住Shift键执行"变换"|"深度迭代"命令，打开"迭代"对话框，单击点D和点F构造映射，如图3-74所示。

Step 08 单击"结构"按钮，在弹出的下拉列表中执行"添加新的映射"命令，添加映射结构，单击点F和点C构造映射，如图3-75所示。

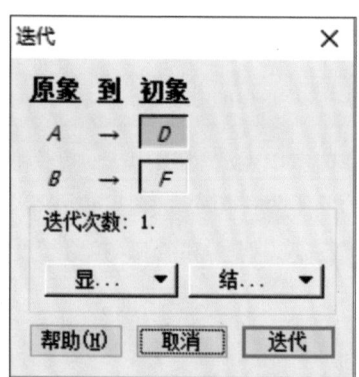

图 3-74

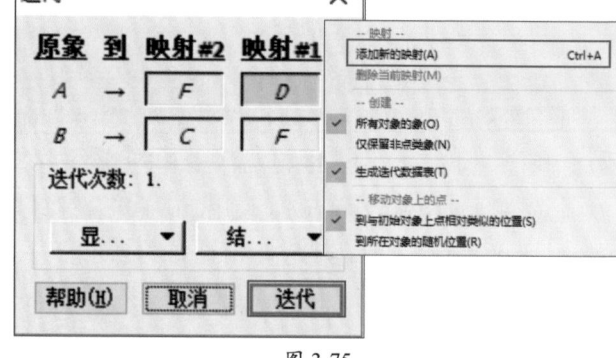

图 3-75

Step 09 完成后单击"迭代"按钮构造深度迭代效果，如图3-76所示。

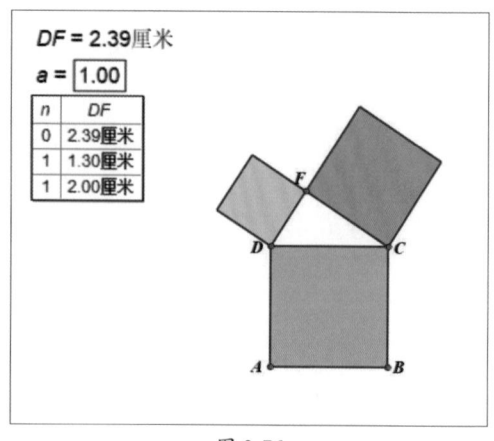

图 3-76

64

Step 10 右击参数a，在弹出的快捷菜单中执行"属性"命令，打开"参数a"属性对话框，选择"参数"选项卡，设置"键盘调节"的改变以1.0单位，如图3-77所示。完成后单击"确定"按钮。

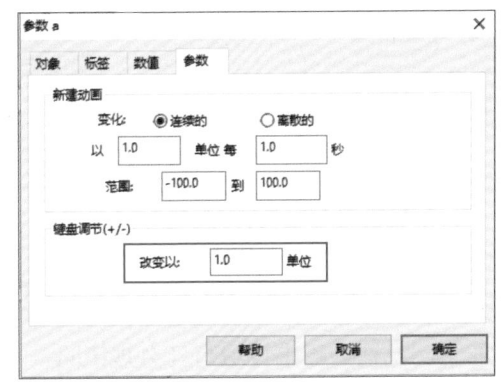

图 3-77

Step 11 更改参数a数值可调整迭代次数，图3-78所示为设置参数a为3时的效果。

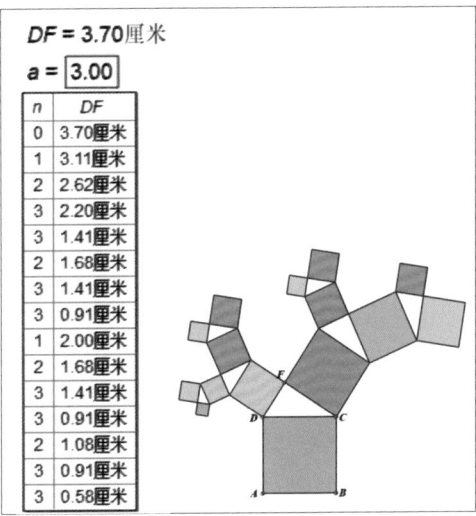

图 3-78

Step 12 用户也可以调整点F的位置以影响毕达哥拉斯树的效果，如图3-79所示。至此，毕达哥拉斯树绘制完成。

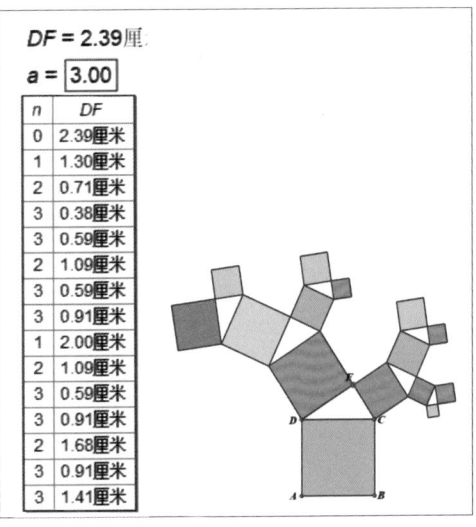

图 3-79

1. Q: 怎么快速选择同类对象？

    A: 选择不同的工具时，"编辑"菜单中的"全选"命令的表述也会有所不同。如选择点工具·时，"编辑"菜单中的"全选"命令将显示为"选择所有点"命令；选择线段直尺工具╱时，"编辑"菜单中的"全选"命令将显示为"选择所有线段"命令。根据这一特点，用户可以方便地选择不同类型的对象。

2. Q: 几何画板中标签有什么规律吗？

    A: 几何画板中的每个几何对象都对应一个标签，默认点的标签为从A开始的大写字母；线的标签为从j开始的小写字母；圆的标签从c_1开始；若系统对象没有标签，则自动用序号命名。

3. Q: 什么是参数？

    A: 参数是数学、物理、计算机领域的名词，又称参变量，是一个变量。在研究自变量及因变量变化时，引入其他变量来描述自变量和因变量的变化，引入的变量就是参变量，或参数，如$y=ax+b$代数式中，a和b就是参数。

4. Q: 轨迹或函数图像怎么反射？

    A: 若想反射轨迹或函数，可选择轨迹或函数上的任意一点，执行"变换"｜"反射"命令，得到反射点，然后选中反射点和原始点，执行"构造"｜"轨迹"命令，构造轨迹，制作出轨迹或函数图像反射的效果。

5. Q: 怎么使文字动起来？

    A: 用户可以选择将文字合并至点，然后通过使点运动制作文字运动的效果。选中文字与点，按住Shift键，执行"编辑"｜"合并文本到点"命令，合并文字和点，然后选中点，执行"显示"｜"显示运动控制台"命令，打开"运动控制台"面板控制点的运动即可。用户也可以添加操作类按钮，通过按钮控制点的运动进而实现文字的动态效果。

6. Q: 选择多个对象时，常常点在空白处时所有选择都取消了，怎么办？

    A: 选择多个对象时，用户可按住Shift键加选，这样即使在空白处单击，也不会取消选择。

第4章
度量与数据

几何画板作为专业的几何绘图工具，同时具备了绘图、度量、数据计算等功能，用户可以通过几何画板，轻松地测量距离、角度、面积等参数；对于测量出的数据，还可以通过计算功能进行计算。本章将对几何画板中的度量与数据功能进行介绍。

度量是指计量物品的一些物理属性。用户可以通过"度量"菜单中的命令，度量出所需的数据，形象直观地展示数学规律，从而便于学生理解与学习。

4.1.1 度量长度

几何画板中"长度"命令可以度量线段长度；"距离"命令可以度量两点间、点到线的距离。用户可以根据不同的需要，执行相应的命令来度量对象长度。

1. 度量长度

选中要度量长度的线段，执行"度量"|"长度"命令，画板左上角将出现度量出的数据，如图4-1和图4-2所示。

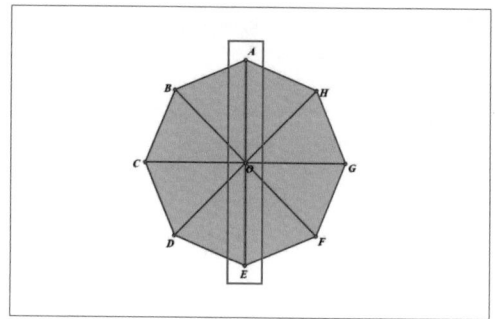

图 4-1

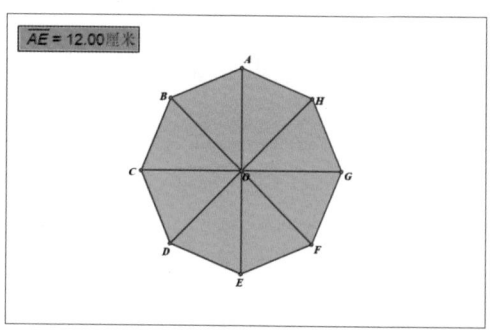

图 4-2

2. 度量距离

选中要度量距离的两点，执行"度量"|"距离"命令，画板左上角将出现度量出的数据，如图4-3和图4-4所示。

图 4-3

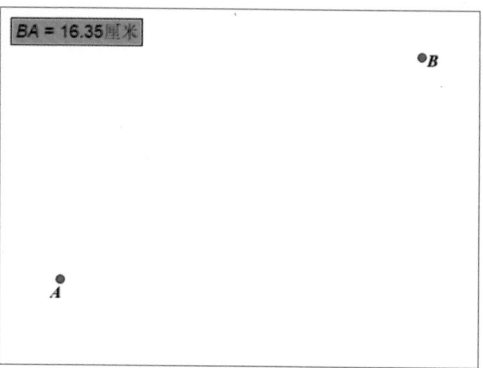

图 4-4

几何画板课件制作标准教程（全彩微课版）

若想度量点到直线的距离，选中点与线后使用相同的方法度量即可。

3. 设置度量值

度量出结果后，可对度量值的属性、颜色等进行设置。选中度量值，执行"编辑"|"属性"命令或右击，在弹出的快捷菜单中执行"属性"命令，打开相应的"距离度量值"对话框，如图4-5所示。该对话框中各选项卡作用如下。

图 4-5

（1）"对象"选项卡

"对象"选项卡中的选项可以帮助用户选择不同的对象，找到对象间的父子关系，而且可以设置对象的隐藏以及是否可选，如图4-6所示。

（2）"标签"选项卡

"标签"选项卡中可以设置选中对象的标签，如图4-7所示。

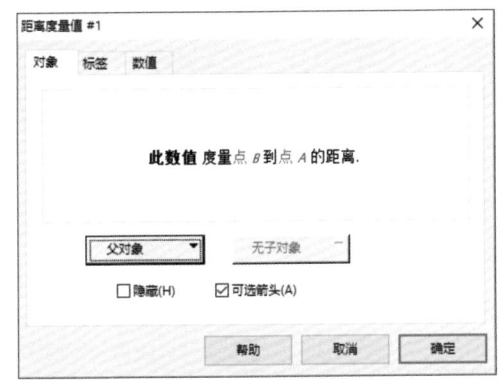

图 4-6

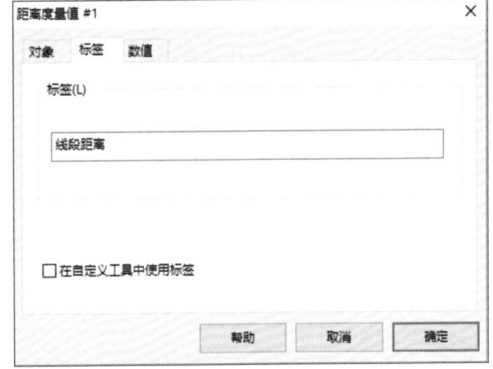

图 4-7

（3）"数值"选项卡

"数值"选项卡中的选项可以设置度量值的精确度及显示。

- **精确度：**指近似数精确的程度，即保留几位小数。
- **显示：**选中"原标签"单选按钮，将保持默认标签；选中"无标签"单选按钮，将仅显示数值及单位；选中"当前标签"单选按钮，将显示"标签"选项卡中设置的标签、数值及单位。

若想设置度量值的颜色，选中度量值后执行"显示"|"颜色"命令或右击，在弹出的快捷菜单中执行"颜色"命令，选择预设的颜色或自定义颜色即可。

4.1.2　度量角度

角度是用于描述角的大小的数学概念。用户可以通过"角度"命令度量选中对象的角度。

使用点工具 任意绘制3个点 A、B、C，依次选中点 A、点 B 和点 C，如图4-8所示。执行"度量"|"角度"命令，画板左上角将出现度量出的数据，如图4-9所示。

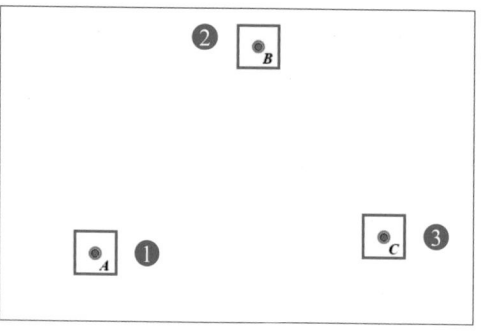

图 4-8

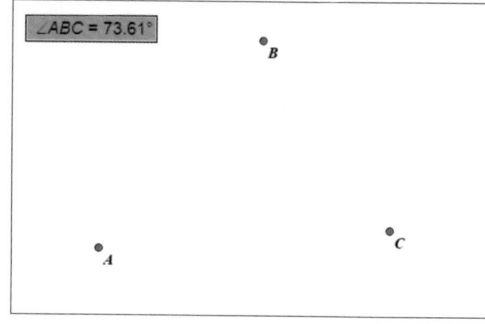

图 4-9

除了选中顶点外，用户也可以选择两条具有公共端点的线，执行"度量"|"角度"命令，度量角度，如图4-10和图4-11所示。

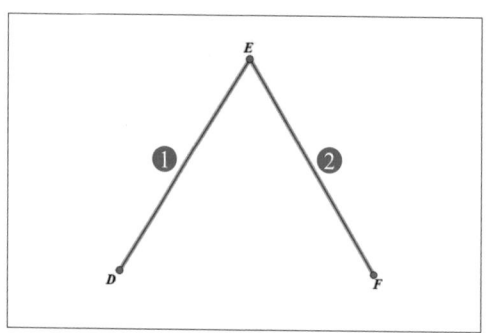

图 4-10

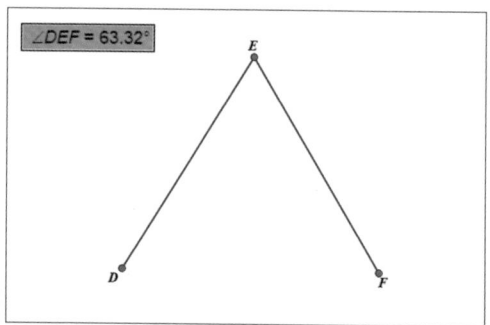

图 4-11

知识点拨

若想度量超过180°的角，可以选择标记工具，单击角的顶点 I，按住鼠标左键向大于180°角的方向拖动标记角，使用移动箭头工具选中标记角的圆弧，执行"度量"|"角度"命令，即可度量角度，如图4-12和图4-13所示。

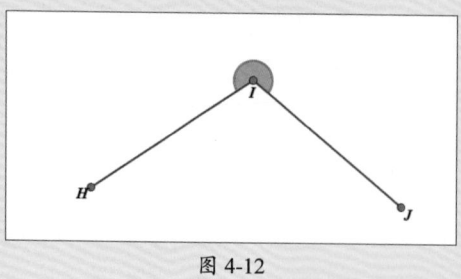

图 4-12

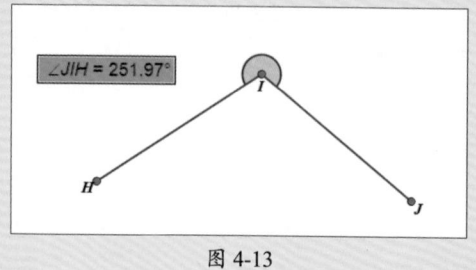

图 4-13

动手练 验证圆周角定理

圆周角定理是在同圆或等圆中，同弧或等弧所对的圆周角都等于这条弧所对的圆心角的一半。下面通过"度量"菜单中的命令对此定理进行验证。

Step 01 使用圆工具 ⊙ 在画板中绘制圆，使用文本工具 **A** 在圆心上单击显示其标签 A，在圆上点单击显示其标签 B，如图 4-14 所示。

Step 02 在圆周上任取 3 点 C、D、E，如图 4-15 所示。

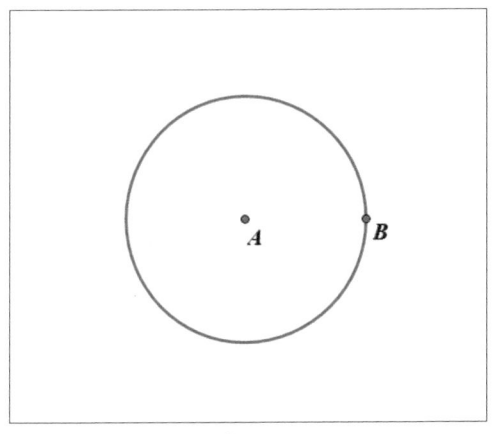

图 4-14

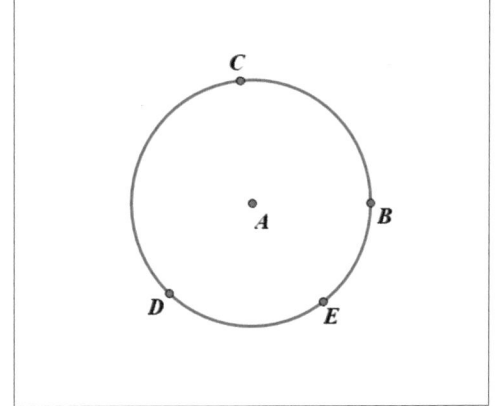

图 4-15

Step 03 选中点 C 和点 D，使用 Ctrl+L 组合键，构造线段 CD；使用相同的方法构造线段 CE、线段 AD、线段 AE，如图 4-16 所示。

Step 04 选中 4 条线段，执行"显示"|"线型"|"细线"命令，将其设置为细线；执行"显示"|"线型"|"虚线"命令，将其设置为虚线，如图 4-17 所示。

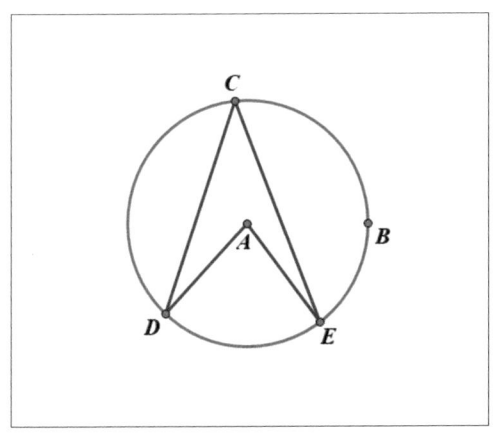

图 4-16

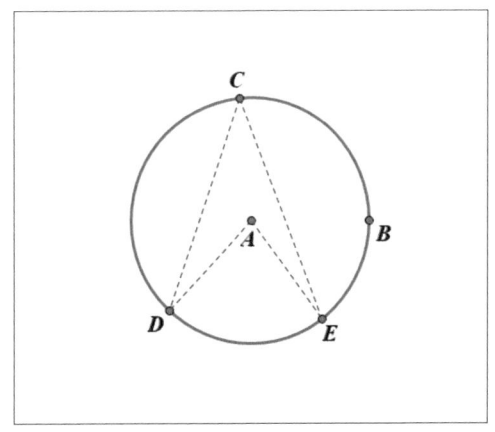

图 4-17

Step 05 依次选中点 D、点 C 和点 E，执行"度量"|"角度"命令，度量 ∠DCE 的角度，如图 4-18 所示。

Step 06 使用相同的方法度量∠DAE的角度，如图4-19所示。

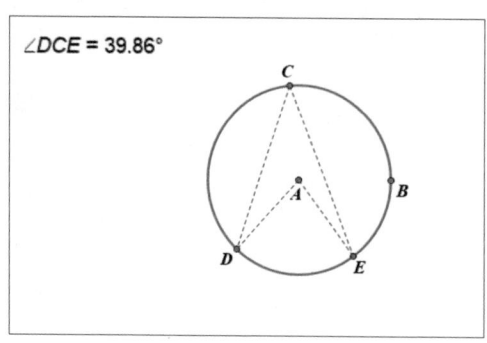

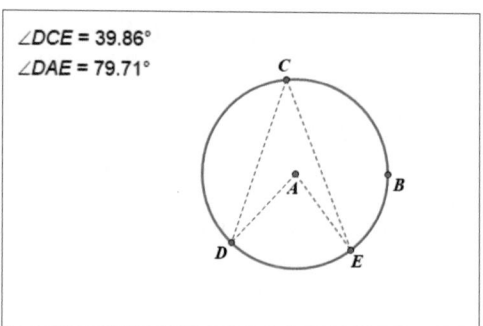

图 4-18

图 4-19

Step 07 执行"数据"｜"计算"命令，打开"新建计算"对话框，单击度量得出的∠DCE的值将其插入对话框中，单击对话框中的÷按钮，单击度量出的∠DAE的值将其插入对话框中，计算∠DCE/∠DAE的值，如图4-20所示。

Step 08 完成后单击"确定"按钮。选中度量出的角度值和计算结果，执行"数据"｜"制表"命令，添加表格，如图4-21所示。

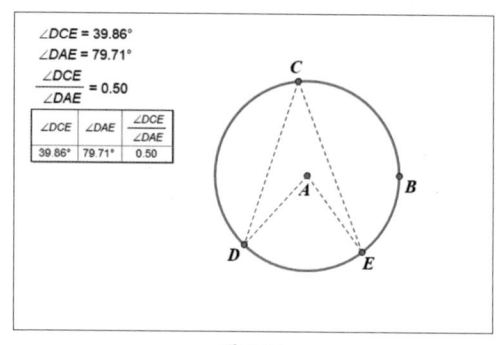

图 4-20

图 4-21

Step 09 调整点C、点D或点E在圆上的位置，∠DCE/∠DAE的值恒为0.5，如图4-22和图4-23所示。至此，圆周角定理验证完成。

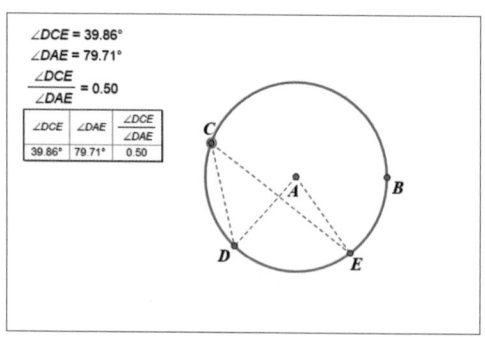

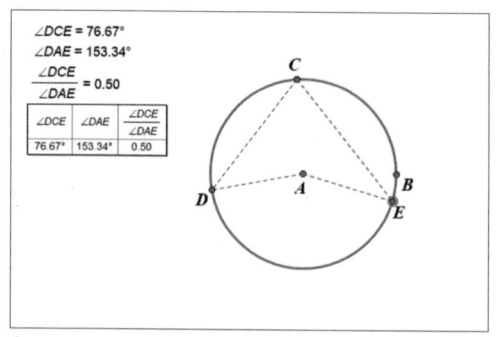

图 4-22

图 4-23

注意事项 验证时，可使用标记工具 ✎ 将∠DCE和∠DAE标记出来，以便更直观地观察角度关系。

4.1.3 度量面积

面积是指在二维空间中所占空间的大小。用户可以通过"度量"菜单中的"面积"命令，轻松地测量选中对象的面积，还可以对图形的面积公式进行验证。

使用线段直尺工具 及"平移"命令绘制两条平行线段，使用多边形工具 绘制点在平行线上的三角形，选中三角形内部，如图4-24所示。执行"度量"|"面积"命令，画板左上角将出现度量得出的数据，如图4-25所示。

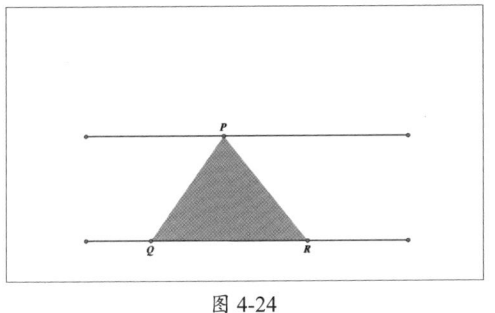

图 4-24

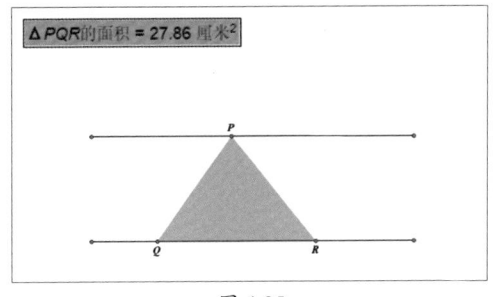

图 4-25

4.1.4 度量弧长

弧一般是指圆上任意两点间的部分，弧长即指弧的长度。用户可以通过"度量"菜单中的"弧长"命令度量弧长。

使用点工具 任意绘制三个点 A、B、C，依次选中点 A、点 B 和点 C，执行"构造"|"过三点的弧"命令，构造弧，如图4-26所示。选中构造的弧，执行"度量"|"弧长"命令，画板左上角将出现度量得出的数据，如图4-27所示。

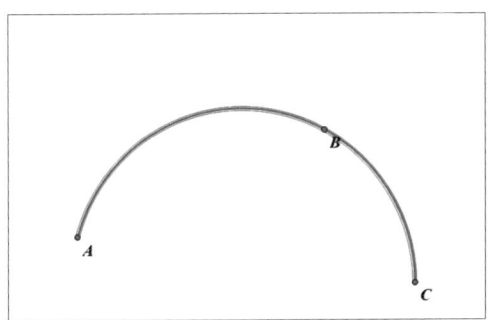

图 4-26

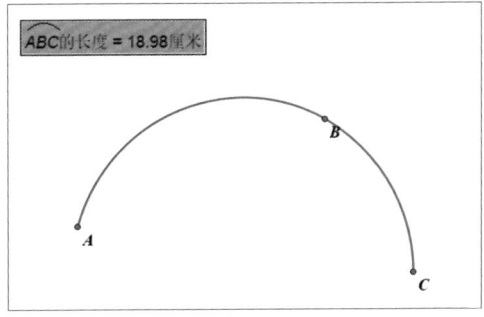

图 4-27

4.1.5 度量半径

半径是指连接圆心至圆周上任意一点的线段，用户可以通过"度量"菜单中的"半径"命令快速度量半径。

使用圆工具 ⊙ 绘制任意大小的圆，如图4-28所示。选中绘制的圆，执行"度量"|"半径"命令，画板左上角将出现度量出的数据，如图4-29所示。更改圆的大小，度量值也会随之变化。

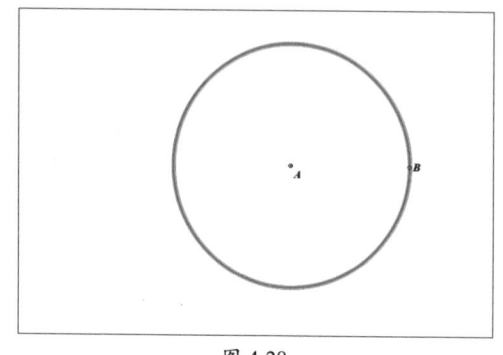

图 4-28　　　　　　　　　　　图 4-29

注意事项 选择弧时，同样可以执行"度量"|"半径"命令，测量其半径。

动手练 验证圆的面积公式

圆的面积公式为圆周率×半径的平方，即 $S = \pi r^2$。下面通过"度量"菜单中的命令对该公式进行验证。

Step 01 使用圆工具 ⊙ 在画板中绘制圆，使用文本工具 **A** 在圆心上单击显示其标签 A，在圆上点单击显示其标签 B，如图4-30所示。

Step 02 选中圆，执行"度量"|"半径"命令，度量其半径，如图4-31所示。

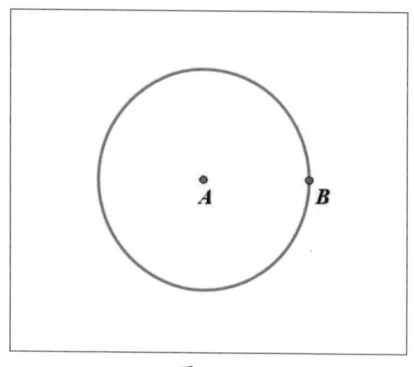

图 4-30

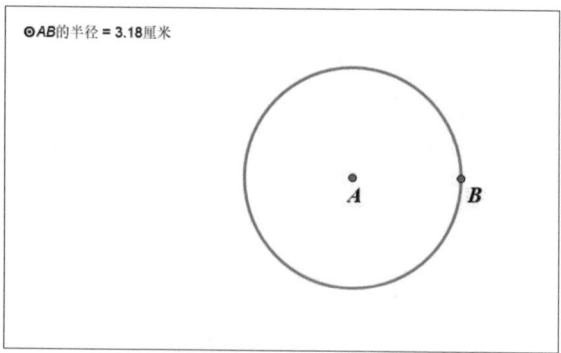

图 4-31

Step 03 执行"数据"|"计算"命令，打开"新建计算"对话框，单击"数值"下拉按钮，在弹出的菜单中选择"π"选项，单击*（乘号）按钮，单击度量出的圆半径

将其插入，单击^按钮，单击2按钮，计算圆面积，如图4-32所示。

Step 04 完成后单击"确定"按钮，按照圆的面积公式计算圆面积，如图4-33所示。

图 4-32

图 4-33

Step 05 选中圆，执行"度量"|"面积"命令，度量其面积，如图4-34所示。

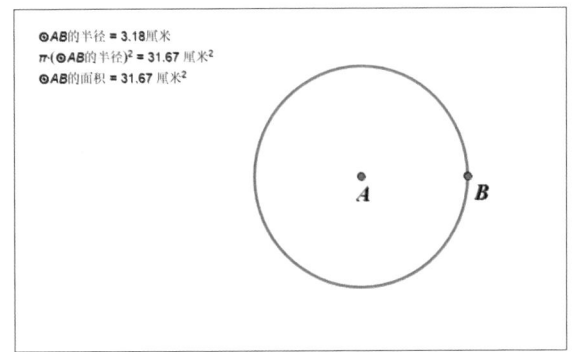

图 4-34

Step 06 选中计算出的面积值和测量出的面积值，执行"数据"|"制表"命令，添加表格，任意更改圆大小，计算出的面积值恒等于测量出的面积值，如图4-35所示。

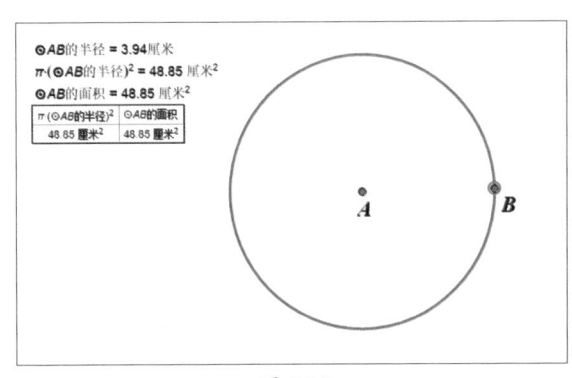

图 4-35

4.1.6 度量坐标

将点放置在坐标系中，点就有了坐标，坐标包括横坐标和纵坐标，用户可以通过"度量"菜单中的命令，轻松地度量点的坐标。

使用点工具 • 在画板中绘制任意一点，如图4-36所示。选中该点，执行"度

量"|"坐标"命令，画板中将自动出现坐标系，且左上角将出现度量出的坐标值；执行"度量"|"横坐标"命令，画板左上角将出现度量出的横坐标值；执行"度量"|"纵坐标"命令，画板左上角将出现度量出的纵坐标值，如图4-37所示。

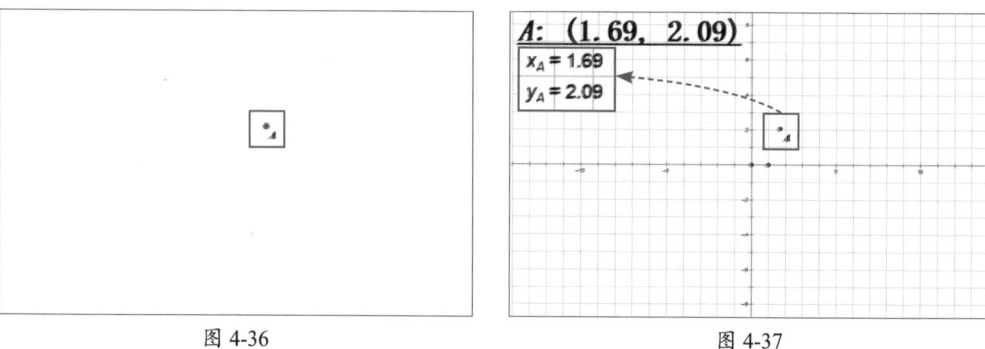

图 4-36　　　　　　　　　　　　　图 4-37

若想测量两点间的坐标距离，可以选中两点后，执行"度量"|"坐标距离"命令，进行度量。

4.2　数据

数据即指数值，可用于查证、数学、科学研究等。用户可以通过度量出的结果进行数据计算，从而便捷地验证部分数学公式。

4.2.1　新建参数

参数又名参变量，是一个变量，在解析几何中，一般用含有字母的代数式表示变量，这个字母就叫作参数，而该代数式就叫作参数式。几何画板中，用户可以通过"新建参数"命令创建参数，并将其用作变换对象的值。

执行"数据"|"新建参数"命令，或使用Shift+Ctrl+P组合键，打开"新建参数"对话框，如图4-38所示。在该对话框中设置参数后单击"确定"按钮，画板中将出现设定的参数，如图4-39所示。

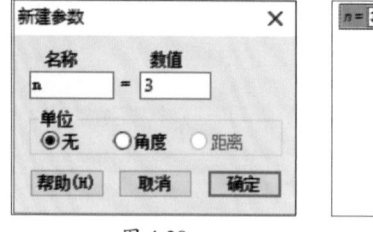　　

图 4-38　　　　　　　　　图 4-39

注意事项　新建参数后，可以将参数放置在参数式中创建函数或动画效果，以便直观地察看参数的作用。

4.2.2 计算

"计算"命令类似于计算器，通过该命令，用户可以解决纯数字间的计算问题。计算时，还可以混合计算度量出数值或参数值，制作更加复杂的效果。

执行"数据"|"计算"命令，或使用Alt+=组合键，打开"新建计算"对话框，如图4-40所示。单击画板中的参数值或度量值，该数值将出现在"新建计算"对话框中，如图4-41所示。继续输入数值，即可创建表达式。

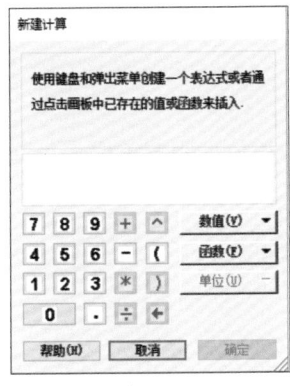

图 4-40

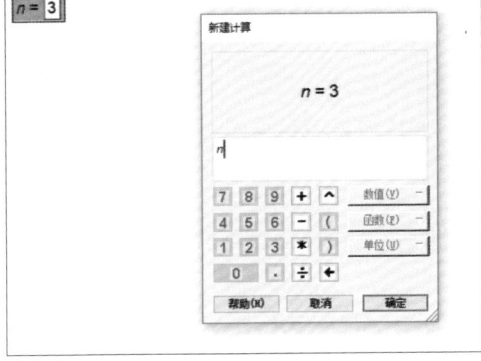

图 4-41

注意事项 在"新建计算"对话框中输入数值时，应添加运算符号。

"新建计算"对话框中部分选项作用如下。

1. 数值

单击"数值"下拉按钮，在弹出的列表中可以添加常见的数值，如图4-42所示。其中，π是圆周率，约等于3.14；e是自然对数函数的底数，是一个数学常数；而"新建参数"选项可以新建一个参数。

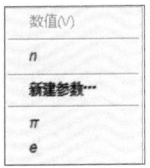

图 4-42

2. 函数

"函数"下拉列表中包括一些常见的函数，如图4-43所示。这些函数的含义分别如下。

- sin：正弦函数，是三角函数的一种。
- cos：余弦函数，是三角函数的一种。
- tan：正切函数，是三角函数的一种。
- Arcsin：反正弦函数，是一种反三角函数。
- Arccos：反余弦函数，是一种反三角函数。
- Arctan：反正切函数，是一种反三角函数。
- abs：绝对值函数。
- sqrt：开平方函数。

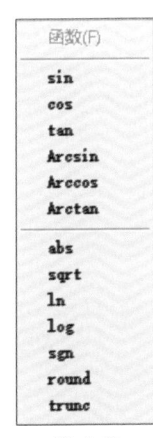

图 4-43

- **ln和log：** 常用对数函数。

- **sgn：** 符号函数，指返回一个整型变量，指出参数的正负号。当$x>0$时，sgn(x)= 1；当$x=0$时，sgn(x)=0；当$x<0$时，sgn(x)=−1。x参数可以是任意有效的数值表达式。

- **round：** 四舍五入函数，round函数返回一个数值，该数值是按照指定的小数位数进行四舍五入运算的结果。

- **trunc：** 去尾函数（取整函数），返回以指定元素格式截去部分的日期值，或对数字格式的数据直接截断。

3. 单位

"单位"下拉列表中包括距离单位和角度单位两种单位。距离单位包括像素、厘米和英寸；角度单位包括弧度和度，如图4-44所示。

图 4-44

注意事项 计算时应弄清单位，若部分数据不能直接加单位，可以通过"*1+单位"的方式解决。

动手练 验证两点间距离公式

设两个点A、B的坐标分别为$A(x_1, y_1)$、$B(x_2, y_2)$，则A和B之间的距离为：$|AB|=\sqrt{(x_1-x_2)^2+(y_1-y_2)^2}$。下面对该公式进行验证。

Step 01 执行"绘图"|"定义坐标系"命令，定义坐标系，执行"绘图"|"隐藏网格"命令，隐藏网格。在坐标系中任取两点A、B，选中点A和点B，执行"度量"|"横坐标"命令，度量其横坐标，如图4-45所示。

Step 02 选中点A和点B，执行"度量"|"纵坐标"命令，度量其纵坐标，如图4-46所示。

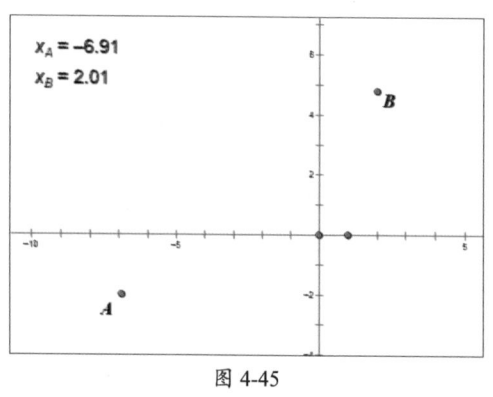

图 4-45

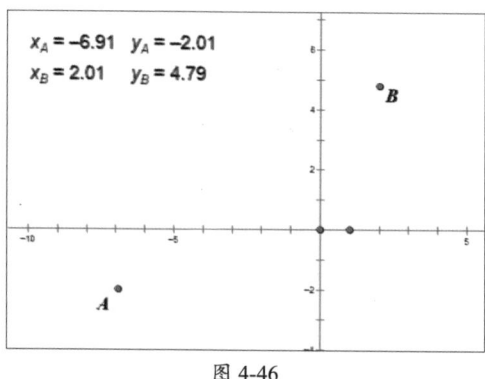

图 4-46

Step 03 执行"数据"|"计算"命令，打开"新建计算"对话框，输入表达式，如图4-47所示。完成后单击"确定"按钮计算结果。

Step 04 选中点A和点B，执行"度量"|"距离"命令，度量点A至点B的距离，如

图4-48所示。

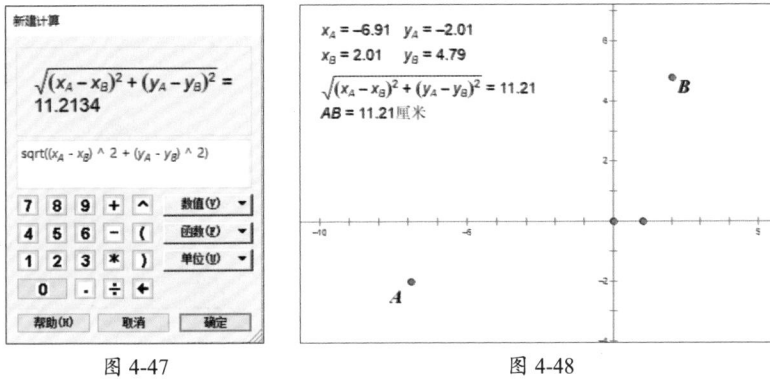

图 4-47   图 4-48

Step 05 选中度量数据和计算结果，执行"数据"|"制表"命令，将其绘制成表格，如图4-49所示。

$$x_A = -6.91 \quad y_A = -2.01$$
$$x_B = 2.01 \quad y_B = 4.79$$
$$\sqrt{(x_A - x_B)^2 + (y_A - y_B)^2} = 11.21$$
$$AB = 11.21厘米$$

x_A	y_A	x_B	y_B	$\sqrt{(x_A - x_B)^2 + (y_A - y_B)^2}$	AB
−6.91	−2.01	2.01	4.79	11.21	11.21厘米

图 4-49

Step 06 更改点A或点B的位置，公式计算出的结果恒等于测量出的结果，如图4-50所示。

$$x_A = -6.59 \quad y_A = -0.40$$
$$x_B = 3.62 \quad y_B = 2.62$$
$$\sqrt{(x_A - x_B)^2 + (y_A - y_B)^2} = 10.65$$
$$AB = 10.65厘米$$

x_A	y_A	x_B	y_B	$\sqrt{(x_A - x_B)^2 + (y_A - y_B)^2}$	AB
−6.59	−0.40	3.62	2.62	10.65	10.65厘米

图 4-50

4.2.3 制表

表格是一种可视化交流模式，可用于处理和分析日常数据。在几何画板中，用户可以通过表格结合图形和数据，清晰地展示图形的变化。

1. 制作表格

在几何画板中制作表格非常便捷，选择数据后，执行"数据"|"制表"命令，即可根据数据制作表格。

Step 01 使用多边形和边工具▣绘制任意大小的 $\triangle ABC$，过点 A 作线段 BC 的垂线，得到交点 D，如图4-51和图4-52所示。

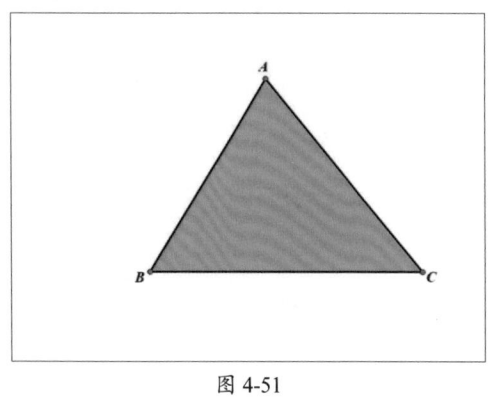
图 4-51

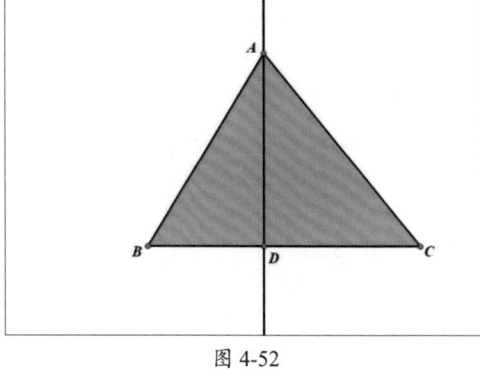
图 4-52

Step 02 选择三角形内部，执行"度量"|"面积"命令，度量三角形面积，如图4-53所示。

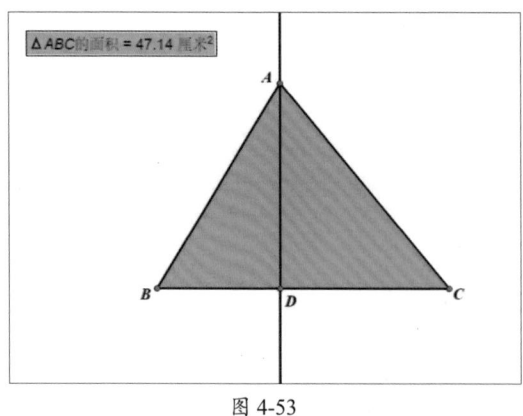
图 4-53

Step 03 选择点 A 与点 D，执行"度量"|"距离"命令，度量距离；选择线段 BC，执行"度量"|"长度"命令，度量其长度，如图4-54所示。

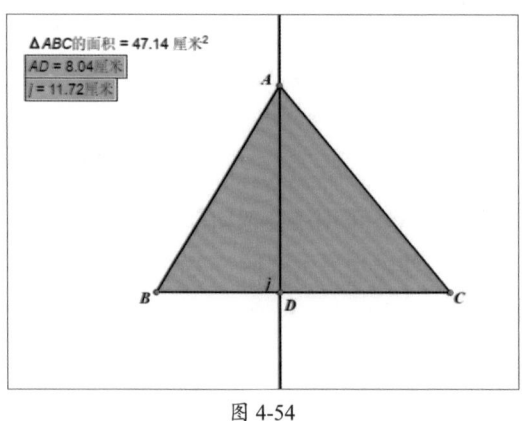
图 4-54

几何画板课件制作标准教程（全彩微课版）

Step 04 执行"数据"|"计算"命令，打开"新建计算"对话框，创建表达式计算三角形的面积，如图4-55所示。完成后单击"确定"按钮。

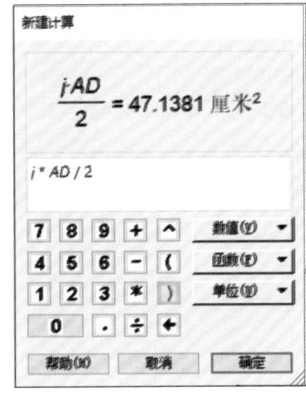

图 4-55

Step 05 选中度量与计算出的数据，执行"数据"|"制表"命令，制作表格，如图4-56所示。此时调整三角形，表格中的数据也会随之变化。

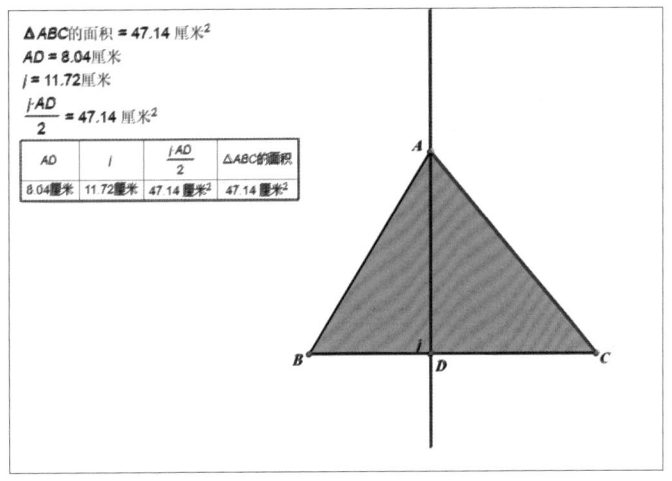

图 4-56

2. 编辑表格

表格制作完成后，还可以根据需要增删表格中的数据，该操作主要通过"数据"菜单中的命令实现。

（1）添加表中数据

选中制作的表格，执行"数据"|"添加表中数据"命令，打开"添加表中数据"对话框，如图4-57所示。该对话框中各选项作用如下。

- **添加一个新条目**：选中该单选按钮可以在表中添加一组数据，用户可以通过调整相应数据的图形更改表中的数据。
- **当数值改变时添加**：选中该单选按钮可以在下一次更改表中的测量值时自动添加

一行或多行。用户可以在编辑框中设置要添加的行数及速率。

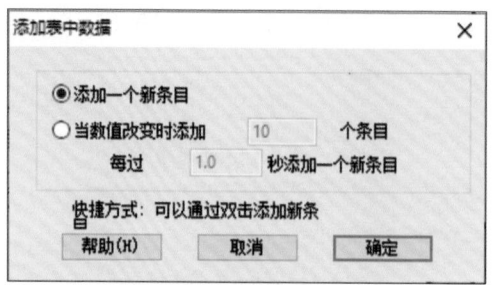

图 4-57

（2）删除表中数据

若想删除表中数据，可以选中表格后，执行"数据"|"删除表中数据"命令，打开"删除表中数据"对话框，如图4-58所示。该对话框中各选项作用如下。

- **删除最后条目**：选中该单选按钮可以删除表格中最后一组数据。
- **删除所有条目**：选中该单选按钮可以删除表格中除字段名称及第一组数据以外的所有条目。

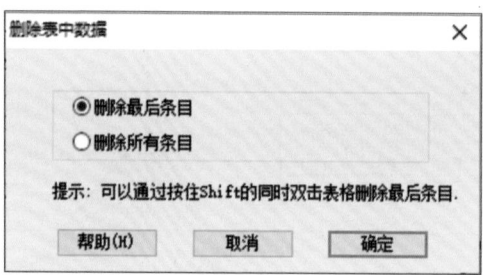

图 4-58

4.2.4 新建函数

函数解析式是数学教学中必不可少的内容，通过几何画板中的"新建函数"命令，可以轻松地创建函数解析式。

打开几何画板软件，执行"数据"|"新建函数"命令，或使用Ctrl+F组合键，打开"新建函数"对话框，在该对话框中输入函数解析式，如图4-59所示。完成后单击"确定"按钮创建函数解析式，如图4-60所示。

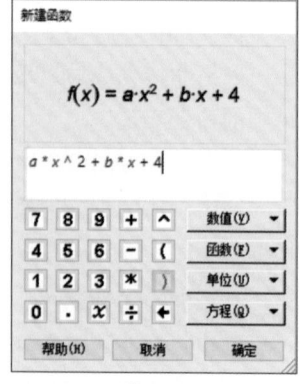

图 4-59

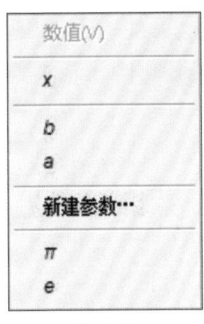

图 4-60

"新建函数"对话框部分选项作用如下。

- **数值**：单击该按钮，在弹出的下拉列表中可以选择数值添加在函数解析式中，如图4-61所示。用户也可以在下拉列表中选择"新建参数"选项，打开"新建参数"对话框新建参数，并添加至函数解析式中，如图4-62所示。

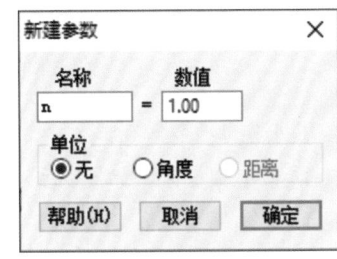

图 4-61　　　　　图 4-62

- **函数**：单击该按钮，在弹出的下拉列表中可以选择常见的函数，如图4-63所示。
- **单位**：单击该按钮，在弹出的下拉列表中可以选择单位，如图4-64所示。
- **方程**：单击该按钮，在弹出的下拉列表中可以选择选项设置函数的显示效果及图形形式，如图4-65所示。

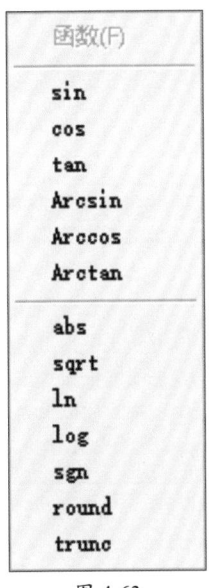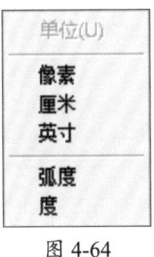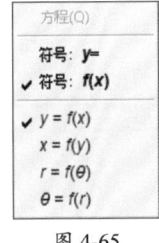

图 4-63　　　　　图 4-64　　　　　图 4-65

若对函数解析式进行更改，可以双击函数解析式，打开"编辑函数"对话框进行设置，如图4-66所示。

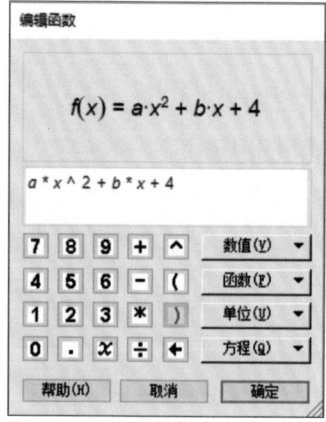

图 4-66

创建函数后，选中创建的函数解析式，执行"绘图"|"绘制函数"命令，或使用Ctrl+G组合键，即可在画板中根据函数解析式绘制函数曲线，如图4-67所示。

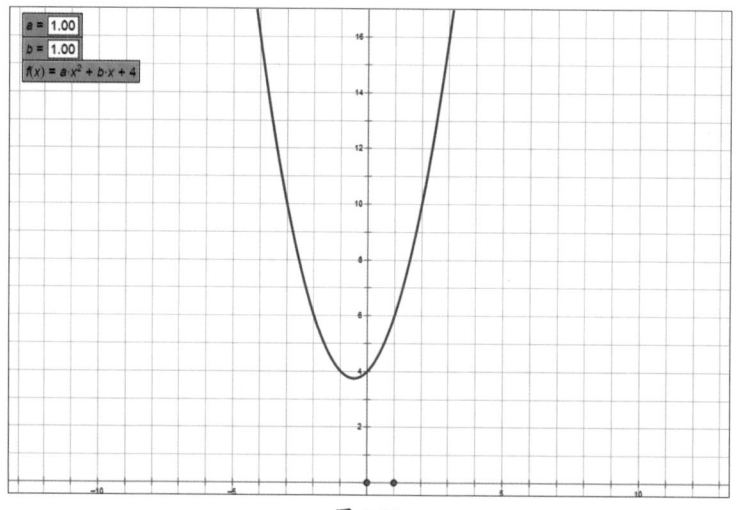

图 4-67

在未选中函数解析式的情况下，执行"绘图"|"绘制新函数"命令，或使用Ctrl+G组合键，将打开"新建函数"对话框，在该对话框中输入函数解析式，完成后单击"确定"按钮，将在画板中创建函数解析式并绘制函数曲线。用户也可以直接在画板中右击，在弹出的快捷菜单中执行"绘制新函数"命令，即可实现这一效果。

案例实战：验证勾股定理

勾股定理是指直角三角形的两条直角边的平方和等于斜边的平方。下面对该定理进行验证。

Step 01 使用线段直尺工具☑绘制线段AB，选中线段AB和点A，执行"构造"|"垂线"命令，构造垂线j，在垂线j上任选一点C，如图4-68所示。

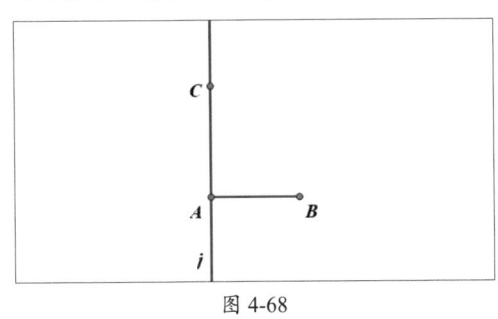

图 4-68

Step 02 选中垂线j，使用Ctrl+H组合键隐藏。使用线段直尺工具☑绘制线段AC、线段BC，如图4-69所示，∠BAC恒为90°。

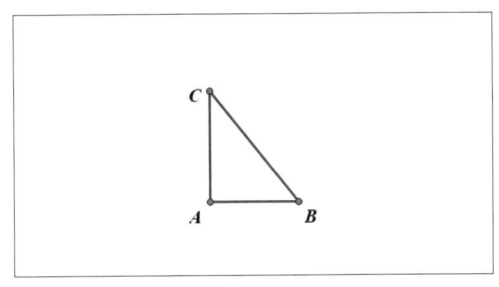

图 4-69

Step 03 使用移动箭头工具🖈双击点A，将其标记为中心，选中点C和线段AC，执行"变换"|"旋转"命令，打开"旋转"对话框，保持默认设置，单击"旋转"按钮旋转对象，得到点C′和线段AC′，如图4-70所示。

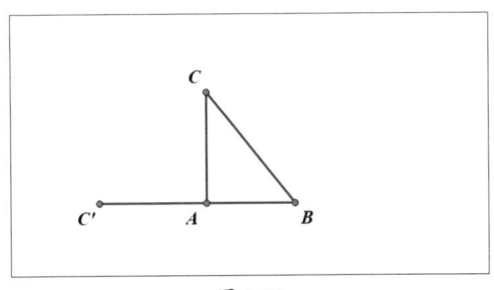

图 4-70

Step 04 双击点C′，将其标记为中心，选中点A和线段AC′，执行"变换"|"旋转"命令，打开"旋转"对话框，保持默认设置，单击"旋转"按钮旋转对象得到点A′

和线段 $A'C'$；选中点 A' 和点 C，使用Ctrl+L组合键，构造线段，得到正方形 $ACA'C'$，如图4-71所示。

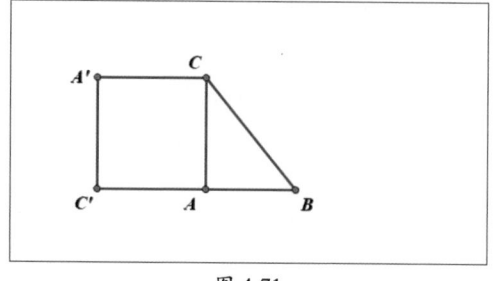

图 4-71

Step 05 使用相同的方法构造正方形 $ABA''B'$ 和正方形 $BCB''C''$，如图4-72所示。

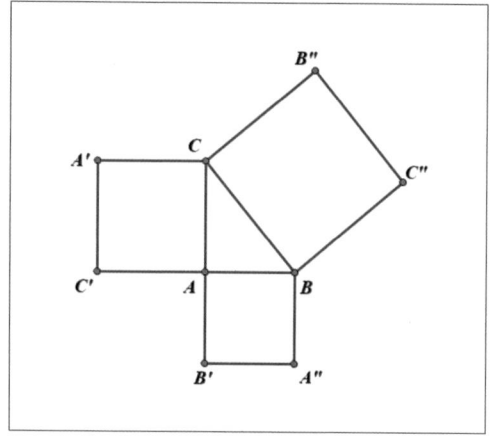

图 4-72

Step 06 选中正方形 $ACA'C'$ 的四个顶点，执行"构造"|"四边形的内部"命令，构造正方形内部，使用相同的方法构造正方形 $ABA''B'$ 和正方形 $BCB''C''$ 的内部，如图4-73所示。

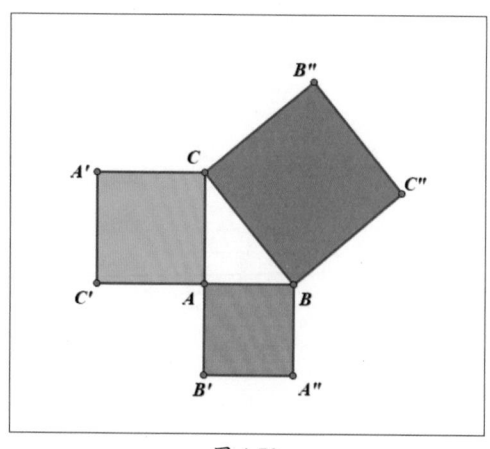

图 4-73

Step 07 选中构造的正方形 $ACA'\ C'$、正方形 $ABA''\ B'$ 和正方形 $BCB''\ C''$ 的内部，执行"度量"|"面积"命令，度量其面积，如图4-74所示。

Step 08 执行"数据"|"计算"命令，打开"新建函数"对话框，计算正方形 $ACA'\ C'$ 和正方形 $ABA''\ B'$ 面积之和，如图4-75所示。完成后单击"确定"按钮。

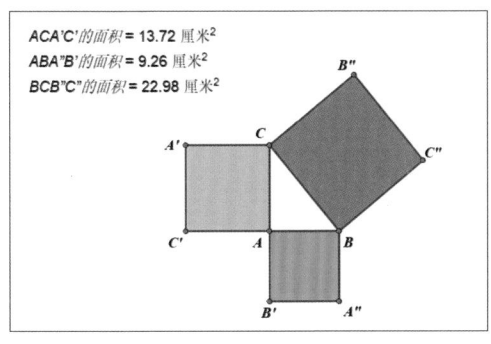 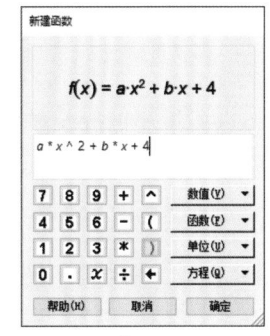

图 4-74　　　　　　　　　　图 4-75

Step 09 选中度量得出的值和计算得出的值，执行"数据"|"制表"命令，将其绘制成表格，如图4-76所示。

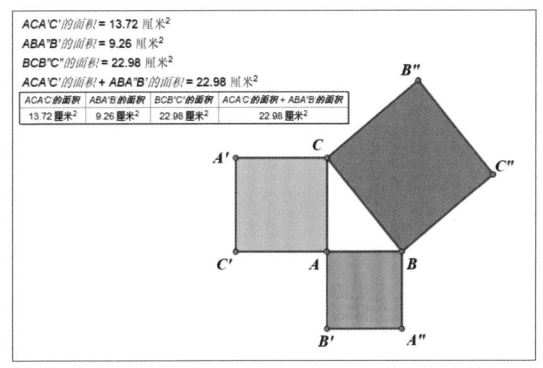

图 4-76

Step 10 任意更改直角三角形三边的长度，直角边长的平方和恒等于斜边长的平方，如图4-77所示。

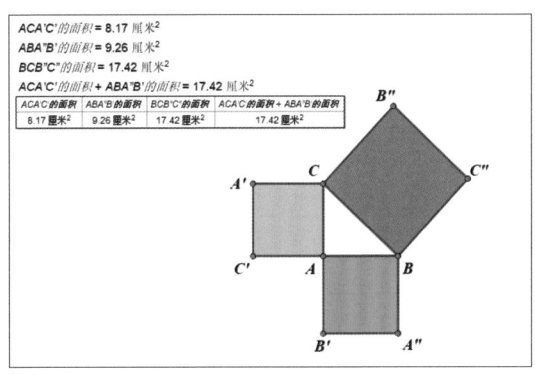

图 4-77

1. Q：怎么测量多边形面积？

A： 测量多边形面积首先需要构造多边形内部。依次选中多边形的顶点，执行"构造"|"多边形的内部"命令，或使用Ctrl+P组合键，构造多边形内部，选中构造出的多边形内部，执行"度量"|"面积"命令即可。

2. Q：怎么设置度量值的精确度？

A： 选中度量值，执行"编辑"|"属性"命令，或使用Alt+? 组合键，打开相应的属性对话框，在"数值"选项卡中设置"精确度"即可。

3. Q："新建计算"对话框中数字按钮怎么都是灰色状态？

A： 表达式中数值与数值之间需添加运算符号。

4. Q：怎么添加表格数据？

A： 选中制作的表格，执行"数据"|"添加表中数据"命令，打开"添加表中数据"对话框，选中"添加一个新条目"或"当数值改变时添加"单选按钮即可添加表格数据。这两个单选按钮的区别在于"添加一个新条目"仅会添加一条数据；而"当数值改变时添加"单选按钮会根据设置在更改数值时自动添加条目。

5. Q："距离"命令和"坐标距离"命令的区别是什么？

A： "距离"命令度量出的值含单位，而"坐标距离"命令度量出的值不含单位。

6. Q：怎么度量超过180°的角？

A： 使用标记工具☑标记超过180°的角，选中标记，执行"度量"|"角度"命令即可。

7. Q：怎么测量多边形周长？

A： 测量多边形周长首先需要构造多边形内部。依次选中多边形的顶点，执行"构造"|"多边形的内部"命令，或使用Ctrl+P组合键，构造多边形内部，选中构造出的多边形内部，执行"度量"|"周长"命令即可。

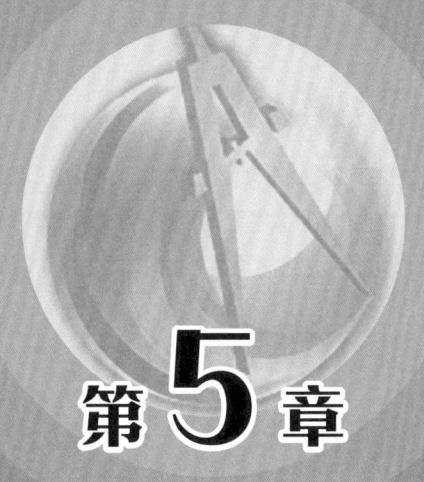

第5章
几何画板操作类按钮

操作类按钮可以将独立的对象组织成有机的整体，并对对象的动态效果进行控制，增加了几何画板的交互性。本章将对操作类按钮的应用与编辑进行介绍。通过本章的学习，可以帮助读者掌握操作类按钮的操作。

5.1 操作类按钮

"操作类按钮"命令可以在画板中添加具有交互性的按钮，通过这些按钮，可以对对象进行显示/隐藏、动画、移动、链接、滚动等操作。本节将对此进行详细介绍。

5.1.1 "隐藏/显示"按钮

"隐藏/显示"按钮可以控制对象的隐藏或显示。选中对象，执行"编辑"｜"操作类按钮"｜"隐藏/显示"命令，画板中将自动出现一个"隐藏对象"按钮，如图5-1所示。单击该按钮将隐藏对象，同时按钮变为"显示对象"按钮，如图5-2所示。再次单击可显示隐藏的对象。

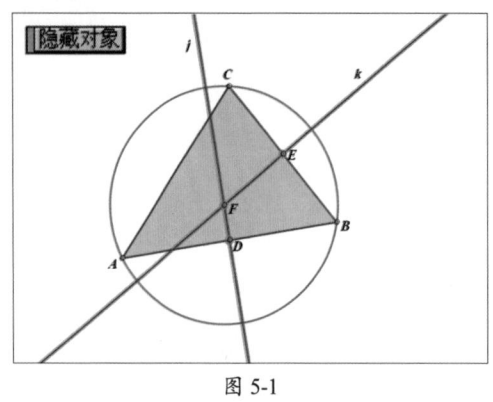

图 5-1

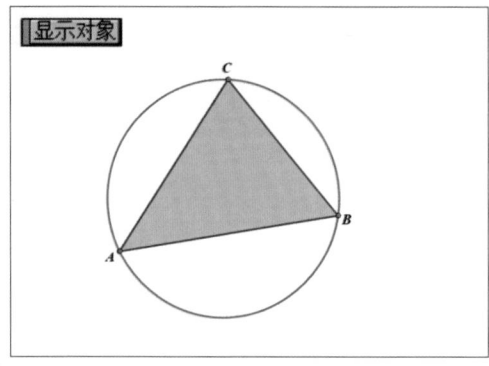

图 5-2

选中创建的"隐藏/显示"按钮，右击，在弹出的快捷菜单中执行"属性"命令，打开"操作类按钮 隐藏对象"对话框，在对话框中选择"隐藏/显示"选项卡，如图5-3所示。该选项卡中各选项作用如下。

图 5-3

- **总是显示对象**：选中该单选按钮，单击"隐藏/显示"按钮将仅显示对象。
- **总是隐藏对象**：选中该单选按钮，单击"隐藏/显示"按钮将仅隐藏对象。

- **切换隐藏/显示**：该选项为默认选项，选中该单选按钮，单击"隐藏/显示"按钮将隐藏对象；再次单击将显示对象。
- **显示后选定对象**：勾选该复选框，将选择显示后的对象。
- **使用淡入淡出效果**：勾选该复选框，显示或隐藏对象时将使用淡入淡出效果，使变化更加平缓。

> **注意事项** 选择不同对象时，按钮文字也会有所不同，如选中圆时，按钮将显示"隐藏圆／显示圆"。

5.1.2 "动画"按钮

"动画"按钮可以使一个点沿某条路径运动，制作出几何图形动态变化的效果。结合几何画板的其他功能，还可以制作出更加丰富的动态图形。

选择要运动的点，执行"编辑"|"操作类按钮"|"动画"命令，此时画板中将自动出现一个"动画点"按钮并打开"操作类按钮 动画点"对话框，如图5-4所示。在该对话框中，用户可以设置动画运动的方向及速度，还可以查看点的运动路径。

设置完成后单击"确定"按钮应用设置，单击画板中的"动画点"按钮，选中的点将按照设定的路径进行运动，如图5-5所示。

图 5-4

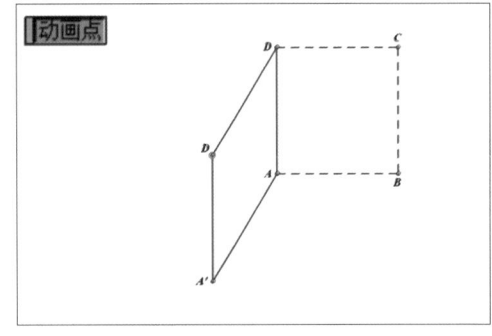

图 5-5

该对话框中部分选项作用如下。
- **方向**：用于设置对象运动的方向为向前、向后、双向或随机。
- **速度为**：用于设置动画速度。

> **注意事项** 几何画板中点的运动符合其几何关系，如圆上的点只会绕圆运动，自由点可以在画板中自由运动。

动手练 制作三角形翻折动画

"动画"按钮可以实现并控制对象的动画效果。下面通过该按钮制作三角形翻折动画。

Step 01 使用多边形和边工具 ⬠ 绘制一个 △ABC，如图5-6所示。

Step 02 双击线段AB将其标记为镜面，选中点C，执行"变换"|"反射"命令，得到点C′，如图5-7所示。

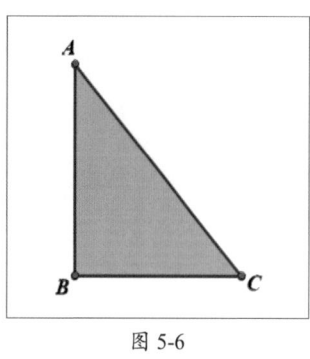

图 5-6

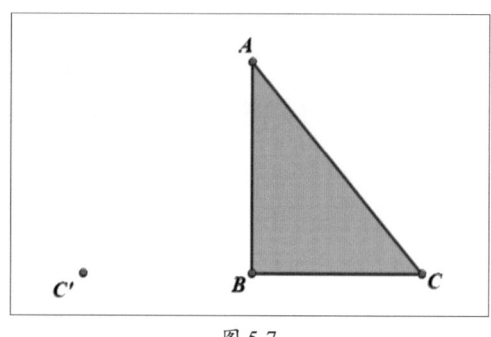

图 5-7

Step 03 依次选中点B、点C′和点C，执行"构造"|"圆上的弧"命令，构造弧 $\overset{\frown}{CC'}$，如图5-8所示。

Step 04 在 $\overset{\frown}{C'C}$ 上任取一点D，使用线段直尺工具 ╱ 构造线段AD和线段BD，选中点A、点B和点D，使用Ctrl+P组合键，构造内部。选中线段AC和线段BC，执行"显示"|"线型"|"细线"命令，将其设置为细线；执行"显示"|"线型"|"虚线"命令，将其设置为虚线，如图5-9所示。

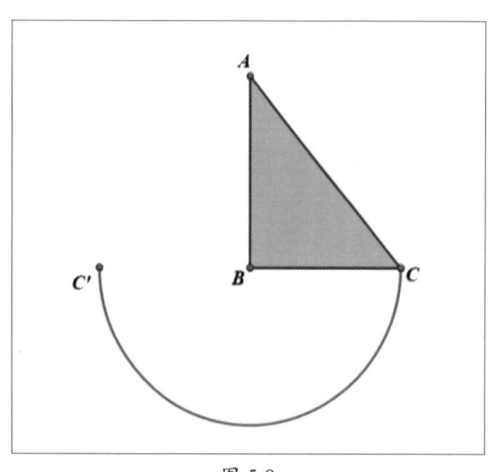

图 5-8

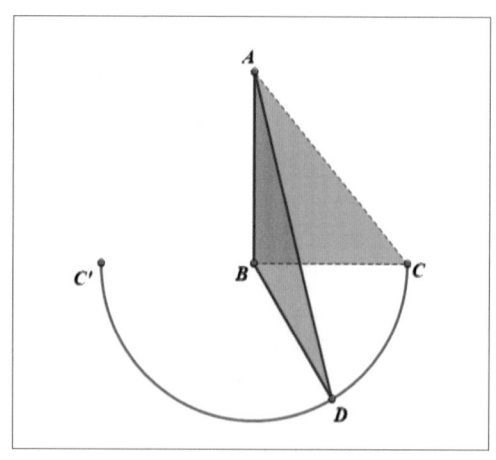

图 5-9

Step 05 选中点D，执行"编辑"|"操作类按钮"|"动画"命令，打开"操作类按钮 动画点"属性对话框，在"标签"选项卡中修改标签为"翻折"，如图5-10所示。

Step 06 完成后单击"确定"按钮，画板中将出现"翻折"动画按钮，单击该按钮

几何画板课件制作标准教程（全彩微课版）

即可翻折三角形，如图5-11所示。至此，三角形翻折动画制作完成。

图 5-10

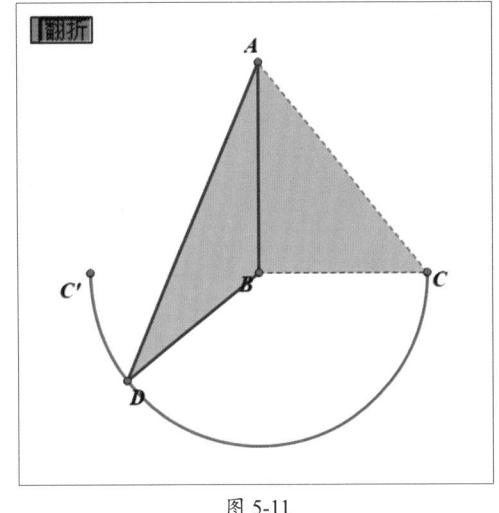

图 5-11

5.1.3 "移动"按钮

"移动"按钮可以实现点到点的运动。依次选中两个点（第一个点是要移动的点，第二个点是要移动到的目标点），执行"编辑"|"操作类按钮"|"移动"命令，画板中将自动出现一个"移动$F{\rightarrow}B$"按钮并打开"操作类按钮 移动$F{\rightarrow}B$"对话框，如图5-12所示。在该对话框中设置参数后单击"确定"按钮应用设置。单击"移动$F{\rightarrow}B$"按钮，移动点将自动向目标点移动，如图5-13所示。

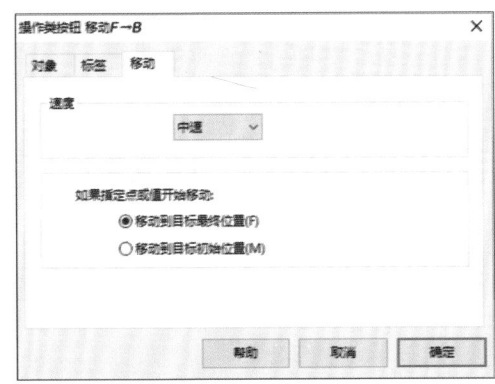

图 5-12

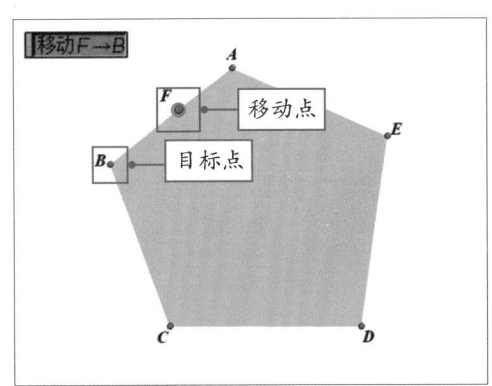

图 5-13

当目标点为活动点时，选中"移动到目标最终位置"单选按钮，移动点将始终随着目标点移动；选中"移动到目标初始位置"单选按钮，移动点移动至目标点初始位置时将停止移动。

注意事项 创建"移动"按钮时，可一次选择多对点或值同时操作。选择值时，必须包括要更改的值（参数）和参数可以更改的目标值。

动手练 **制作正方形折叠动画**

通过几何画板，用户可以轻松地制作黑板中不易展示的动态折叠效果。下面通过"移动"按钮制作正方形折叠动画。

Step 01 使用线段直尺工具绘制正方形$ABCD$，如图5-14所示。

Step 02 在线段BC上任取一点E，使用线段直尺工具构造线段AE，如图5-15所示。

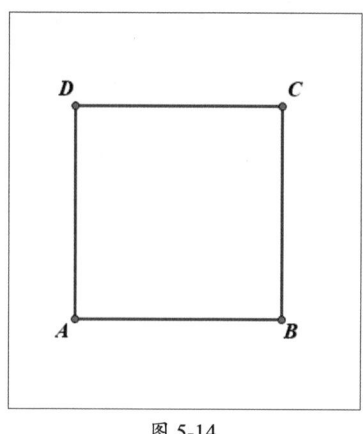

图 5-14　　　　　　　　　图 5-15

Step 03 选中线段AE，执行"构造"|"中点"命令，构造中点F，选中点F和线段AE，执行"构造"|"垂线"命令，构造垂线j，如图5-16所示。

Step 04 选中线段AB和垂线j，执行"构造"|"交点"命令，构造交点G；选中线段CD和垂线j，执行"构造"|"交点"命令，构造交点H。双击垂线j，将其标记为镜面，选中点D'，执行"变换"|"反射"命令，得到点D'，如图5-17所示。

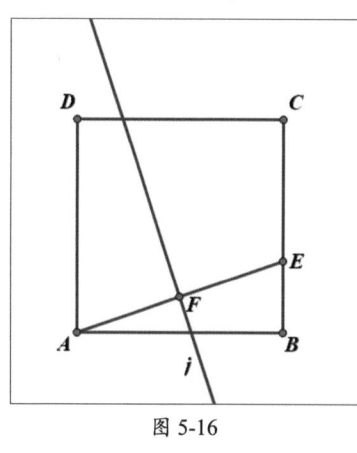 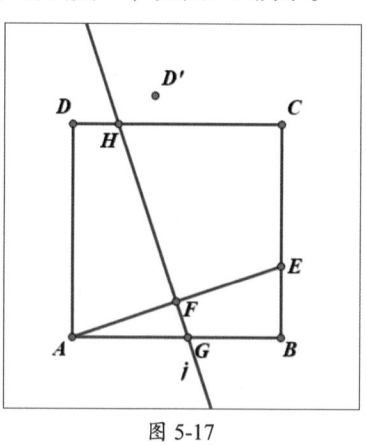

图 5-16　　　　　　　　　图 5-17

Step 05 使用线段直尺工具构造线段GE、线段$D'E$、线段$D'H$，选中线段AE和垂线j，执行"显示"|"线型"|"细线"命令，将其设置为细线；执行"显示"|"线型"|"虚线"命令，将其设置为虚线，如图5-18所示。

Step 06 选中点E和点C，执行"编辑"|"操作类按钮"|"移动"命令，打开"操作类按钮 移动$E{\to}C$"对话框，在"标签"选项卡中设置标签为"对角折叠"，完成后单击"确定"按钮，画板中将出现名为"对角折叠"的移动按钮，如图5-19所示。

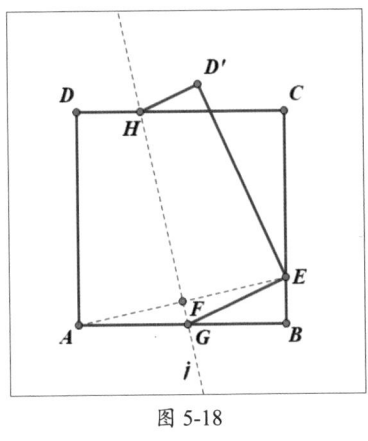

图 5-18

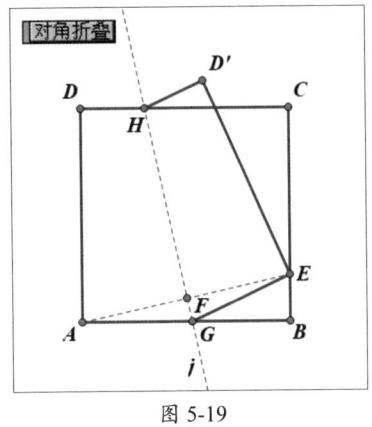

图 5-19

Step 07 选中点E和点B，执行"编辑"|"操作类按钮"|"移动"命令，打开"操作类按钮 移动$E{\to}B$"对话框，在"标签"选项卡中设置标签为"中线折叠"，完成后单击"确定"按钮，画板中将出现名为"中线折叠"的移动按钮，如图5-20所示。

Step 08 单击"对角折叠"移动按钮或"中线折叠"移动按钮，正方形将在两种折叠状态间切换，如图5-21所示。至此，正方形折叠动画制作完成。

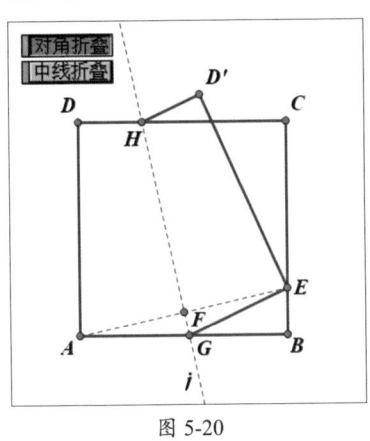

图 5-20

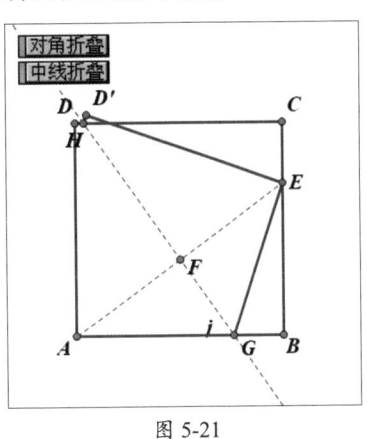

图 5-21

5.1.4 "系列"按钮

"系列"按钮可以将两个及以上的按钮构造成一个按钮。单击该按钮后，还可以单击"系列"按钮中所包含的按钮。

选中多个操作类按钮，执行"编辑"|"操作类按钮"|"系列"命令，面板中将自动出现一个"系列多个动作"按钮并打开"操作类按钮 系列多个动作"对话框，如图5-22所示（图中多个动作为2个）。在该对话框中设置参数后，单击"确定"按钮应

用设置。单击"系列多个动作"按钮，系统将按照设置执行"系列按钮"中所包含的按钮，如图5-23所示。

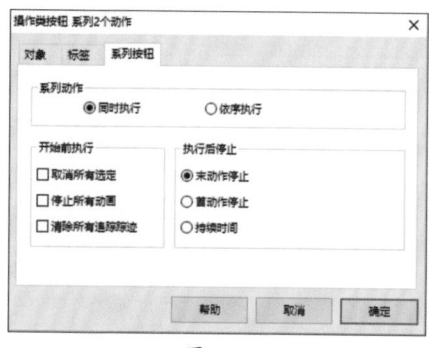

图 5-22

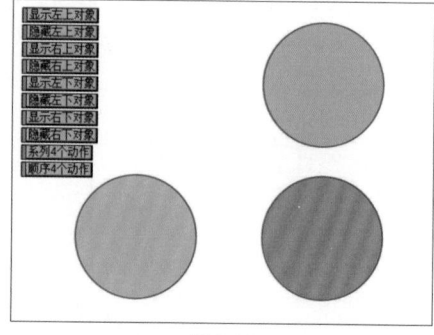

图 5-23

"操作类按钮 系列多个动作"对话框"系列按钮"选项卡中各选项作用如下。

1. 同时执行

选中"同时执行"单选按钮，可同时激活所有按钮的操作。同时，用户可以设置在开始前执行和执行后停止的相关操作。

- **取消所有选定**：勾选该复选框，将在激活操作前取消所有选择对象。
- **停止所有动画**：勾选该复选框，将在激活操作前停止之前启动的动画。
- **清除所有追踪踪迹**：勾选该复选框，将在激活操作前清除之前画板中显示的追踪踪迹。
- **末动作停止**：选中该单选按钮，"系列"按钮中每个按钮的操作独立进行，最后一个动作完成后才完成动画。
- **首动作停止**：选中该单选按钮，"系列"按钮中出现第一个停止动作时，其他动画也立即停止。
- **持续时间**：选中该单选按钮，可以设置动作呈现的总持续时间，以使动画在固定时间后停止。

2. 依序执行

选中"依序执行"单选按钮，可按照创建按钮时选择的顺序依次激活按钮操作。选中"依序执行"单选按钮时，"操作类按钮 系列多个动作"对话框中的选项如图5-24所示（图中多个动作为4个）。用户可以在"动作之后暂停"文本框中输入时间，设置系列中每个按钮之间要暂停的时间。

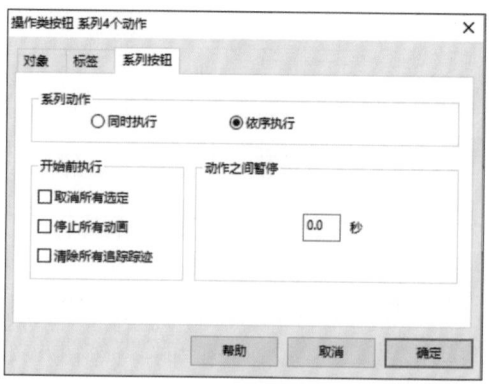

图 5-24

5.1.5 "声音"按钮

"声音"按钮可以将函数图像表示的声波以声音的形式播放出来。选中函数表达式或函数曲线，执行"编辑"|"操作类按钮"|"声音"命令，画板中将自动出现一个"听到函数g"按钮，如图5-25所示。

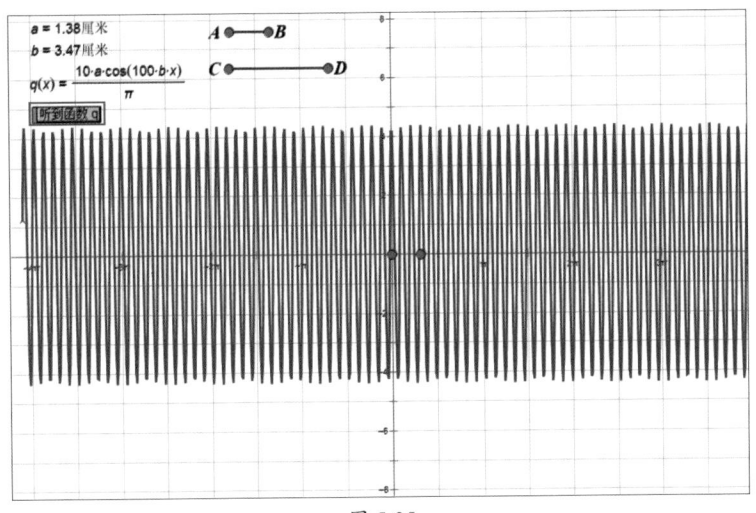

图 5-25

单击"听到函数g"按钮，即可听到声音，更改函数中的参数可以调整声音的大小和频率，如图5-26所示。

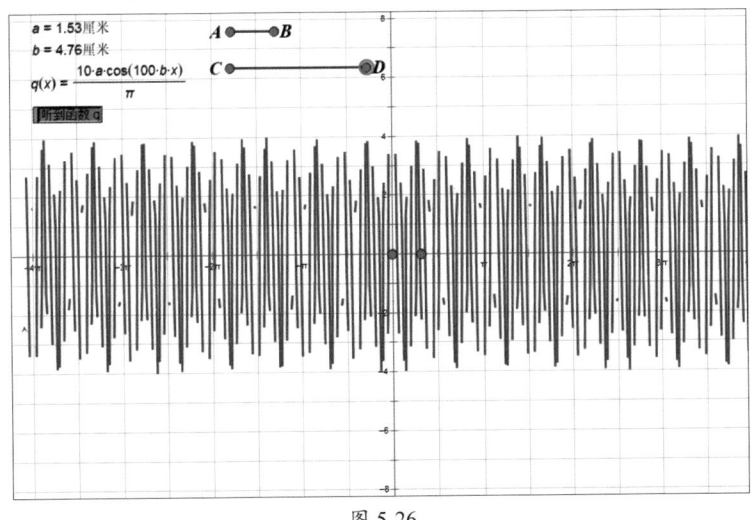

图 5-26

5.1.6 "链接"按钮

"链接"按钮可以创建与其他页面、本地文档或网络上资源的链接，实现不同对象间的联动操作。

1. 链接至页面

执行"编辑"|"操作类按钮"|"链接"命令，面板中将自动出现一个"链接到"按钮并打开"操作类按钮 链接"对话框，如图5-27所示。

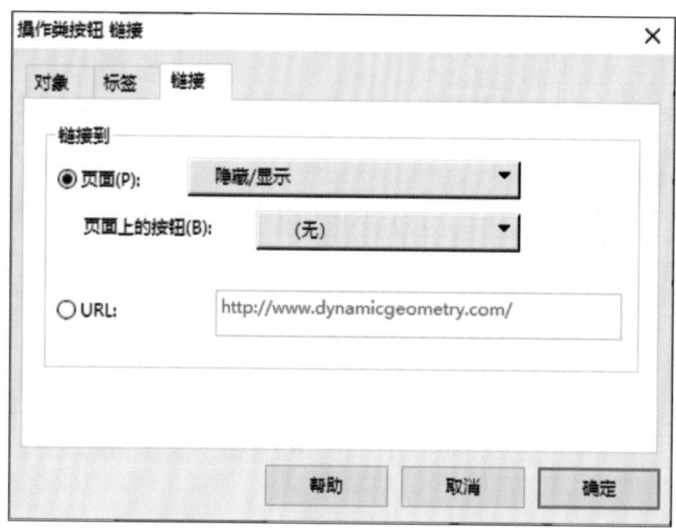

图 5-27

在该对话框中选中"页面"单选按钮，在下拉列表中选择要跳转的页面，完成后单击"确定"按钮。单击画板中的"链接到"按钮将自动跳转至设置的页面，如图5-28所示。

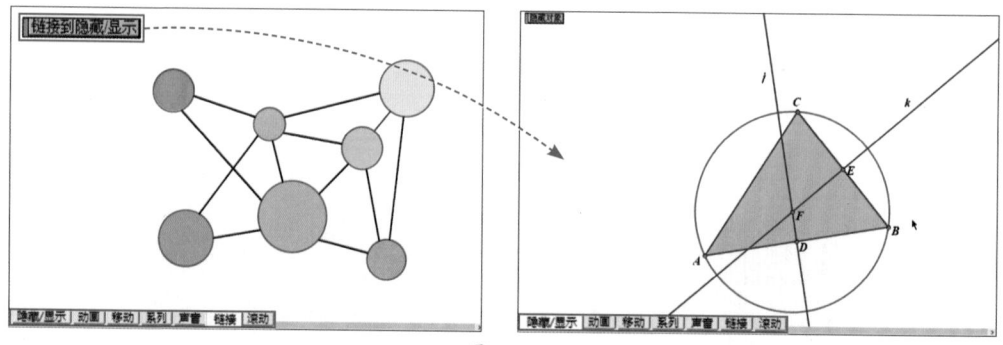

图 5-28

若链接的页面中包含动作按钮，用户也可以在"操作类按钮 链接"对话框"链接"选项卡中，选择链接到页面上的按钮，单击"链接到"按钮时将自动激活链接页面上的指定按钮。

2. 链接至本地文档

执行"编辑"|"操作类按钮"|"链接"命令，打开如图5-29所示的对话框，在该对话框的"链接"选项卡中选中"URL"单选按钮，在其文本框中输入本地计算机中的文

件及其路径。在"标签"选项卡中设置标签，完成后单击"确定"按钮，即可创建链接至本地文档的按钮，单击该按钮将打开相应的文档，如图5-30所示。

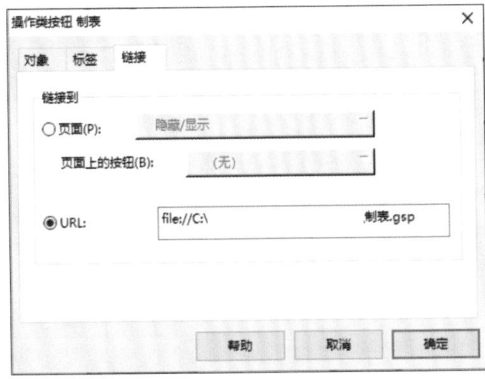

图 5-29

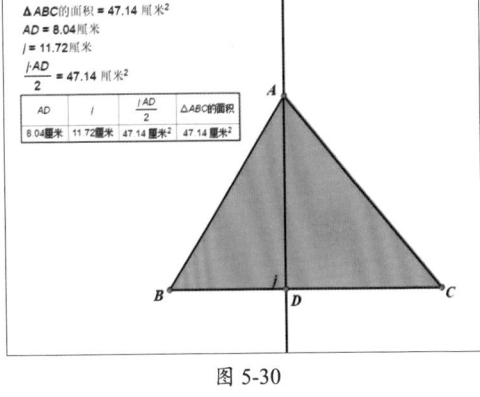

图 5-30

知识点拨

本地文件路径前需添加"file://"；若打开远程文档，可在链接前添加"rdl://"；若打开或下载远程文档，可在链接前添加"rdb://"。在输入文件名时要输入扩展名。

3. 链接至网络上的资源

执行"编辑"|"操作类按钮"|"链接"命令，打开如图5-31所示的对话框，在该对话框的"链接"选项卡中选中"URL"单选按钮，在其文本框中输入网址。

图 5-31

在"标签"选项卡中设置标签，单击"确定"按钮，即可创建链接至网络资源的按钮。单击该按钮，将打开相应的网页，如图5-32所示。

图 5-32

动手练 通过链接打开素材文件

"链接"按钮可以创建与其他页面、文档、网页等资源的链接，增加素材间的互动性。下面对此进行介绍。

Step 01 使用文本工具 A ，在画板中按住鼠标左键拖曳，可创建文本编辑框，在文本编辑框中输入文字，如图5-33所示。

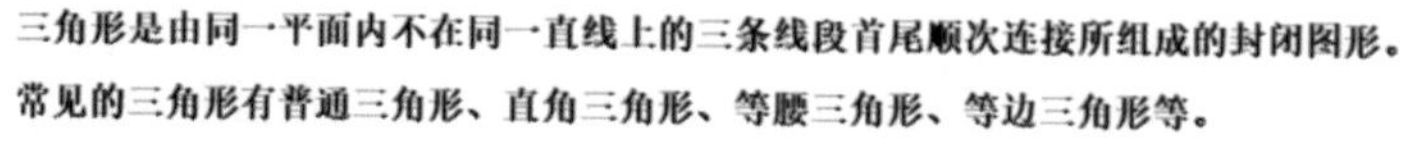

三角形是由同一平面内不在同一直线上的三条线段首尾顺次连接所组成的封闭图形。

常见的三角形有普通三角形、直角三角形、等腰三角形、等边三角形等。

图 5-33

Step 02 执行"编辑"|"操作类按钮"|"链接"命令，打开如图5-34所示的对话框，在该对话框的"标签"选项卡中，修改标签为"不同类型的三角形"，在"链接"选项卡中，选中"URL"单选按钮，在其文本框中输入本地计算机上的文件及其路径（file://C:\Desktop\不同类型的三角形.gsp）。

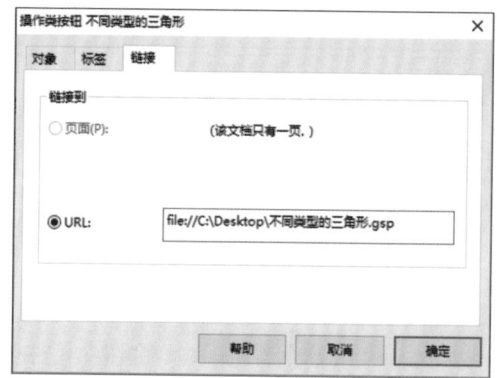

图 5-34

注意事项 该步骤需根据自己计算机存储文档的位置输入路径。

Step 03 完成后单击"确定"按钮，即可在画板中添加"不同类型的三角形"链接按钮，如图5-35所示。

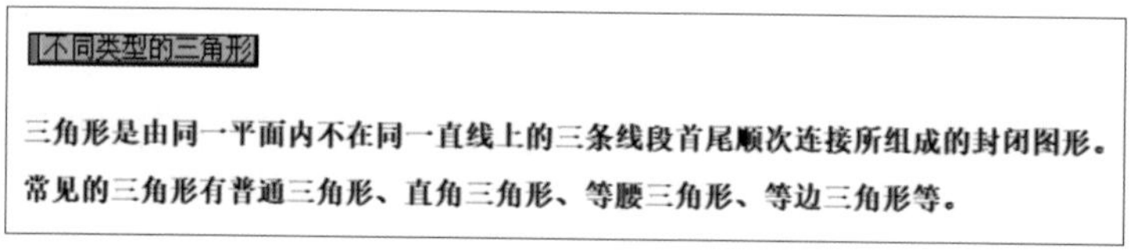

不同类型的三角形

三角形是由同一平面内不在同一直线上的三条线段首尾顺次连接所组成的封闭图形。
常见的三角形有普通三角形、直角三角形、等腰三角形、等边三角形等。

图 5-35

Step 04 单击"不同类型的三角形"链接按钮可打开链接的文件，如图5-36所示。

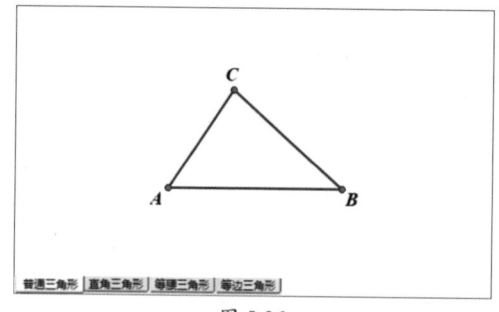

图 5-36

5.1.7 "滚动"按钮

"滚动"按钮可以控制整个屏幕的滚动，适用于页面内容很多且无法全部显示的情况。

选中画板中的一点，执行"编辑"|"操作类按钮"|"滚动"命令，面板中将自动出现一个"滚动"按钮，并打开"操作类按钮 滚动"对话框，如图5-37所示。在该对话框中设置参数，然后单击"确定"按钮应用设置。单击"滚动"按钮，系统将按照设置的滚动方向滚动屏幕，如图5-38所示。

图 5-37

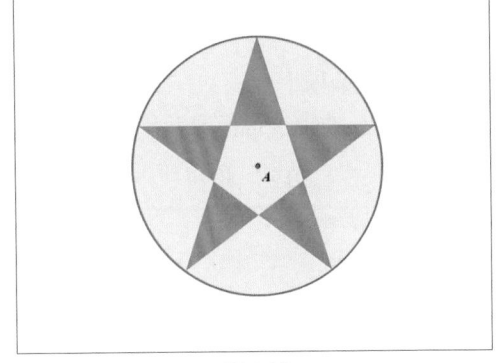

图 5-38

选中"窗口左上方"单选按钮时，单击"滚动"按钮选中的点将向窗口左上方移动；选中"窗口中央"单选按钮时，单击"滚动"按钮选中的点将向窗口中央移动。

5.2 编辑操作类按钮

添加操作类按钮后，还可以对其属性及颜色进行设置，以便更好地调整与归类。下面对此进行介绍。

5.2.1 修改操作类按钮属性

选中任意一个操作类按钮，此处以5.1.7节添加的"滚动"按钮为例，执行"编辑"|"属性"命令，或使用Alt+？组合键，即可打开"操作类按钮 滚动"属性对话框，如图5-39所示。该对话框中包括"对象""标签""滚动"三个选项卡。这三个选项卡作用分别如下。

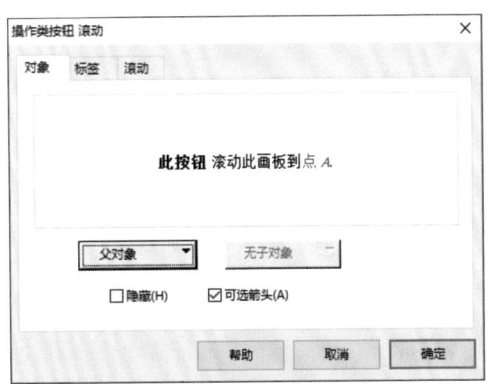

图 5-39

1."对象"选项卡

几何画板中所有对象的属性对话框中都包括"对象"选项卡。该选项卡中包括对象描述、"父对象""子对象"按钮、"隐藏"复选框和"可选箭头"复选框四部分。

- **对象描述**：根据选中对象与父对象的关系描述对象的几何定义。单击蓝色文字可切换至该文字对应对象的属性。
- **"父对象""子对象"**：用于查看当前对象的父对象或子对象。选择当前对象的父对象或子对象时，属性对话框也将随之切换。
- **隐藏**：用于设置对象是否可见。
- **可选箭头**：用于设置对象是否可以通过箭头工具选择。

2."标签"选项卡

"标签"选项卡可设置并修改按钮的标签。切换至"标签"选项卡，在文本框中输入文字，单击"确定"按钮即可，如图5-40和图5-41所示。

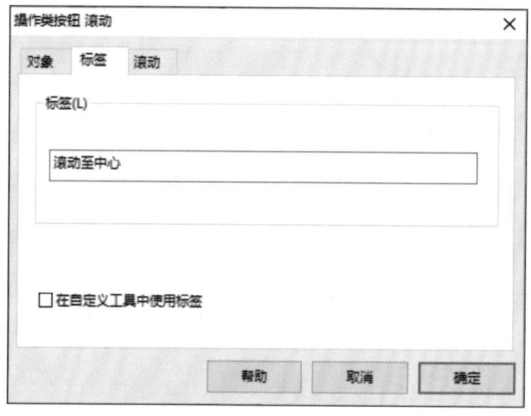

图 5-40

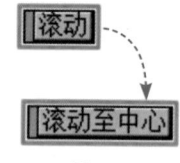

图 5-41

3."滚动"选项卡

根据选中按钮的不同，该选项卡中的选项也有所不同，用户根据需要进行设置即可。

5.2.2　修改操作类按钮颜色

用户可以通过设置操作类按钮的颜色，区分不同类别的按钮。选中任意一操作类按钮，执行"显示"|"颜色"命令，在其子菜单中选择预设的颜色，即可更改按钮颜色，如图5-42所示。若没有合适的预设颜色，用户可以执行"显示"|"颜色"|"其他"命令，打开"颜色选择器"对话框自定义颜色。

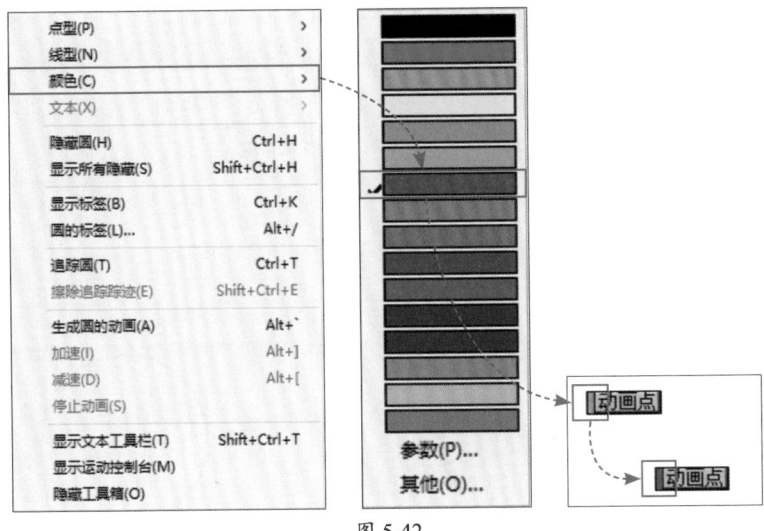

图 5-42

5.3 运动控制台

运动控制台可以控制对象的运动。执行"显示"|"显示运动控制台"命令，即可打开"运动控制台"面板，如图5-43所示。选中任意对象，单击"运动控制台"面板中的"播放"按钮▶，即可使该对象按照其几何关系进行运动，如图5-44所示。

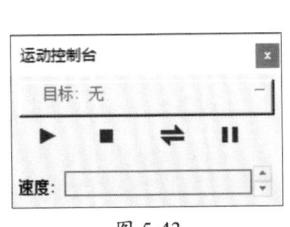

图 5-43

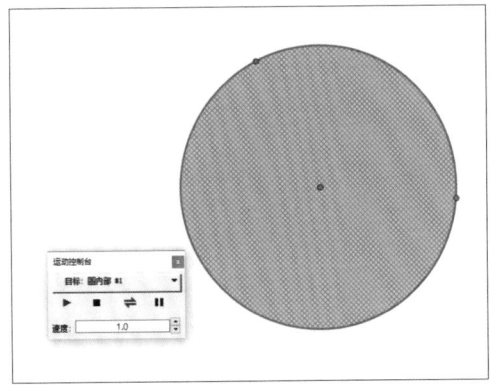

图 5-44

"运动控制台"面板中各选项作用如下。

- **目标：**用于设定控制的目标。
- **播放▶：**单击该按钮，选中对象将按照其几何关系进行运动。
- **停止■：**单击该按钮，将停止对象运动。
- **反向⇌：**单击该按钮，将反向运动对象。
- **暂停Ⅱ：**单击该按钮，将暂停对象运动；再次单击，可继续运动。
- **速度：**用于设置对象运动的速度。数值越大，运动速度越快。

案例实战：制作不同对象切换动画

"隐藏/显示"按钮可以隐藏或显示对象，"系列"按钮可以将多个按钮整合到一起。下面通过这两个按钮制作不同对象的切换动画。

Step 01 使用线段直尺工具绘制正方形$ABCD$和$\triangle EFG$，使用圆工具绘制圆c_1，如图5-45所示。

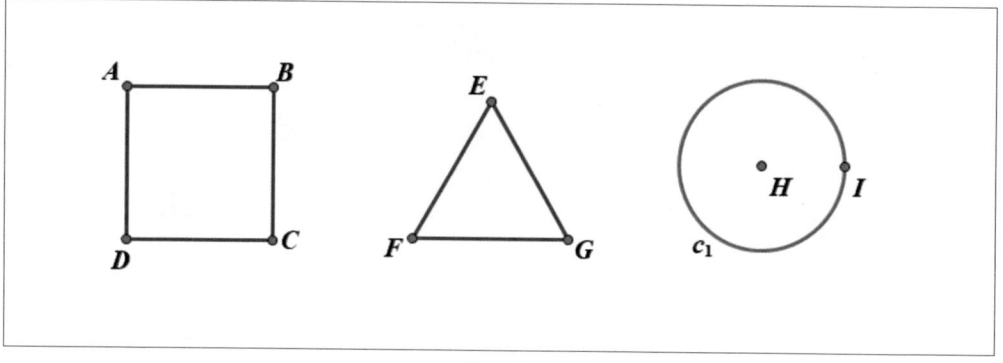

图 5-45

Step 02 选中正方形$ABCD$，执行"编辑"|"操作类按钮"|"隐藏/显示"命令，添加一个"隐藏对象"按钮，右击该按钮，在弹出的快捷菜单中执行"属性"命令，打开如图5-46所示的对话框，在"标签"选项卡中修改其标签为"显示正方形"，在"隐藏/显示"选项卡中选中"总是显示对象"单选按钮。

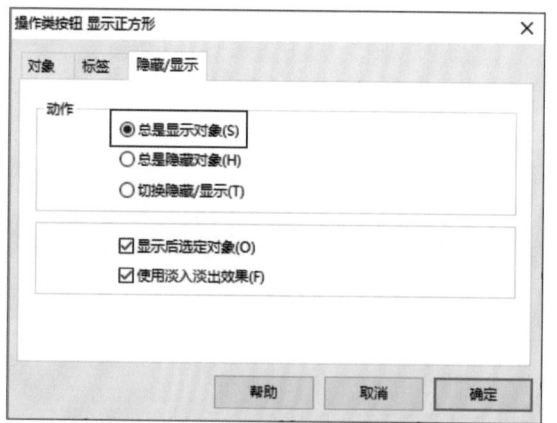

图 5-46

Step 03 单击"确定"按钮。继续选择正方形$ABCD$，执行"编辑"|"操作类按钮"|"隐藏/显示"命令，添加一个"隐藏对象"按钮，右击该按钮，在弹出的快捷菜单中执行"属性"命令，打开如图5-47所示的对话框，在"标签"选项卡中修改其标签为"隐藏正方形"，在"隐藏/显示"选项卡中选中"总是显隐藏对象"单选按钮。

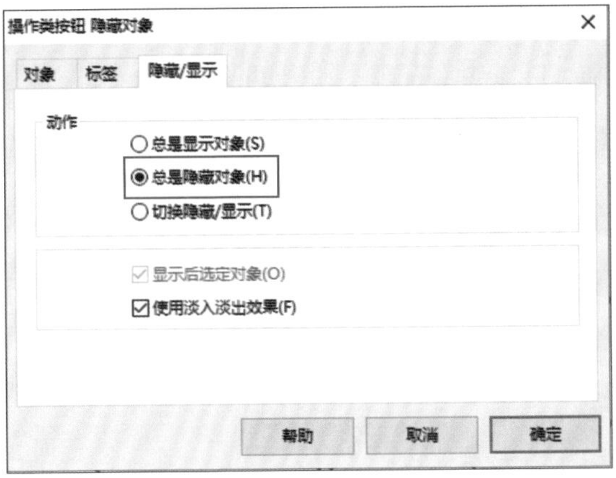

图 5-47

Step 04 单击"确定"按钮，效果如图5-48所示。

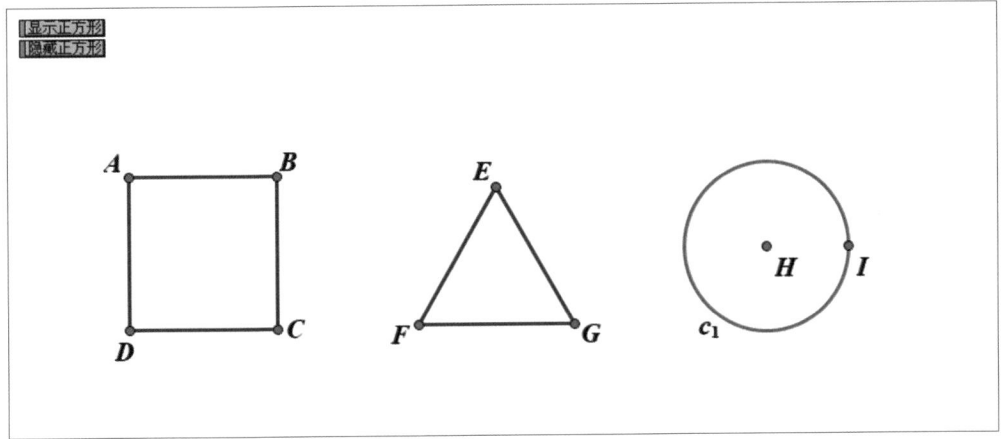

图 5-48

Step 05 使用相同的方法，添加"显示三角形"按钮、"隐藏三角形"按钮、"显示圆"按钮和"隐藏圆"按钮，如图5-49所示。

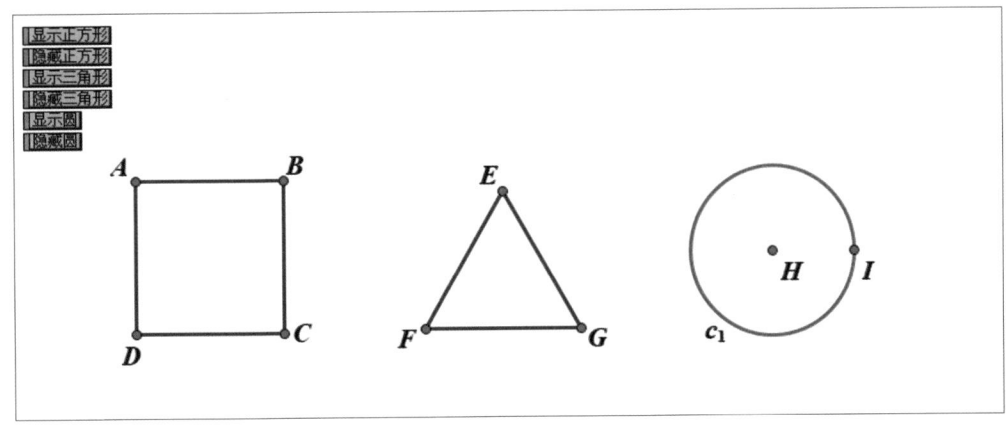

图 5-49

Step 06 选择"显示正方形"按钮、"隐藏三角形"按钮和"隐藏圆"按钮，执行"编辑"|"操作类按钮"|"系列"命令，打开如图5-50所示的对话框，在"标签"选项卡中修改其标签为正方形，在"系列按钮"选项卡中选中"依序执行"单选按钮，完成后单击"确定"按钮，添加"正方形"系列按钮。

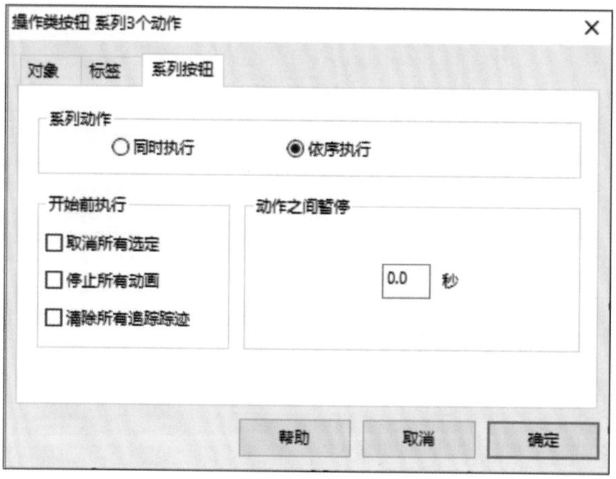

图 5-50

Step 07 选择"隐藏正方形"按钮、"显示三角形"按钮和"隐藏圆"按钮，使用相同的方法添加"三角形"序列按钮；选择"隐藏正方形"按钮、"隐藏三角形"按钮和"显示圆"按钮，使用相同的方法添加"圆"序列按钮，拖动调整按钮位置，效果如图5-51所示。

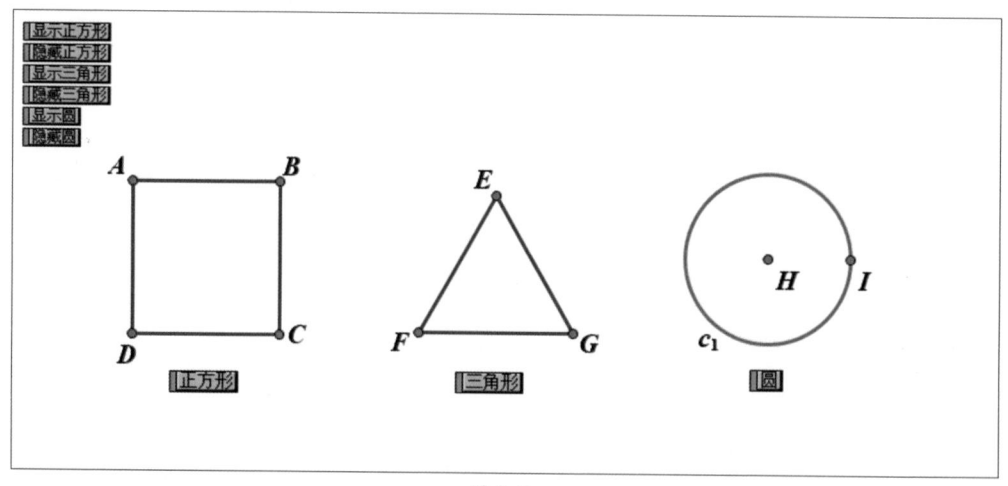

图 5-51

Step 08 选择"正方形"按钮、"三角形"按钮和"圆"按钮，使用相同的方法添加"切换"序列按钮，在"操作类按钮 切换"对话框"系列按钮"选项卡中选中"依序执行"单选按钮，设置"动作之间暂停"为0.4秒，如图5-52所示。单击"确定"按钮添加"切换"系列按钮。

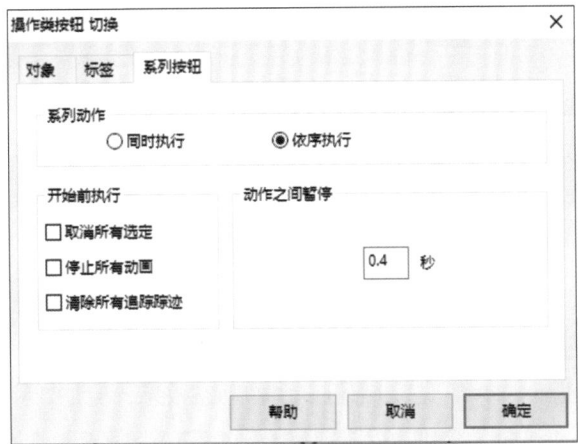

图 5-52

Step 09 单击"切换"序列按钮，即可仅呈现图形切换的效果，如图5-53所示。

图 5-53

几何画板课件制作标准教程（全彩微课版）

1. Q：常常误选操作类按钮怎么办？

    A：选中操作类按钮后右击，在弹出的快捷菜单中执行"属性"命令，打开"操作类按钮"属性对话框，在"对象"选项卡中取消勾选"可选箭头"复选框，单击"确定"按钮应用设置，即可锁定操作类按钮。通过该操作锁定的操作类按钮，仅是不可选择，不影响其功能的应用。

2. Q："动画"按钮和"移动"按钮的区别是什么？

    A："动画"按钮和"移动"按钮都可以制作动态效果，但是"移动"按钮创建的是点至点的移动；而"动画"按钮创建的是点在一条路径上的运动。

3. Q："链接"按钮打不开链接怎么办？

    A：根据链接对象的不同，用户需要在链接前添加适当的前缀，如网址前需添加"https://"；本地文件路径前需添加"file://"，且输入文件名时要输入扩展名；若打开远程文档，可在链接前添加"rdl://"；若打开或下载远程文档，可在链接前添加"rdb://"。

4. Q：怎么制作声音变化的效果？

    A：通过改变函数中的参数使函数图像发生变化，即可改变声音。用户可以为函数中的参数添加"动画"按钮或通过"运动控制台"改变参数，进而制作声音变化的效果。

5. Q："系列"按钮播放的顺序是什么？

    A：选中"依序执行"单选按钮，可按照创建按钮时选择的顺序依次激活按钮操作。

6. Q：几何画板中怎么制作图片绕多边形移动的效果？

    A：绘制多边形并在多边形边上任取一点，将图片拖曳至该点上，通过设置点在多边形上移动的效果，即可制作图片绕多边形移动的效果。

7. Q：怎么使某一对象保持在窗口中央？

    A：选中该对象中心处的点，执行"编辑"|"操作类按钮"|"滚动"命令，打开"操作类按钮 滚动"对话框，在"滚动"选项卡中选择"窗口中央"选项，完成后单击"确定"按钮应用设置。单击"滚动"按钮，该对象将自动切换至窗口中央。

第**6**章
绘制平面图形

解析几何和平面几何是中学阶段非常重要的教学内容。使用几何画板制作教学课件，可以动态地展示几何图形及变化关系，帮助学生更轻松地理解解析几何和平面几何。

圆锥曲线包括椭圆、抛物线和双曲线，是由一平面截二次锥面得到的曲线。其统一定义为：到平面内一定点的距离与到定直线的距离之比e是常数的点的轨迹为圆锥曲线，$e>1$时为双曲线；$e=1$时为抛物线；$0<e<1$时为椭圆。

6.1.1 绘制椭圆

椭圆是一种常见的几何图形。在几何画板中，用户可以根据不同的方法绘制椭圆。本小节将对椭圆的绘制方法进行介绍。

1. 第一定义法

椭圆的第一定义是平面上到两定点的距离之和为定值（该定值大于两点间距离）的点的集合。这两定点称为椭圆的焦点，焦点之间的距离称为焦距。

绘制任意一条线段AB，执行"构造"|"线段上的点"命令，在线段上构造一点C。依次选中点A和点C，执行"变换"|"标记向量"命令，标记向量。

在任意位置绘制一点D，选中点D，执行"变换"|"平移"命令，打开"平移"对话框，保存默认设置后单击"平移"按钮得到点D'。依次选中点D和点D'，执行"构造"|"以圆心和圆周上的点绘圆"命令，绘制如图6-1所示的圆。

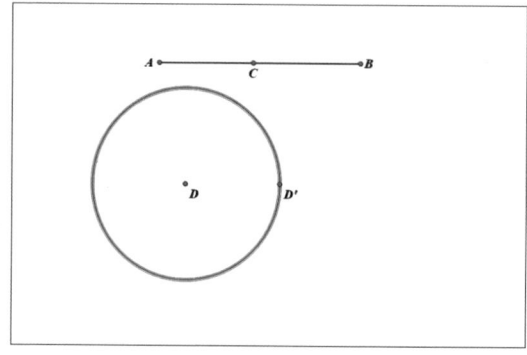

图 6-1

依次选中点B和点C，执行"变换"|"标记向量"命令，标记向量。在合适位置绘制一点E，确保点E至点D的距离小于点A至点B的距离。选中点E，执行"变换"|"平移"命令，打开"平移"对话框，保存默认设置后单击"平移"按钮得到点E'。

依次选中点E和点E'，执行"构造"|"以圆心和圆周上的点绘圆"命令，绘制如图6-2所示的圆。

选中点D'和点E'，使用Ctrl+H组合键隐藏。选中两个圆，执行"构造"|"交点"命令，构造交点F和交点

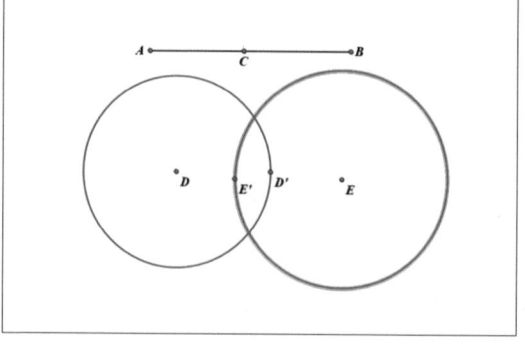

图 6-2

G。交点F至点D和点E的距离之和等于点A至点B的距离；交点G至点D和点E的距离之和同样等于点A至点B的距离。

选中点F和点C，执行"构造"|"轨迹"命令，构造椭圆的一半轨迹，如图6-3所示。选中点G和点C，执行"构造"|"轨迹"命令，构造椭圆的另一半轨迹，如图6-4所示。

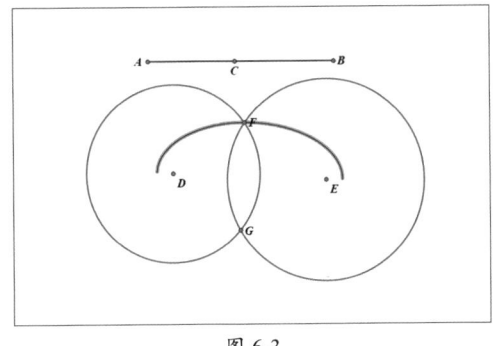

图 6-3

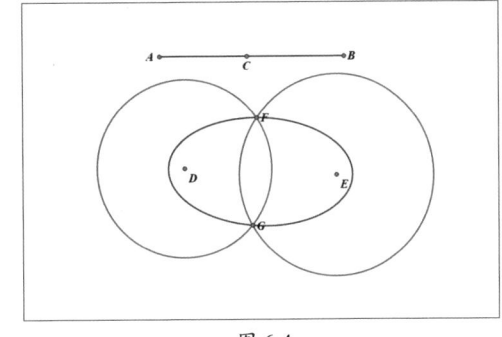

图 6-4

知识点拨

隐藏圆及交点，选择其余所有对象，单击自定义工具，在其子菜单中选择"创建新工具"选项，打开"新建工具"对话框设置工具名称后，单击"确定"按钮，即可新建椭圆工具。

2. 第二定义法

椭圆的第二定义是平面上到定点距离与定直线距离之比为常数e（$0<e<1$）的点的轨迹。该定点为椭圆的焦点，定直线为椭圆的准线。

绘制一条直线l，并标记线段上的两点为A、B。绘制线段CD，执行"构造"|"线段上的点"命令，构造点E。继续绘制线段FG，并构造线段上的点H。

选择点C和点E，执行"度量"|"距离"命令，度量点C与点E之间的距离；使用相同的方法，度量点C和点D之间的距离。然后执行"数据"|"计算"命令，计算"CE/CD"的比值。

选中点F和点H，执行"度量"|"距离"命令，度量点F和点H的距离，如图6-5所示。修改比值"CE/CD"的标签为e，FH距离的标签为n。

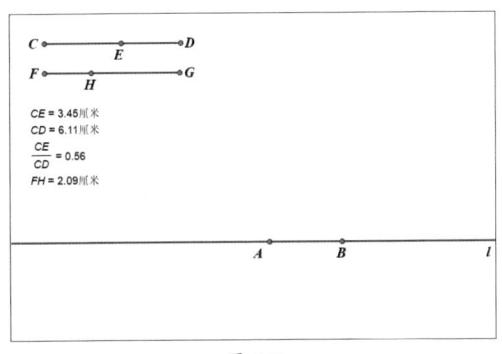

图 6-5

执行"数据"|"计算"命令，计算"n/e"的比值。选择点A与直线l，执行"构造"|"垂线"命令，构造直线l的垂线l_1。选择比值"n/e"，执行"变换"|"标记距离"命令，标记距离。选中垂线l_1，执行"变换"|"平移"命令，在打开的"平移"对话框中选中"极坐标"单选按钮、"标记距离"单选按钮，以角度0°平移垂线得到平行线l_2。

选择点B和n，执行"构造"|"以圆心和半径绘圆"命令，绘制圆。选中绘制的圆与直线l_2，执行"构造"|"交点"命令，得到交点I和交点J，如图6-6所示。点I和点J至点B的距离为n，点I和点J至直线l_1的距离为n/e，即点I和点J至点B的距离与点I和点J至直线l_1的距离比为e（CE/CD）。

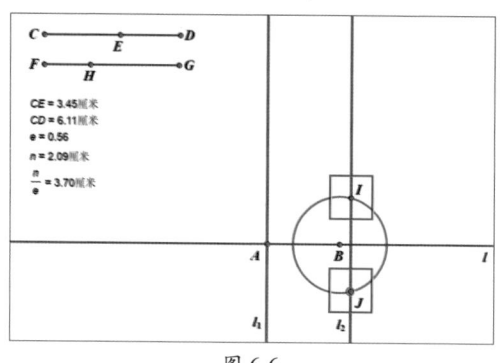

图 6-6

选中点I和点H，执行"构造"|"轨迹"命令，构造椭圆的一半轨迹，如图6-7所示。选中点J和点H，同样执行"构造"|"轨迹"命令，构造椭圆的另一半轨迹，如图6-8所示。

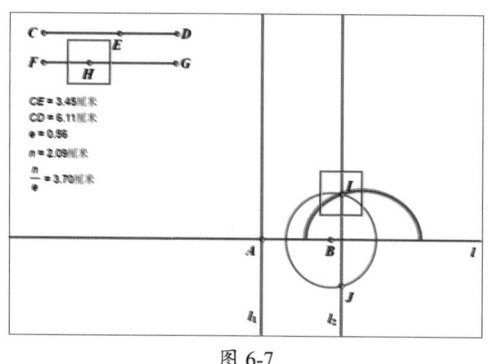

图 6-7

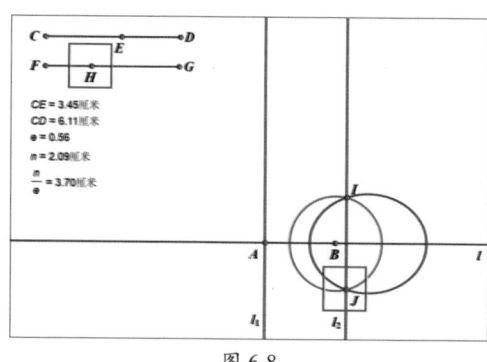

图 6-8

3. 参数方程法

椭圆的参数方程是$x=a\cos\theta$，$y=b\sin\theta$。其中，a为长轴长的一半，b为短轴长的一半，θ为参数。

执行"绘图"|"定义坐标系"命令，显示坐标系，执行"绘图"|"隐藏网格"命令，隐藏网格。以坐标系圆点为圆心绘制两个同心圆c_1、c_2（c_1为小圆，半径为b；c_2为大圆，半径为a）。

选中c_2，执行"构造"|"圆上的点"命令，构造点A。选中点A和点O，执行"构造"|"线段"命令，构造线段AO。标记线段AO与X轴的夹角为θ，则点A的X坐标为$a\cos\theta$。

选中线段AO与圆c_1，执行"构造"|"交点"命令，构造点B，点B的Y坐标为$b\sin\theta$。选中点B和X轴，执行"构造"|"平行线"命令，过点B构造X轴的平行线l_1。选中点A和X轴，执行"构造"|"垂线"命令，过点A构造X轴的垂线l_2，如图6-9所示。

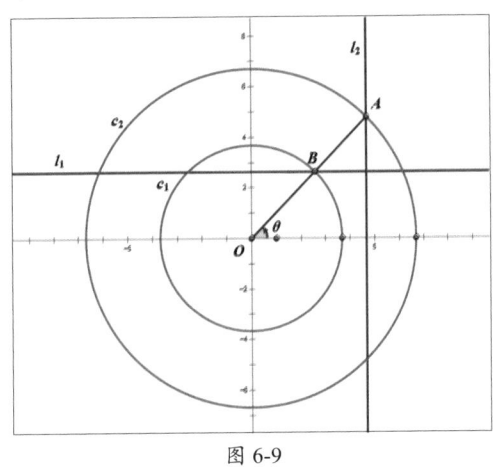

图 6-9

选中直线l_1和直线l_2，执行"构造"|"交点"命令，构造点C，点C的X坐标与点A一致，为$a\cos\theta$；Y坐标与点B一致，为$b\sin\theta$。选中点A与点C，执行"构造"|"轨迹"命令，构造椭圆，如图6-10所示。

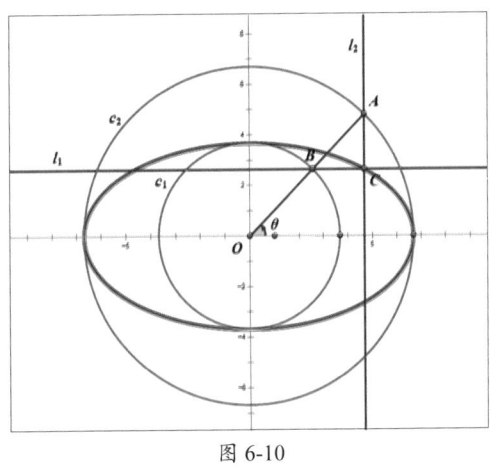

图 6-10

知识点拨

用户也可以直接新建参数a、b及函数表达式$f(x)=a\cos x$，$g(x)=b\sin x$，选中函数表达式，执行"绘图"|"绘制参数曲线"命令，打开"绘制曲线"对话框，定义域为0～360，完成后单击"确定"按钮绘制椭圆参数曲线。

4. 单圆法

单圆法是根据椭圆的第一定义及垂直平分线的性质，通过使椭圆上的点到两定点的距离之和等于圆的半径绘制椭圆。

绘制任意一圆，标记圆心为A，执行"构造"|"圆上的点"命令，在圆上构造一点B。在圆内部任意位置绘制一点C。选中点B与点C，使用Ctrl+L组合键，构造线段，如图6-11所示。

选中线段BC，执行"构造"|"中点"命令，构造中点D。选中中点D及线段BC，执行"构造"|"垂线"命令，创建线段BC的垂直平分线，如图6-12所示。

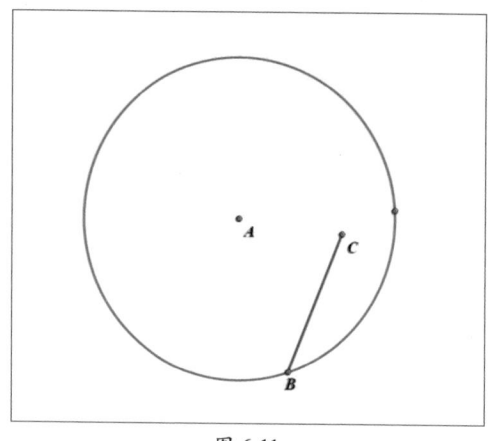

图 6-11

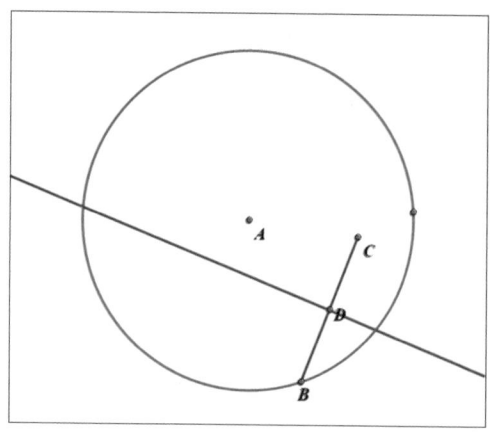

图 6-12

选中点A和点B，使用Ctrl+L组合键，构造线段。选中线段AB与垂线，执行"构造"|"交点"命令，得到与垂线的交点E，如图6-13所示。根据垂直平分线的性质，垂直平分线上任意一点，到线段两端点的距离相等，所以点E到点B和点C的距离相等，即线段AE与线段EC之和等于圆半径。

选中点E和点B，执行"构造"|"轨迹"命令，即可构建以点A和点C为焦点的椭圆，如图6-14所示。

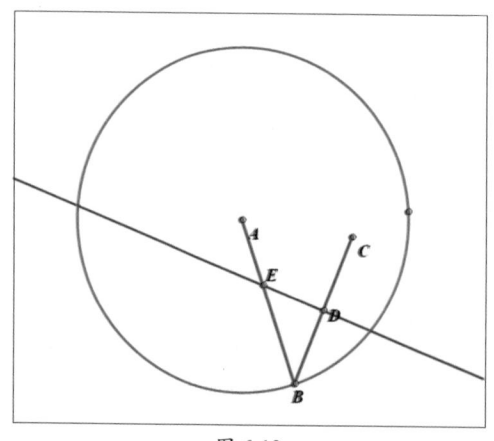

图 6-13

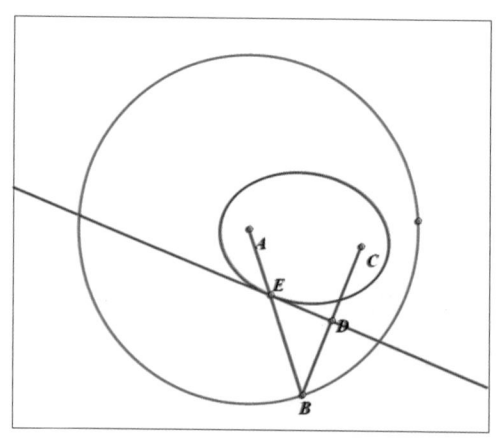

图 6-14

6.1.2　绘制抛物线

抛物线是指平面内到一定点和一定直线距离相等的点的轨迹。其中，定点叫抛物线的焦点，定直线叫抛物线的准线。

绘制射线OA，在射线OA上取一点B，以该点为抛物线焦点。选中点O和射线OA，执行"构造"|"垂线"命令，构造线段OA过点O的直线l_1，在直线l_1上取一点C。以l_1为抛物线准线。

选中点B和点C，执行"构造"|"线段"命令，构造线段BC。执行"构造"|"中点"命令，构造中点D。选中点D和线段BC，执行"构造"|"垂线"命令，构造直线l_2，如图6-15所示。直线l_2上所有点至点C和点B的距离相等。

选择点C和直线l_1，执行"构造"|"垂线"命令，构造直线l_3。选中直线l_2和直线l_3，执行"构造"|"交点"命令，构造交点E。点E至点C的距离即点E至直线l_1的距离与点E至点B的距离相等。选择点E与点C，执行"构造"|"轨迹"命令，构造抛物线，如图6-16所示。

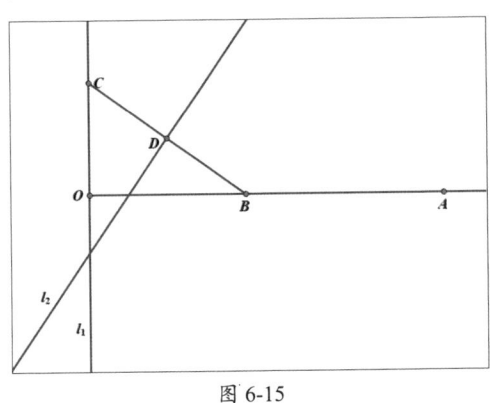

图 6-15

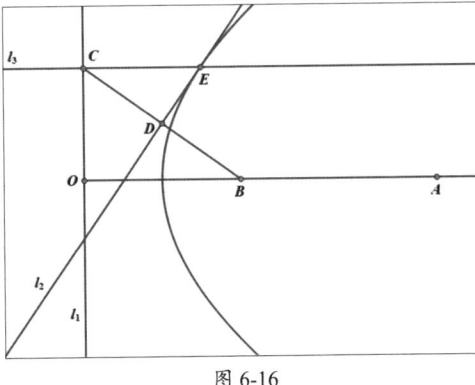

图 6-16

6.1.3　绘制双曲线

双曲线是指平面内到两个定点的距离之差的绝对值为常数的点的轨迹。这两个定点就是双曲线的焦点。

1. 第一定义法

绘制水平直线AB，并标记直线为l_1。在直线上依次绘制点C、点D、点E，并分别绘制线段CE和线段DE。

任意绘制两点F_1、F_2，并保证点F_1和点F_2之间的距离大于点C和点D之间的距离。选中点F_1和线段CE，执行"构造"|"以圆心和半径绘圆"命令，绘制圆c_1。选中点$F2$和线段DE，执行"构造"|"以圆心和半径绘圆"命令，绘制圆c_2，如图6-17所示。

选中圆c_1和圆c_2，执行"构造"|"交点"命令，构造交点F和交点G。点F至点F_1的距离减去点F至点F_2的距离等于点C至点D的距离；点G至点F_1的距离减去点G至点F_2的距

离同样等于点C至点D的距离。

选中点E和点F，执行"构造"|"轨迹"命令，构造双曲线的上半部分；选中点E和点G，执行"构造"|"轨迹"命令，构造双曲线的下半部分，如图6-18所示。

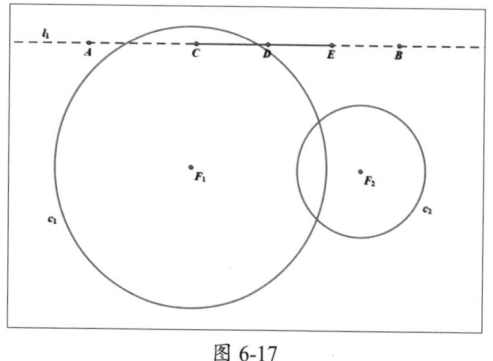

图 6-17

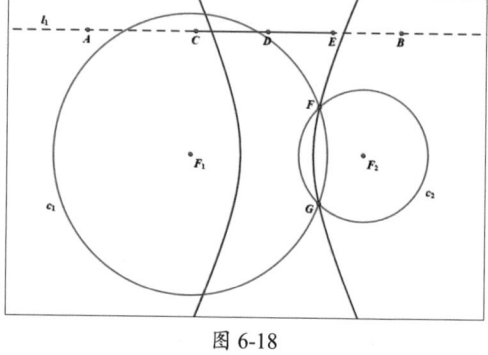

图 6-18

2. 几何绘图法

绘制水平直线AB，并标记直线为l_1。在直线上任取两点F_1和F_2。以F_1为圆心，绘制一圆c_1，确保圆半径小于点F_1和点F_2之间的距离。

在圆c_1上任取一点C，选择点C和点F_2，执行"构造"|"线段"命令，构造线段CF_2，选中线段CF_2，执行"构造"|"中点"命令，构造中点D。选中点D和线段CF_2，执行"构造"|"垂线"命令，构造线段CF_2过点D的垂线l_2。l_2上的任意点至点C和点F_2的距离相等，如图6-19所示。

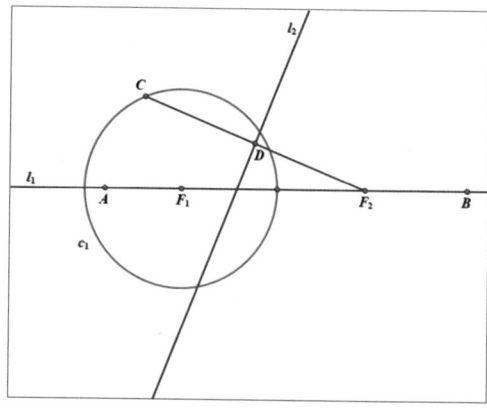

图 6-19

选中点C和点F_1，执行"构造"|"直线"命令，构造直线l_3。选中直线l_3和直线l_2，执行"构造"|"交点"命令，得到点E。点E至点F_2的距离与点E至点F_1的距离之差为圆c_1的半径。选中点C和点E，执行"构造"|"轨迹"命令，构造双曲线，如图6-20所示。

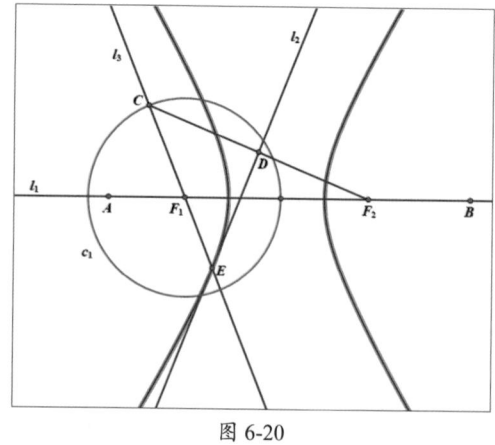

图 6-20

6.2 绘制三角形

三角形是平面几何中重要的几何图形之一，其是由同一平面内不在同一直线上的三条线段首尾顺次连接组成的封闭图形。

6.2.1 绘制常规三角形

根据不同的分类标准，可以将三角形分为不同的类型。下面对不同三角形的绘制方法进行介绍。

1. 绘制普通三角形

执行"数据"｜"新建参数"命令，新建参数a、b、c，设置其单位为"距离"。选中参数a，执行"变换"｜"标记距离"命令，标记参数a的距离。

在任意处绘制一点A，执行"变换"｜"平移"命令，打开"平移"对话框，设置固定角度为0°，完成后单击"平移"按钮平移点A得到点B。

选中参数b和点A，执行"构造"｜"以圆心和半径绘圆"命令，绘制圆c_1。选中参数b和点B，执行"构造"｜"以圆心和半径绘圆"命令，绘制圆c_2。选中圆c_1和圆c_2，执行"构造"｜"交点"命令，得到点C和点D，如图6-21所示。

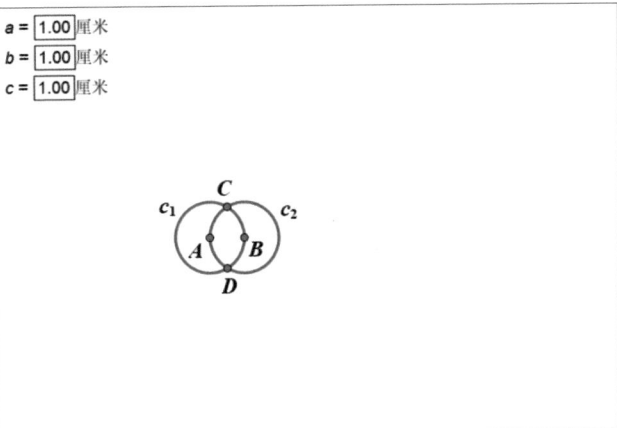

图 6-21

选中点A、点B和点C，执行"构造"｜"线段"命令，得到$\triangle ABC$。选中点A、点B和点D，执行"构造"｜"线段"命令，得到$\triangle ABD$，如图6-22所示。

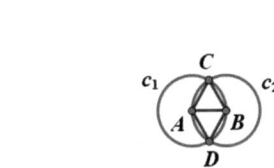

图 6-22

Step 06 更改参数a、b、c，可以看到三角形也会随之变化，如图6-23和图6-24所示。

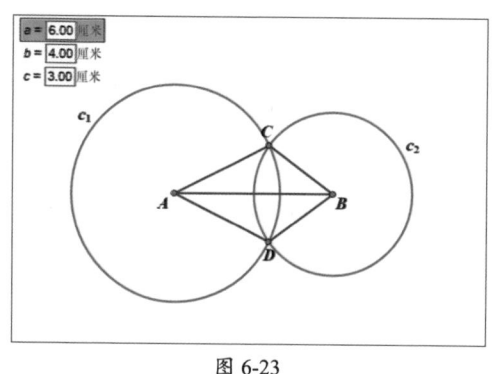

图 6-23

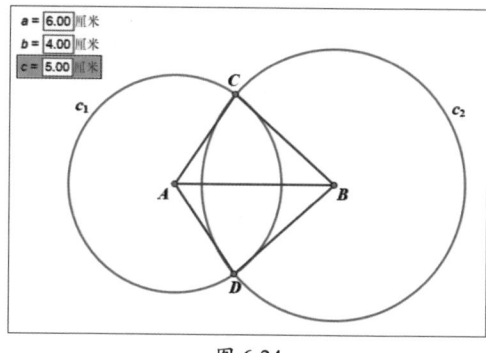

图 6-24

注意事项 几何画板中绘制图形的方法有很多，用户可以采取不同的方法绘制。

2. 绘制直角三角形

直角三角形是有一个角为直角的三角形。

绘制任意一条直线AB。执行"构造"|"直线上的点"命令，构造点C。选中点C和直线AB，执行"构造"|"垂线"命令，构造垂线l_1。选择垂线l_1，执行"构造"|"垂线上的点"命令，构造点D；选择直线AB，执行"构造"|"直线上的点"命令，构造点E，如图6-25所示。

选中点C、点D和点E，执行"构造"|"线段"命令，构造$\triangle CDE$，如图6-26所示。

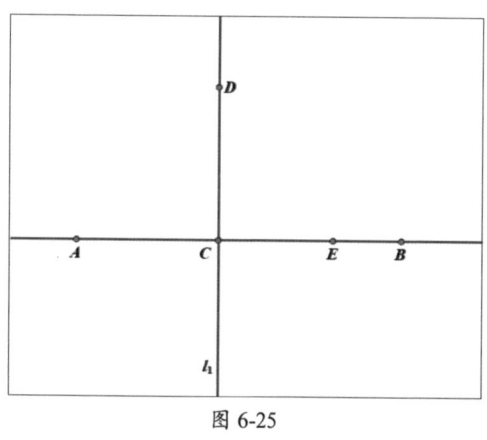

图 6-25

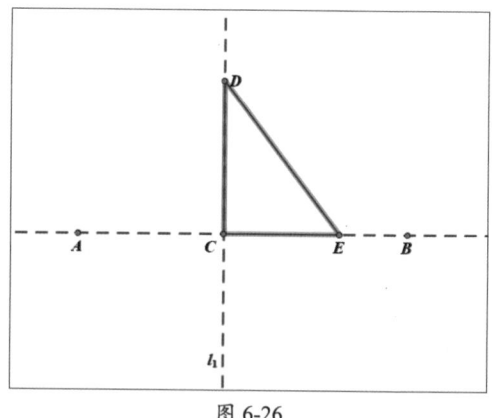

图 6-26

任意更改点C、点D或点E的位置，$\triangle CDE$恒为直角三角形。

3. 绘制等腰三角形

等腰三角形是指至少有两边相等的三角形。

使用线段直尺工具绘制任意一条线段AB，执行"构造"|"中点"命令，构造中点C。选中点C和线段AB，执行"构造"|"垂线"命令，构造直线l_1，l_1上任意点至点A

和点B距离相等。

选中垂线l_1，执行"构造"|"垂线上的点"命令，构造点D，如图6-27所示。选中点A、点B和点D，执行"构造"|"线段"命令，构造△ABD，如图6-28所示。

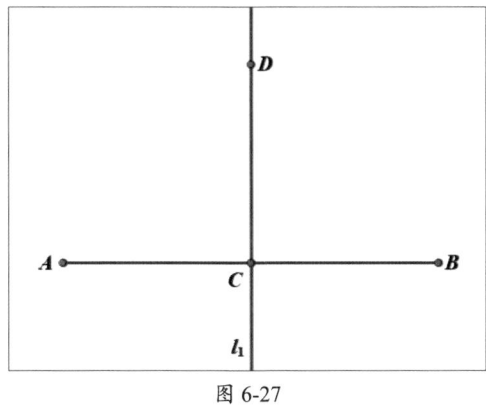

图 6-27

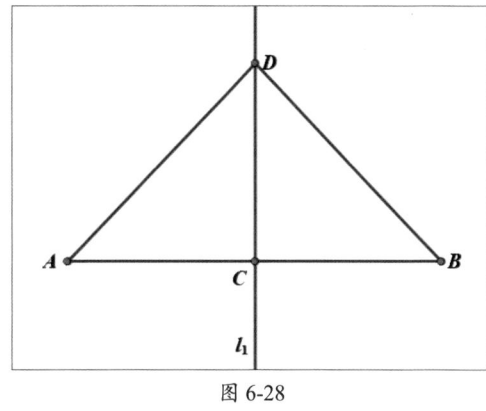

图 6-28

任意更改点A、点B或点D的位置，点D至点A的距离都等于点D至点B的距离，即△ABD恒为等腰三角形。

4. 绘制等边三角形

绘制任意一条线段AB。选中点A与线段AB，执行"构造"|"以圆心和半径绘圆"命令，绘制圆c_1；选中点B与线段AB，执行"构造"|"以圆心和半径绘圆"命令，绘制圆c_2。

选中圆c_1和圆c_2，执行"构造"|"交点"命令，构造交点C和交点D，如图6-29所示。

选中点A、点B和点C，执行"构造"|"线段"命令，构造△ABC；选中点A、点B和点D，执行"构造"|"线段"命令，构造△ABD，如图6-30所示。△ABC和△ABD均为等边三角形。

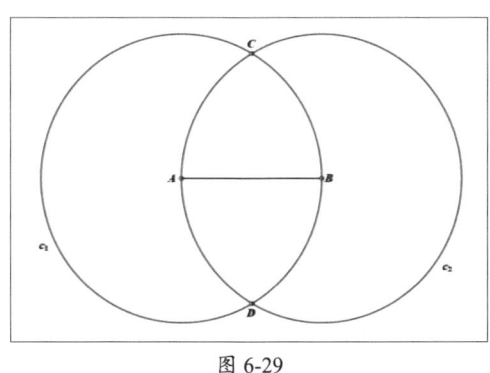

图 6-29

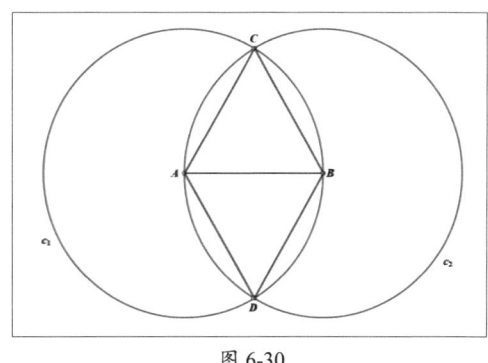

图 6-30

任意更改点A、点B、点C或点D的位置，△ABC和△ABD恒为等边三角形。

6.2.2 三角形的高线

三角形的高线是指从三角形的一个顶点向它的对边所在的直线画垂线，顶点和垂足之间的线段。三条高线的交点为垂心。

在画板中绘制任意三个不在同一直线上的点，标记为点A、点B和点C。选中点A、点B和点C，执行"构造"|"直线"命令，构造三条直线l_1（直线BC）、l_2（直线AB）、l_3（直线AC）。

再次选中点A、点B和点C，执行"构造"|"线段"命令，构造△ABC。

选中点A和直线l_1，执行"构造"|"垂线"命令，构造垂线l_4，选中垂线l_4和直线l_1，执行"构造"|"交点"命令，构造交点D。选中点B和直线l_3，执行"构造"|"垂线"命令，构造垂线l_5，选中垂线l_5和直线l_3，执行"构造"|"交点"命令，构造交点E。

选中点C和直线l_2，执行"构造"|"垂线"命令，构造垂线l_6，选中垂线l_6和直线l_2，执行"构造"|"交点"命令，构造交点F，如图6-31所示。

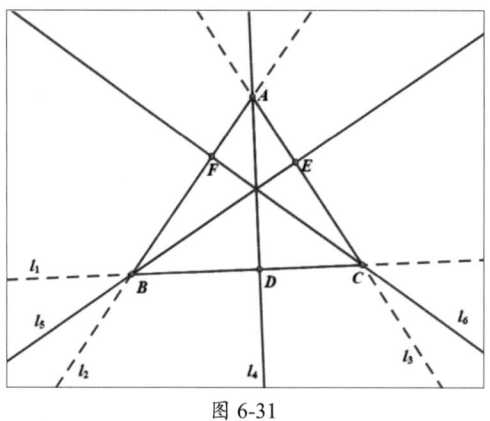

图 6-31

选中点A与点D，执行"构造"|"线段"命令，构造线段AD。选中点B与点E，执行"构造"|"线段"命令，构造线段BE。选中点C与点F，执行"构造"|"线段"命令，构造线段CF。线段AD、线段BE及线段CF即为△ABC的三条高线，设置除三角形及高线以外的线的线型为细线，标记直角，如图6-32所示。

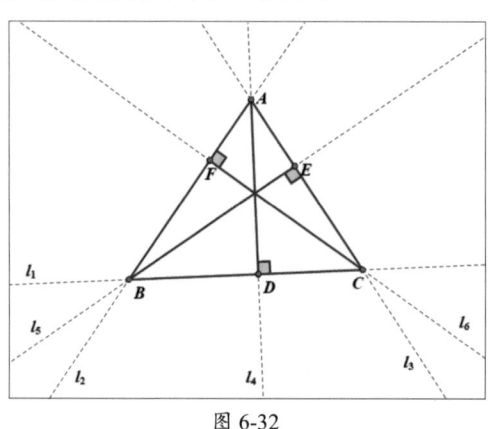

图 6-32

任意更改点A、点B、点C的位置，线段AD、线段BE、线段CF恒为高线。

连接三角形两边中点的线段叫作三角形的中位线，三角形的中位线平行且等于第三边的一半。下面对该定理进行验证。

Step 01 使用线段直尺工具☑绘制任意一个△ABC，如图6-33所示。

Step 02 选中线段AB和线段AC，执行"构造"|"中点"命令，构造中点D和中点E，使用线段直尺工具☑连接点D和点E、点A和点D、点A和点E得到△ADE，如图6-34所示，其中线段DE是三角形ABC的中位线。

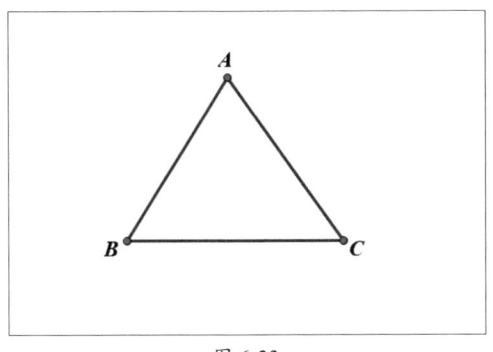

图 6-33

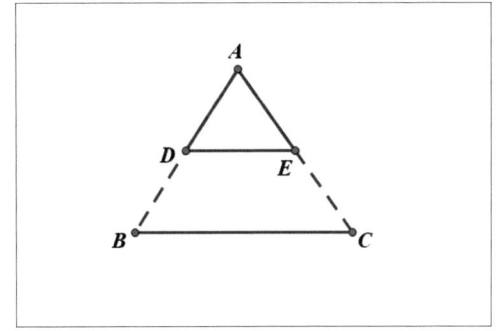

图 6-34

Step 03 双击点E，将其标记为中心，选中线段DE、线段AD、线段AE、点A和点D，执行"变换"|"旋转"命令，打开"旋转"对话框，设置"固定角度"为180°，完成后单击"确定"按钮，旋转△ADE得到△A′D′E，如图6-35所示。A′和点C重合。

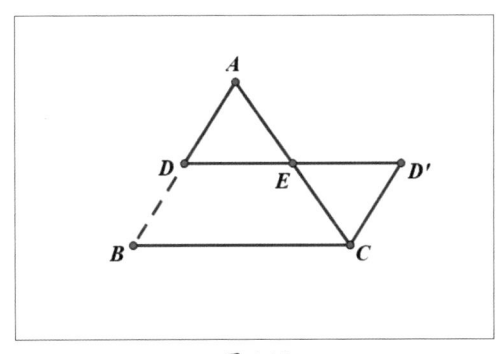

图 6-35

知识点拨

　　△A′D′E由△ADE旋转得到，即两三角形为全等三角形，则∠ADE=∠D′，根据内错角逆定理，BD∥A′D′；又因为△A′D′E≌△ADE，所以A′D′=AD，点D为线段AB中点，则A′D′=BD，四边形BA′D′D为平行四边形，DD′∥BA′，DD′=BA′。因为DD′=DE+ED′且DE=ED′，所以DE=1/2DD′=1/2BA′=1/2BC。

Step 04 选中线段DE和线段BC，执行"度量"|"长度"命令，度量其长度。执行

"数据"|"计算"命令，打开"新建计算"对话框，在该对话框中输入线段*DE*的长度与线段*BC*的长度之比，完成后单击"确定"按钮，即可得到比值，如图6-36所示。

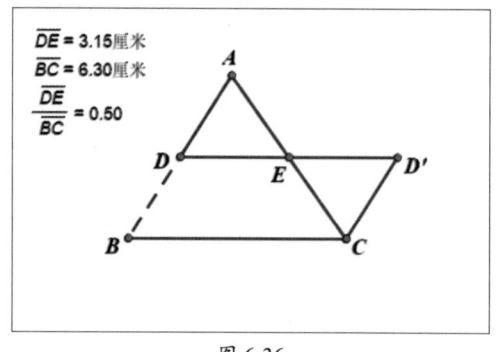

图 6-36

Step 05 选中点*A*、点*D*和点*E*，执行"度量"|"角度"命令，度量∠*ADE*的角度；选中点*A*、点*B*和点*A'*，执行"度量"|"角度"命令，度量∠*ABA'*的角度。执行"数据"|"计算"命令，打开"新建计算"对话框，在该对话框中输入∠*ADE*的角度比∠*ABA'*的角度，完成后单击"确定"按钮，得到其比值，如图6-37所示。根据"同位角相等，两直线平行"性质，故DE∥BC。

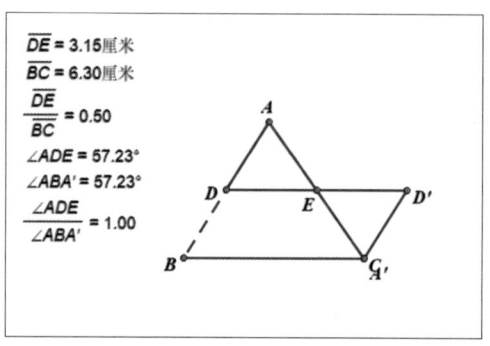

图 6-37

Step 06 选中度量与计算的数据，执行"数据"|"制表"命令，绘制表格，如图6-38所示。任意更改三角形形状与大小，*DE*恒等于1/2*BC*，且*DE*∥*BC*。

$\overline{DE}$	$\overline{BC}$	$\dfrac{\overline{DE}}{\overline{BC}}$	∠ADE	∠ABA'	$\dfrac{∠ADE}{∠ABA'}$
3.15厘米	6.30厘米	0.50	57.23°	57.23°	1.00

图 6-38

6.2.3　验证三角形面积公式

三角形面积公式为$S=a \cdot h/2$，其中a为三角形底，h为对应的高。

在画板中绘制任意三个点*A*、*B*、*C*。选中点*A*、点*B*和点*C*，执行"构造"|"线段"

命令，构造△ABC；选中点A、点B和点C，执行"构造"|"三角形内部"命令，构造三角形内部。

选中点A与线段BC，执行"构造"|"垂线"命令，构造垂线l_1，选中垂线l_1和线段BC，执行"构造"|"交点"命令，得到点D。选中点A和点D，执行"构造"|"线段"命令，得到高线AD，如图6-39所示。

选中线段BC，执行"度量"|"长度"命令，度量其长度，并修改标签为a；选中线段AD，执行"度量"|"长度"命令，度量其长度，并修改标签为h；选中三角形内部，执行"度量"|"面积"命令，度量△ABC的面积，并修改标签为$S_{\triangle ABC}$。

执行"数据"|"计算"命令，打开"新建计算"对话框，输入$a \cdot h/2$表达式，单击"确定"按钮，如图6-40所示。可以看到，$S_{\triangle ABC}$的值恒等于$a \cdot h/2$，即$S_{\triangle ABC}=a \cdot h/2$。

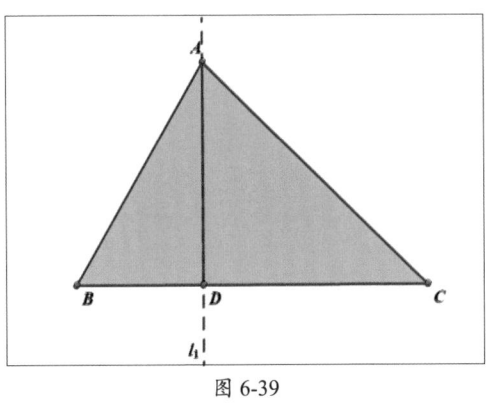

图 6-39

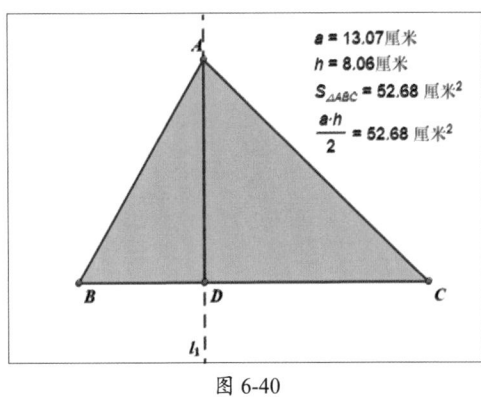

图 6-40

6.3　绘制四边形

四边形是指由不在同一直线上的四条线段依次首尾相接围成的封闭的平面图形或立体图形。

6.3.1　绘制常规四边形

四边形中包括四种较为特殊的四边形：正方形、矩形、平行四边形及菱形。本小节将对这四种特殊四边形的绘制方法进行介绍。

1. 绘制正方形

正方形是一种特殊的平行四边形，有一个角是直角且有一组邻边相等的平行四边形是正方形。

任意绘制一条线段AB。双击点A，将点A标记为旋转中心。选中线段AB和点B，执行"变换"|"旋转"命令，打开"旋转"对话框，保持默认设置，单击"确定"按钮旋转对象，标记旋转后的点为B'，如图6-41所示。

双击点 B，将点 B 标记为旋转中心。选中线段 AB 和点 A，执行"变换"|"旋转"命令，打开"旋转"对话框，设置角度为-90°，单击"确定"按钮旋转对象，标记旋转后的点为 A'。选中点 B' 和点 A'，执行"构造"|"线段"命令，构造线段 $B'A'$，如图6-42所示。

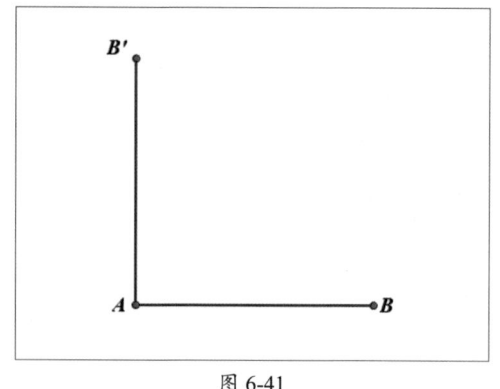
图 6-41

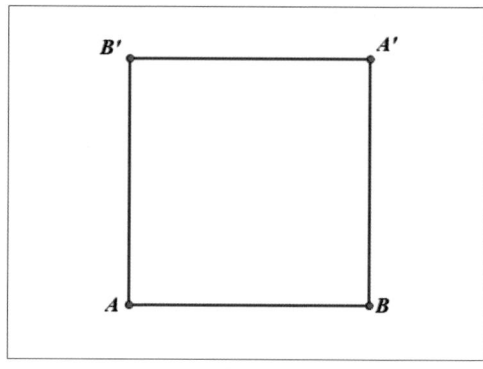
图 6-42

任意更改点 A 或点 B 的位置，四边形 $ABA'B'$ 均为正方形。

2. 绘制矩形

有一个角是直角的平行四边形是矩形，正方形是特殊的矩形。

任意绘制一条直线 AB，将直线标记为 l_1。选中点 A、点 B 和直线 l_1，执行"构造"|"垂线"命令，构造过点 A 的直线 l_1 的垂线 l_2 和过点 B 的直线 l_1 的垂线 l_3。

选中垂线 l_2，执行"构造"|"垂线上的点"命令，构造点 C。选中点 C 和直线 l_1，执行"构造"|"平行线"命令，构造过点 C 的直线 l_1 的平行线 l_4。

选中垂线 l_3 和直线 l_4，执行"构造"|"交点"命令，构造点 D，如图6-43所示。依次连接点 A 与点 B、点 B 与点 D、点 D 与点 C、点 C 与点 A 构造矩形，如图6-44所示。

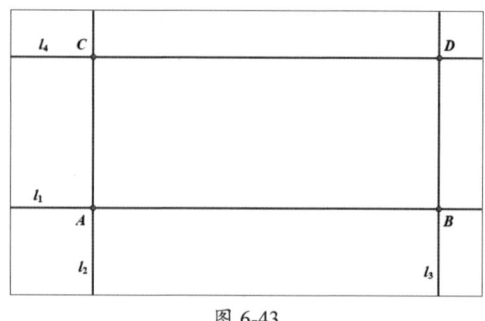
图 6-43

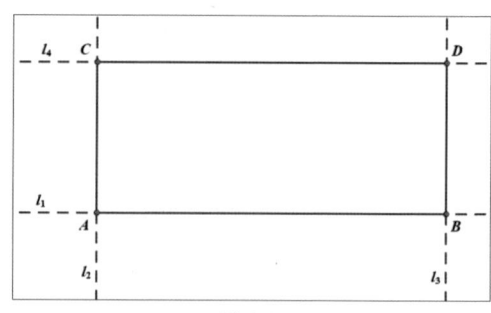
图 6-44

任意更改点 A、点 B 或点 C 的位置，四边形 $ABDC$ 恒为矩形。

3. 绘制平行四边形

平行四边形是在同一个二维平面内，由两组平行线段组成的闭合图形。

绘制两条端点相连的线段 AB、BC。选中点 A 和线段 BC，执行"构造"|"平行线"

命令，构造过点A的线段BC的平行线l_1；选中点C和线段AB，执行"构造"|"平行线"命令，构造过点C的线段AB的平行线l_2。

选中平行线l_1和平行线l_2，执行"构造"|"交点"命令，构造点D，如图6-45所示。选中点C和点D，执行"构造"|"线段"命令，构造线段CD；选中点A和点D，执行"构造"|"线段"命令，构造线段AD。点A、点B、点C和点D构成平行四边形，如图6-46所示。

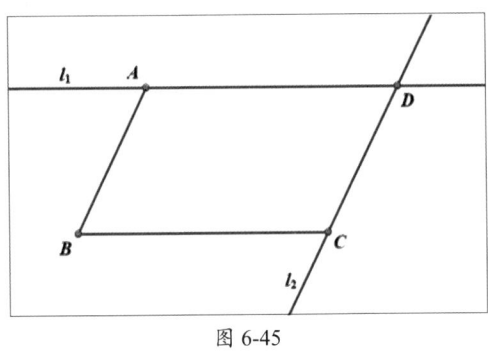
图 6-45

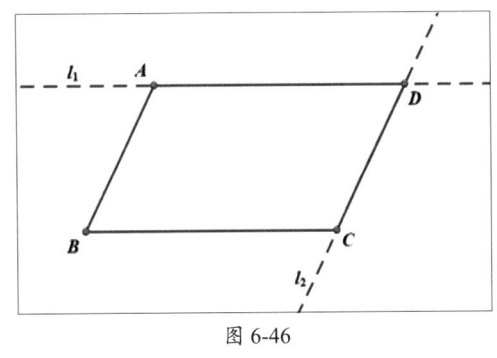
图 6-46

任意更改点A、点B或点C的位置，四边形$ABCD$恒为平行四边形。

4. 绘制菱形

菱形是有一组邻边相等的平行四边形。

绘制一条线段AB。选中点A和线段AB，执行"构造"|"以圆心和半径绘圆"命令，构造圆c_1。选中圆c_1，执行"构造"|"圆上的点"命令，构造点C。选中点A与点C，执行"构造"|"线段"命令，构造线段AC。线段AC的长度等于线段AB的长度。

选中点C和线段AB，执行"构造"|"平行线"命令，构造过点C的线段AB的平行线l_1；选中点B和线段AC，执行"构造"|"平行线"命令，构造过点B的线段AC的平行线l_2。

选中平行线l_1和平行线l_2，执行"构造"|"交点"命令，构造点D，如图6-47所示。选中点B和点D，执行"构造"|"线段"命令，构造线段BD；选中点C和点D，执行"构造"|"线段"命令，构造线段CD。点A、点B、点D和点C构成平行四边形，如图6-48所示。

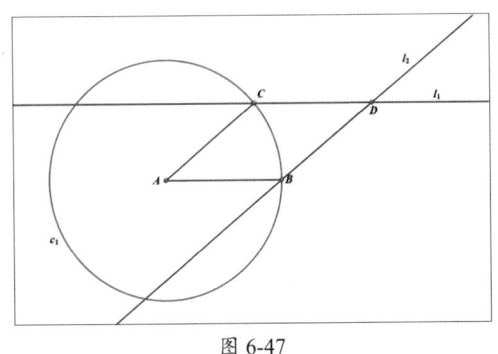
图 6-47   图 6-48

任意更改点A、点B或点C的位置，四边形$ABDC$恒为菱形。

等腰梯形是一组对边平行（不相等），另一组对边不平行但相等的四边形。下面对等腰梯形的绘制方法进行介绍。

Step 01 绘制任意一条线段AB，选中线段AB，执行"构造"|"中点"命令，构造中点C，如图6-49所示。

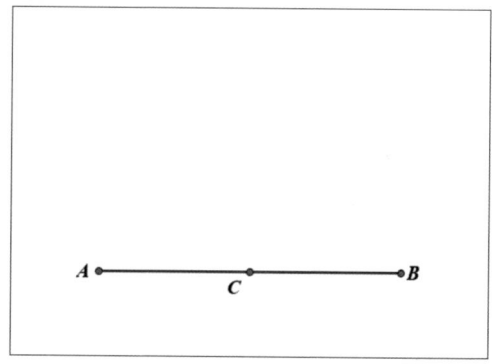

图 6-49

Step 02 选中点C和线段AB，执行"构造"|"垂线"命令，构造垂线j，在垂线j上任取一点D，选中点D和线段AB，执行"构造"|"平行线"命令，构造平行线k，如图6-50所示。

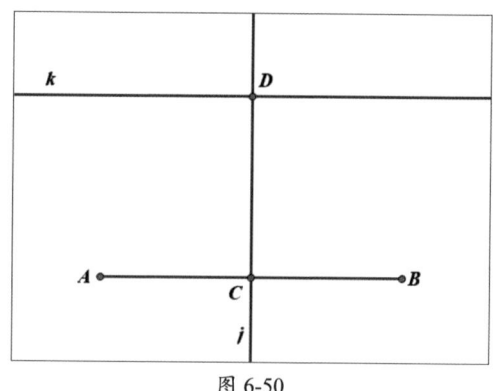

图 6-50

Step 03 在平行线k上任取一点E，选中点A和点E，执行"构造"|"线段"命令，构造线段AE，如图6-51所示。

Step 04 双击垂线j，将其标记为镜面，选中点E和线段AE，执行"变换"|"反射"命令，得到点E'和线段BE'，如图6-52所示。

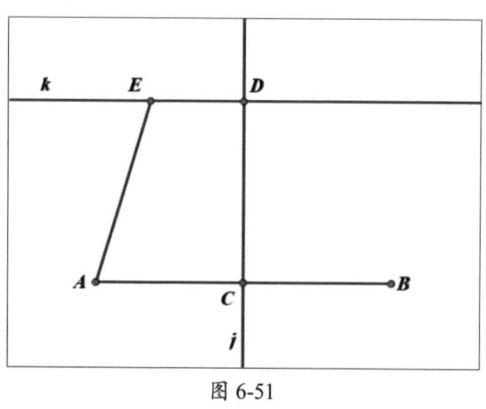

图 6-51

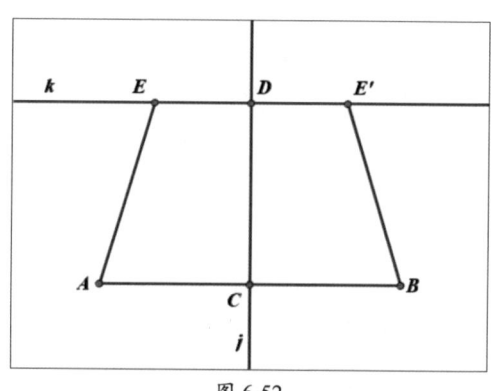

图 6-52

Step 05 选中点E和点E'，执行"构造"|"线段"命令，构造线段EE'，隐藏点C、点D、垂线j和平行线k，如图6-53所示。至此，等腰梯形的绘制完成。

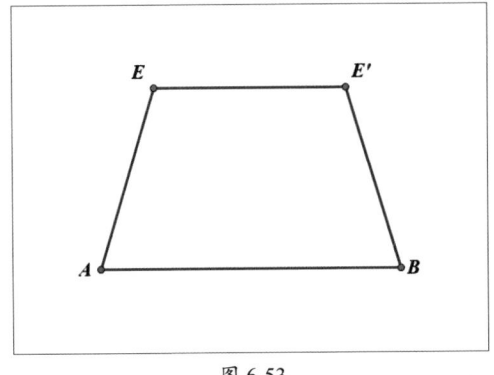

图 6-53

6.3.2 中点四边形

中点四边形是四边形的一个特殊内接四边形，其恒为平行四边形。

使用多边形边工具⬠绘制任意一个四边形$ABCD$。使用线段直尺工具✐连接AC和BD，并调整线型为虚线。

选中线段AB、线段BC、线段CD和线段DA，执行"构造"|"中点"命令，构造中点E、F、G、H，如图6-54所示。

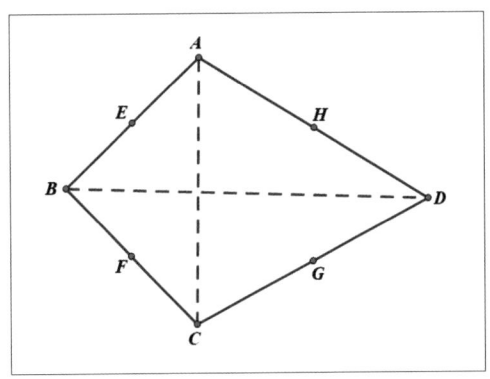

图 6-54

使用线段直尺工具✐依次连接EF、FG、GH、HE，构造四边形$EFGH$，如图6-55所示。根据三角形中位线定理：三角形的中位线平行于第三边且等于它的一半。则线段EF与线段AC平行且等于它的一半；线段GH与线段AC平行且等于它的一半；线段HE与线段BD平行且等于它的一半；线段FG与线段BD平行且等于它的一半，即线段EF平行且等于线段GH，线段HE平行且等于线段FG。即四边形$EFGH$为平行四边形。

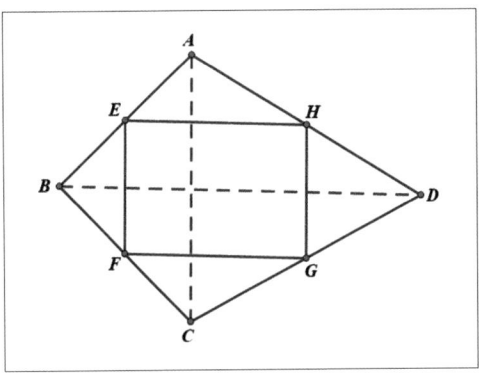

图 6-55

任意更改点A、点B、点C或点D的位置，四边形$EFGH$恒为平行四边形。

1. 度量长度与角度

选中平行四边形$EFGH$的四条边，执行"度量"|"长度"命令，度量其长度。选中度量出的长度，执行"数据"|"制表"命令，将其制作成表格。

选中点H、点E和点F，执行"度量"|"角度"命令，度量$\angle HEF$的角度。使用相同的方法度量$\angle EFG$、$\angle FGH$、$\angle GHE$的角度。选中度量出的角度，执行"数据"|"制表"命令，将其制作成表格。选中度量数据，使用Ctrl+H组合键隐藏，移动表格位置，如图6-56所示。

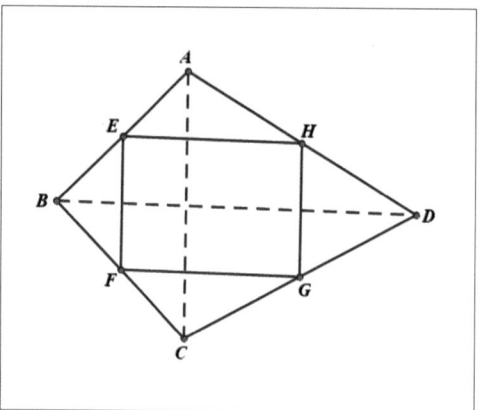

$\overline{EF}$	$\overline{FG}$	$\overline{GH}$	$\overline{HE}$
4.58厘米	6.41厘米	4.58厘米	6.41厘米

$\angle HEF$	$\angle EFG$	$\angle FGH$	$\angle GHE$
88.89°	91.11°	88.89°	91.11°

图 6-56

2. 平行四边形中点四边形

选中点D和线段AB，执行"构造"|"平行线"命令，构造过点D的线段AB的平行线l_1。选中点B和线段AD，执行"构造"|"平行线"命令，构造过点B的线段AD的平行线l_2。选中平行线l_1和平行线l_2，执行"构造"|"交点"命令，构造交点P，如图6-57所示。

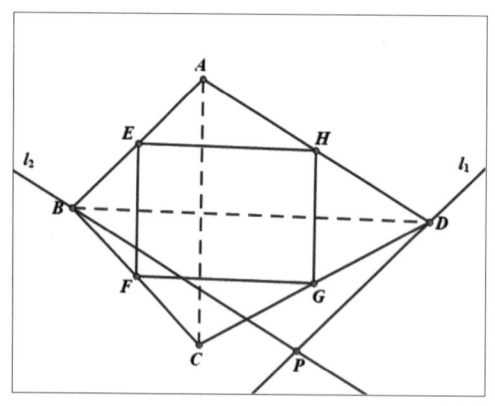

$\overline{EF}$	$\overline{FG}$	$\overline{GH}$	$\overline{HE}$
4.58厘米	6.41厘米	4.58厘米	6.41厘米

$\angle HEF$	$\angle EFG$	$\angle FGH$	$\angle GHE$
88.89°	91.11°	88.89°	91.11°

图 6-57

选中点C和点P，执行"编辑"|"合并点"命令，将点C合并到点P，此时四边形$ABPD$为平行四边形，中点四边形$EFGH$仍为平行四边形，如图6-58所示。

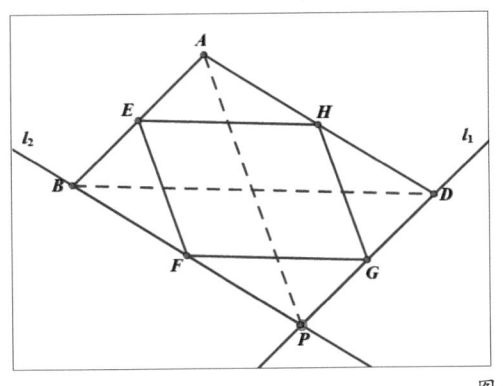

図 6-58

3. 矩形中点四边形

选中点A和线段AD，执行"构造"|"垂线"命令，构造垂线l_3，如图6-59所示。

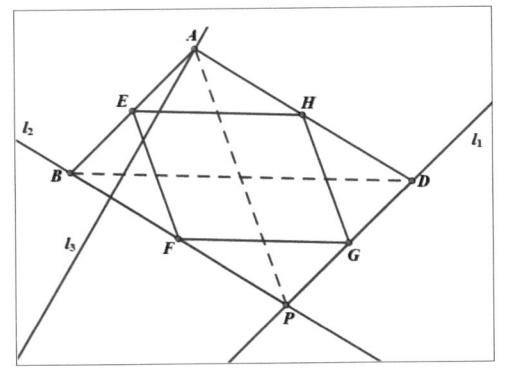

図 6-59

选中点B和垂线l_3，执行"编辑"|"合并点到垂线"命令，将点B合并至垂线l_3上，此时四边形$ABPD$是矩形，中点四边形$EFGH$为菱形，如图6-60所示。

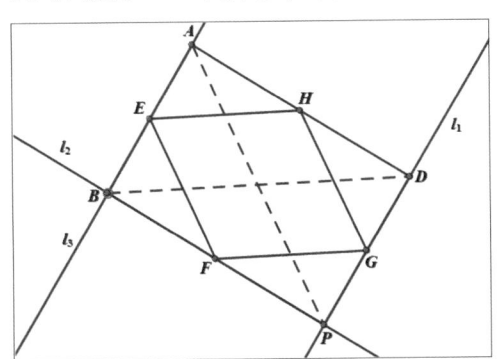

図 6-60

4. 菱形中点四边形

选中点B，执行"编辑"|"从垂线分离点"命令，将点B从垂线l_3分离。选中点A和线段AD，执行"以圆心和半径绘圆"命令，绘制圆c_1，如图6-61所示。

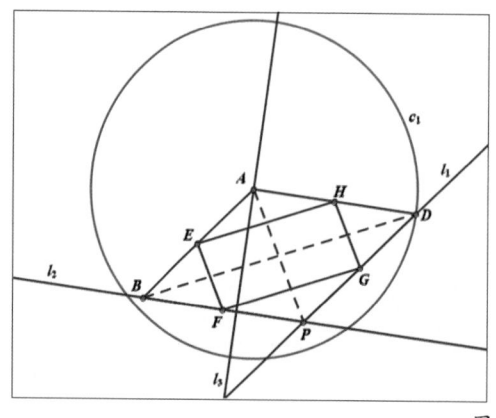

图 6-61

选中点B和圆c_1，执行"编辑"|"合并点到圆"命令，将点B合并至圆c_1，此时四边形$ABPD$是菱形，中点四边形$EFGH$为矩形，如图6-62所示。

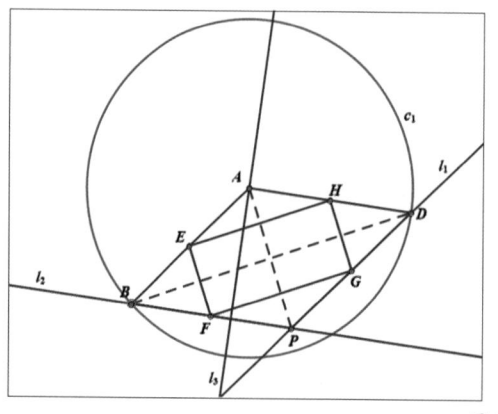

图 6-62

5. 正方形中点四边形

选中点B，执行"编辑"|"从圆分离点"命令，将点B从圆c_1分离。选中圆c_1和垂线l_3，执行"构造"|"交点"命令，构造交点O，如图6-63所示。

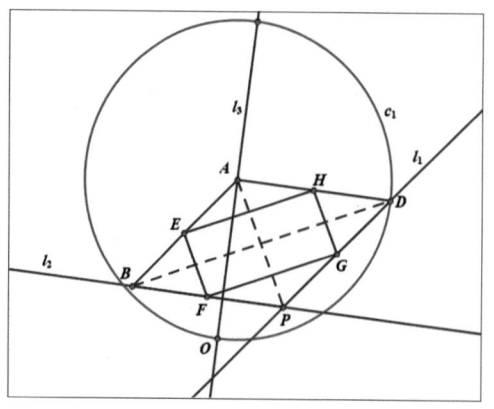

图 6-63

选中点B和点O，执行"编辑"|"合并点"命令，将点B合并至点O，此时四边形$AOPD$为正方形，中点四边形$EFGH$为正方形，如图6-64所示。

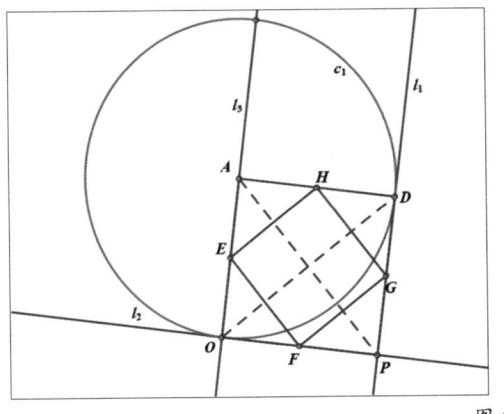

$\overline{EF}$	$\overline{FG}$	$\overline{GH}$	$\overline{HE}$
4.43厘米	4.43厘米	4.43厘米	4.43厘米

$\angle HEF$	$\angle EFG$	$\angle FGH$	$\angle GHE$
90.00°	90.00°	90.00°	90.00°

图 6-64

动手练 验证平行四边形面积公式

平行四边形面积公式为$S=a \cdot h$，其中a表示底，h表示高。下面对该公式进行验证。

Step 01 使用线段直尺工具 ⬚ 绘制任意一个平行四边形$ABCD$，如图6-65所示。

Step 02 选中点A、点B、点C和点D，使用Ctrl+P组合键，构造四边形内部，如图6-66所示。

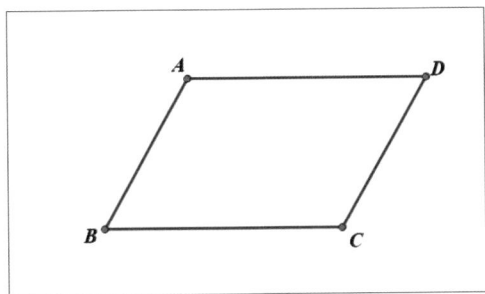

图 6-65

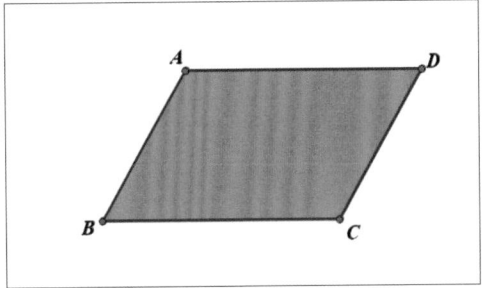

图 6-66

Step 03 选中点A和线段BC，执行"构造"|"垂线"命令，构造垂线j；选中点B和点C，执行"构造"|"直线"命令，构造直线k；选中垂线j和直线k，执行"构造"|"交点"命令，构造交点E，如图6-67所示。

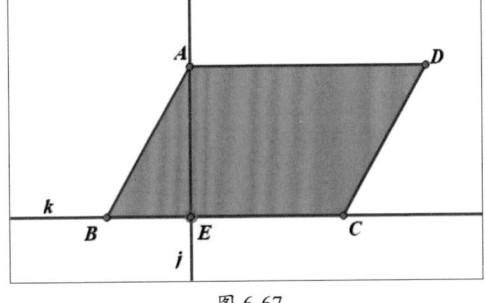

图 6-67

Step 04 选中点A和点E，使用Ctrl+L组合键，构造线段AE，线段AE即为平行四边形$ABCD$的高。选中垂线j和直线k，执行"显示"|"线型"|"细线"命令，设置线型为细线；执行"显示"|"线型"|"虚线"命令，设置线型为虚线，如图6-68所示。

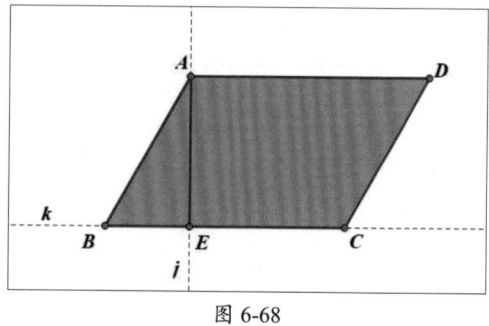

图 6-68

Step 05 选中四边形$ABCD$内部，执行"度量"|"面积"命令，度量其面积；选中线段AE和线段BC，执行"度量"|"长度"命令，度量其长度，如图6-69所示。

Step 06 执行"数据"|"计算"命令，打开"新建计算"对话框，计算线段AE的长度×线段BC长度的值，完成后单击"确定"按钮。依次选中线段AE、线段BC的长度度量值、计算值和面积度量值，执行"数据"|"制表"命令，绘制如图6-70所示的表格。任意更改平行四边形，计算面积值恒等于测量值。

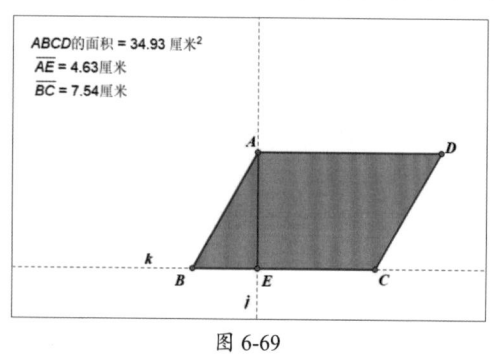

图 6-69

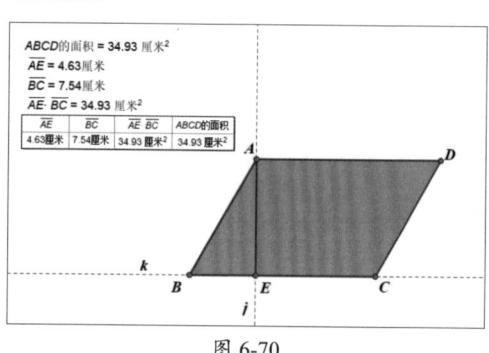

图 6-70

6.3.3 验证四边形内角和

在画板中绘制任意一个四边形$ABCD$。使用标记工具标记四边形内角。选中标记，执行"度量"|"角度"命令，度量角度，并修改标签为对应的顶角。

执行"数据"|"计算"命令，单击度量的角度，并在其中添加"+"运算符号，完成后单击"确定"按钮计算四边形内角和，如图6-71所示。任意变动四边形，其内角和恒为360°，如图6-72所示。

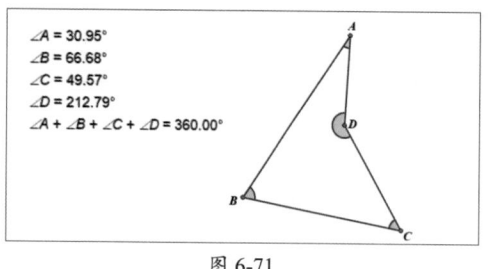

图 6-71

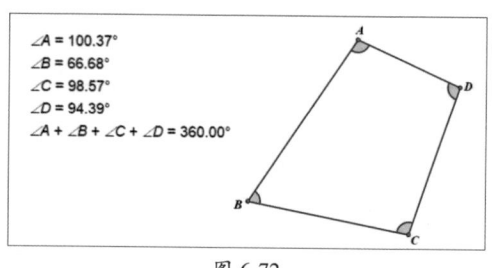

图 6-72

案例实战：圆锥曲线的统一形式

圆锥曲线的定义是到平面内一定点的距离与到定直线的距离之比e是常数的点的轨迹，当$e>1$时为双曲线；当$e=1$时为抛物线；当$0<e<1$时为椭圆。下面根据这一定义绘制圆锥曲线。

Step 01 执行"绘图"|"定义坐标系"命令，显示坐标系，执行"绘图"|"隐藏网格"命令，隐藏网格，选中x轴上的单位点，使用Ctrl+H组合键，将其隐藏。使用点工具在x轴上任意绘制两点A、B，如图6-73所示。

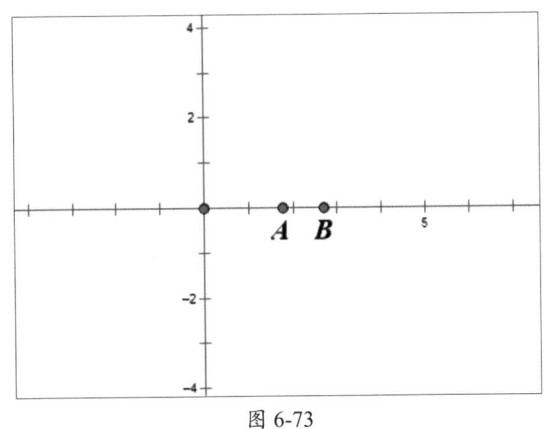

图 6-73

Step 02 选中坐标原点和点A，执行"构造"|"以圆心和圆周上的点绘圆"命令，绘制圆c_1；选中点B和x轴，执行"构造"|"垂线"命令，构造垂线j，如图6-74所示。

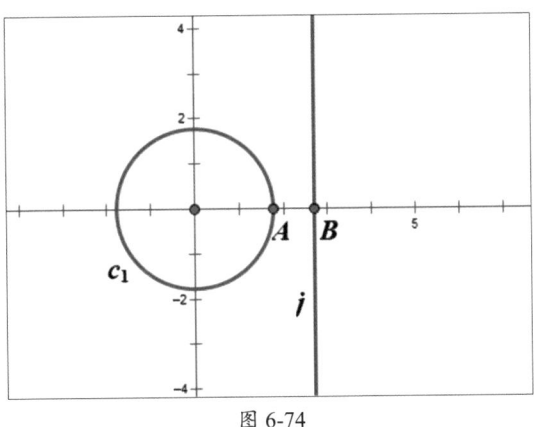

图 6-74

Step 03 在圆c_1上任取一点C，选中坐标原点和点C，执行"构造"|"直线"命令，构造直线k，直线k与垂线j相交于点D，如图6-75所示。

Step 04 双击直线k，将其标记为镜面，选中点A，执行"变换"|"反射"命令，得到点A'，选中坐标原点和点A'，执行"构造"|"直线"命令，构造直线l；选择点A和点D，执行"构造"|"直线"命令，构造直线m，直线l与直线m相交于点E，如图6-76所示。

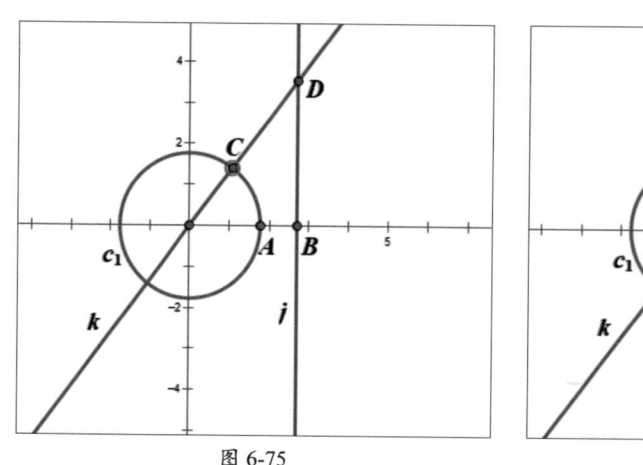

图 6-75

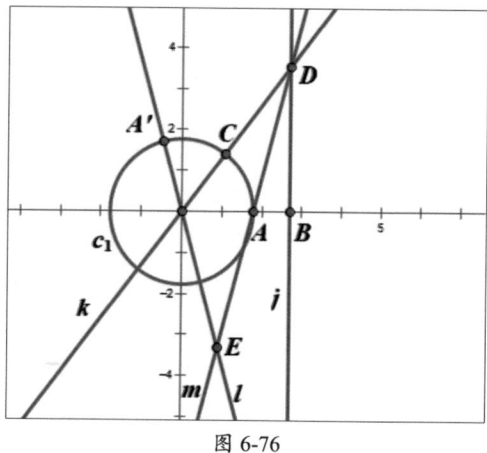

图 6-76

Step 05 选中点E和垂线j，执行"度量"|"距离"命令，度量点E至垂线j的距离；选中点E和坐标原点，执行"度量"|"距离"命令，度量点E至坐标原点的距离，执行"数据"|"计算"命令，打开"新建计算"对话框，计算点E至坐标原点的距离与点E至垂线j的距离的比值，如图6-77所示。

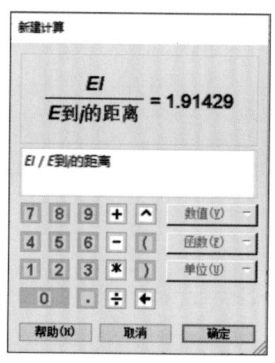

图 6-77

Step 06 完成后，单击"确定"按钮得到比值，修改比值标签为e，如图6-78所示。

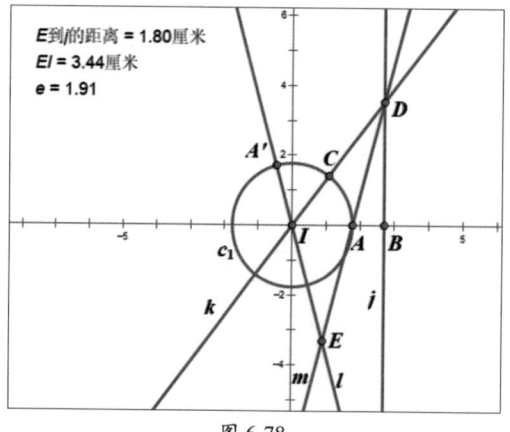

图 6-78

Step 07 选中点E和点C，执行"构造"|"轨迹"命令，构造圆锥曲线，选中轨迹以外的线及边，执行"显示"|"线型"|"细线"命令，设置线型为细线；执行"显示"|"线型"|"虚线"命令，设置线型为虚线，效果如图6-79所示。

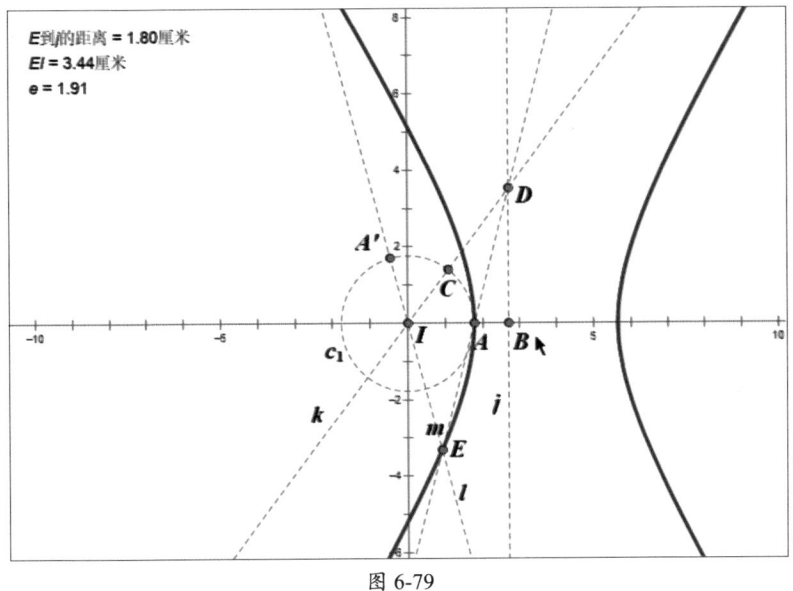

图 6-79

Step 08 拖动点A或点B，更改离心率e的值，圆锥曲线也会随之变化，如图6-80所示。至此，圆锥曲线的统一形式绘制完成。

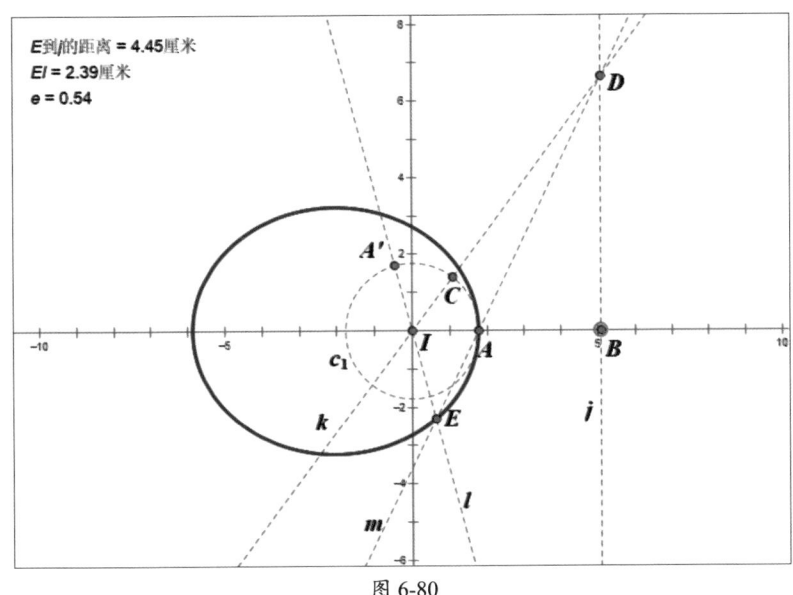

图 6-80

 新手答疑

1. Q: 几何画板中如何绘制已知三边长度的三角形?

    A: 新建3个单位为距离的参数a、b、c,数值分别与已知长度相等。标记参数a的距离,使用点工具绘制一个点,并将其平移标记距离,绘制点及平移点即为三角形的两个顶点。连接两点得到固定长度a的线段。以线段一侧端点为圆心、参数b为半径绘制圆c_1,以线段另一侧端点为圆心、参数c为半径绘制圆c_2,两圆交点即为三角形第三个顶点,连接线段即可构造已知三边长度的三角形。

2. Q: 不绘制平行线可以绘制出平行四边形吗?

    A: 可以。使用线段直尺工具绘制平行四边形相邻的两边,选中两边交点与其中一边的另一侧端点,执行"变换"|"标记"向量命令,标记向量,将另一边按照标记的向量平移,连接端点即可绘制平行四边形。

3. Q: 绘制出的轨迹端点处箭头怎么取消?

    A: 选中轨迹,执行"编辑"|"属性"命令,打开相应的属性对话框,在"绘图"选项卡中取消勾选"显示箭头和端点"复选框即可。

4. Q: 怎么绘制圆内接正三角形?

    A: 在圆上任取一点,以圆心为中心旋转120°,重复一次,连接三点即可绘制圆内接正三角形。

5. Q: 怎么推导三角形面积公式?

    A: 通过中点及旋转将三角形拼接成长方形,根据长方形面积公式即可推导证明三角形面积公式。

第7章

绘制立体图形

　　立体几何是教学中较难掌握的一个知识点，它在平面的基础上引入了空间的概念，很难在黑板中进行演示讲解，而通过几何画板，用户可以直观地展示各种立体图形，使学生轻松地掌握空间立体关系。

数学上，立体几何是三维欧氏空间的几何的传统名称。通过几何画板，用户可以形象生动地展示立体几何图形，加深学生的立体感，提高空间想象能力。

7.1.1 绘制立方体

立方体又称正方体，是指由六个正方形面组成的正六面体。下面根据斜二测画法绘制立方体。

搭配"旋转"命令绘制正方形$ABCD$。双击点A，将其标记为中心。选中线段AD和点D，执行"变换"|"旋转"命令，打开"旋转"对话框，设置角度为45°，完成后单击"旋转"按钮，得到线段AD'和点D'。

选中线段AD'和点D'，执行"变换"|"缩放"命令，打开"缩放"对话框，设置比值为1/2，单击"缩放"按钮得到AD''和点D''。

使用相同的方法，以点B为中心旋转并缩放线段AB和点A；以点C为中心旋转并缩放线段BC和点B；以点D为中心旋转并缩放线段CD和点C，如图7-1所示。

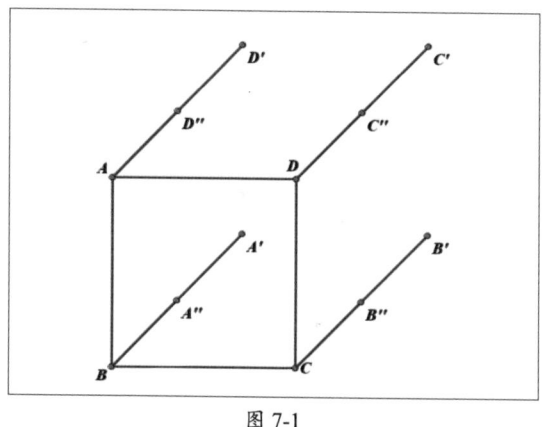

图 7-1

注意事项 各线段旋转角度不同，需根据实际情况按照45°的倍数旋转。

隐藏线段AD'、线段BA'、线段CB'、线段DC'、点D'、点A'、点B'和点C'，修改点D''标签为A'，修改点A''标签为B'，修改点B''标签为C'，修改点C''标签为D'，如图7-2所示。

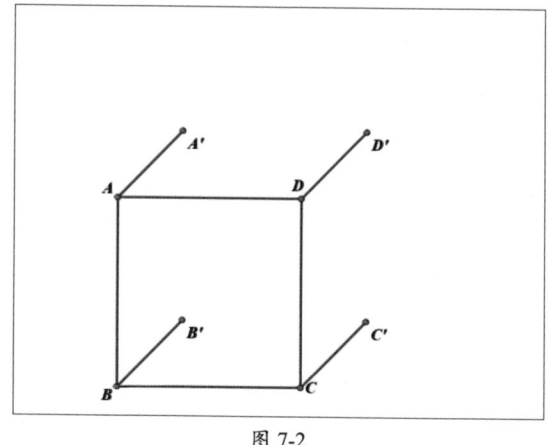

图 7-2

选中点A'、点B'、点C'和点D'，执行"构造"|"线段"命令，构造正方形$A'B'C'D'$，即可得到正方体，如图7-3所示。修改线段$A'B'$、线段BB'、线段$B'C'$线型为虚线，如图7-4所示。

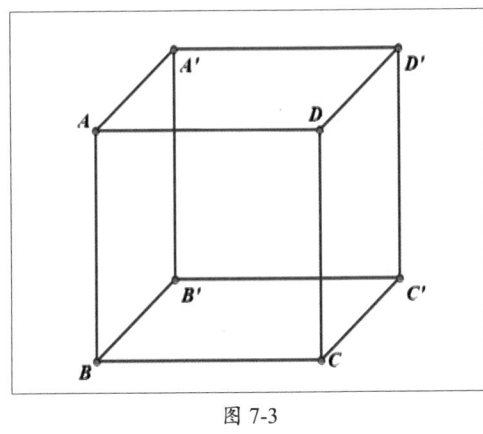
图 7-3

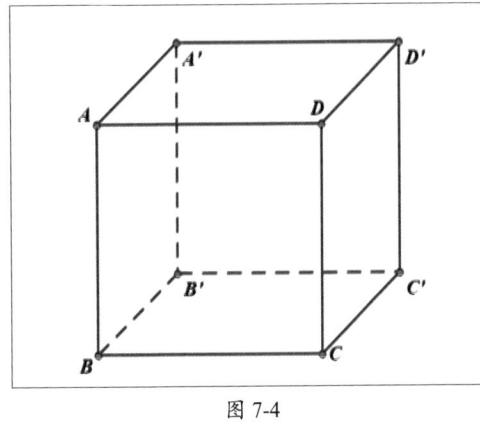
图 7-4

动手练 绘制长方体

长方体的绘制与正方体类似，下面对其绘制方法进行介绍。

Step 01 使用线段直尺工具绘制一个长方形$ABCD$，如图7-5所示。

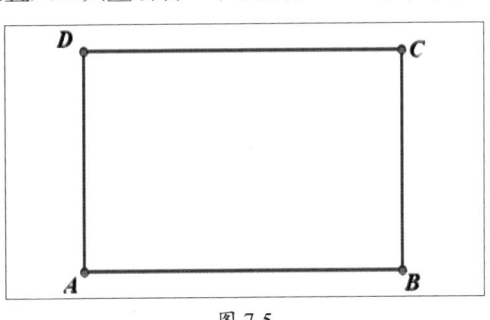
图 7-5

Step 02 双击点A，将其标记为中心，选中点D和线段AD，执行"变换"|"旋转"命令，打开"旋转"对话框，设置"固定角度"为-45°，完成后单击"旋转"按钮，得到线段AD'和点D'，如图7-6所示。

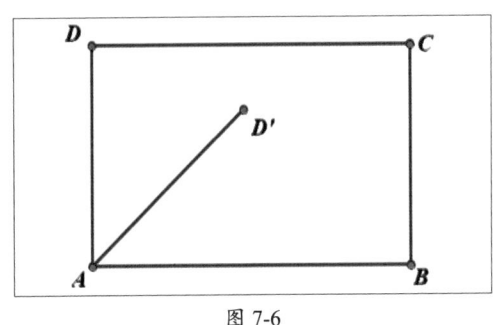
图 7-6

Step 03 选中点D'，执行"变换"｜"缩放"命令，打开"缩放"对话框，设置"固定比"为1/2，单击"缩放"按钮得到点D''，选中点A和点D''，使用Ctrl+L组合键，构造线段AD''，选中点D'和线段AD''，使用Ctrl+H组合键将其隐藏，效果如图7-7所示。

Step 04 依次选中点A和点D''，执行"变换"｜"标记向量"命令，标记向量，选中点B、点C、点D、线段AB、线段BC、线段CD和线段AD，执行"变换"｜"平移"命令，打开"平移"对话框，选中"标记"单选按钮，如图7-8所示。

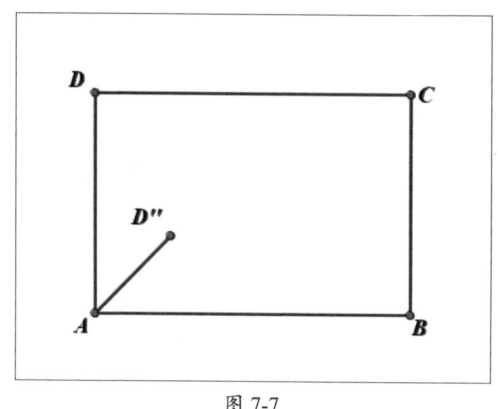

图 7-7

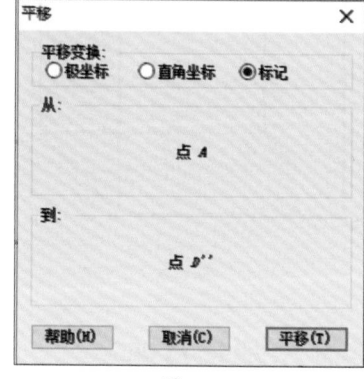

图 7-8

Step 05 单击"确定"按钮得到四边形D'' B' C' D'''，如图7-9所示。

Step 06 绘制线段DD'''、线段BB'、线段CC'，选中线段AD''、线段D'' B' 和线段D''' D''，执行"显示"｜"线型"｜"细线"命令，将其设置为细线；执行"显示"｜"线型"｜"虚线"命令，将其设置为虚线，如图7-10所示。至此完成长方体的绘制。

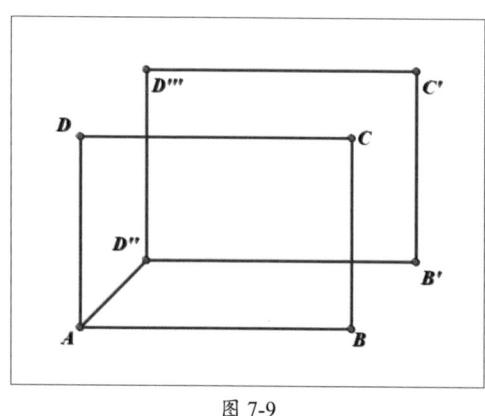

图 7-9

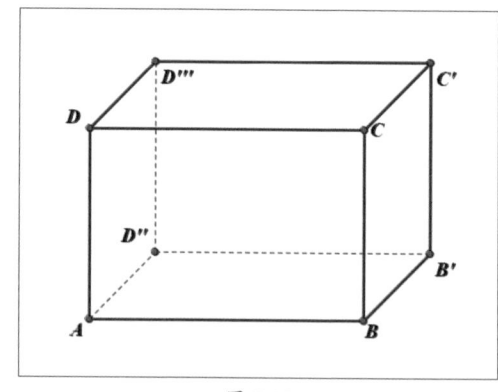

图 7-10

7.1.2　绘制圆柱体

圆柱体是指以一个圆为底面，上或下移动一定的距离所经过的空间。

执行"数据"｜"新建参数"命令，新建参数a、b及c，设置参数c的单位为距离。执行"数据"｜"新建函数"命令，打开"新建函数"对话框，单击参数a，将其插入表达式，添加运算符号*，单击"函数"下拉按钮，在弹出的菜单中选择cos，输入x，单击

"确定"按钮，新建函数表达式$f(x)=a\cos(x)$。

使用相同的方法，新建函数表达式$g(x)=b\sin(x)$。选中两个函数表达式，执行"绘图"|"绘制参数曲线"命令，打开"绘制曲线"对话框，设置"定义域"为$0\sim360$，如图7-11所示。单击"绘制"按钮，绘制椭圆参数曲线。此时画板中会自动出现坐标系及网格，执行"绘图"|"隐藏网格"命令，隐藏网格，设置坐标原点标签为O。

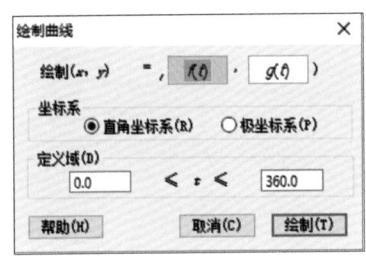

图 7-11

选中椭圆参数曲线，右击，在弹出的快捷菜单中执行"属性"命令，打开"参数曲线"属性对话框，选择"绘图"选项卡，取消勾选"显示箭头和端点"复选框，如图7-12所示，单击"确定"按钮。

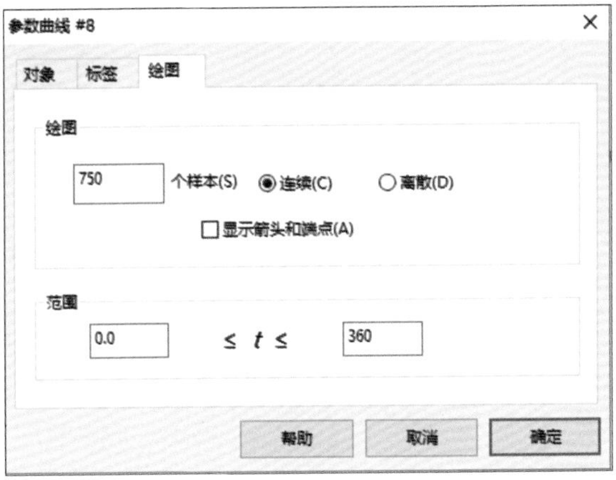

图 7-12

选中椭圆参数曲线，执行"构造"|"参数曲线上的点"命令，构造点A。选中点A，双击坐标原点O标记中心，执行"变换"|"旋转"命令，得到点A'，修改标签为B。

选中参数c，执行"变换"|"标记距离"命令，标记距离。选中点A和点B，执行"变换"|"平移"命令，保持默认设置，单击"平移"按钮平移点A和点B，得到点A'和点B'。

选中点A和点A'，执行"构造"|"轨迹"命令，构造椭圆轨迹，如图7-13所示。选中点A和点A'，执行"构造"|"线段"命令，构造线段AA'；选中点B和点B'，执行"构造"|"线段"命令，构造线段BB'，调整点A的位置，完成圆柱体绘制，如图7-14所示。

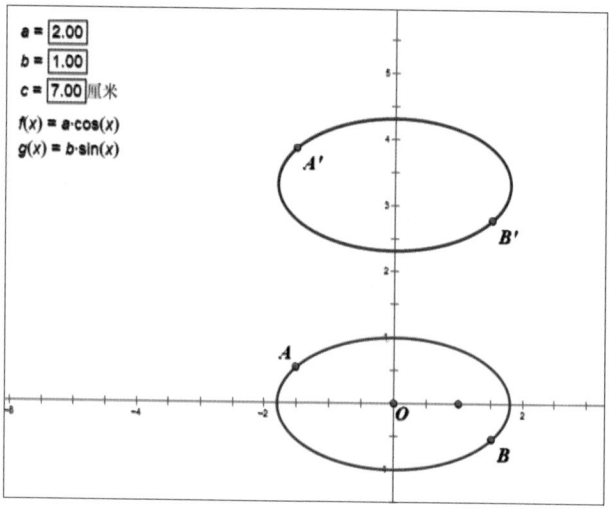

图 7-13

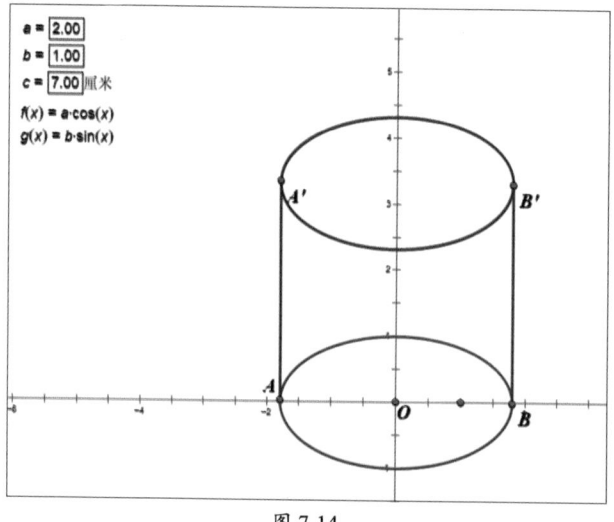

图 7-14

　　用户也可以将参数曲线分解为两部分，即选中创建的参数曲线，右击，在弹出的快捷菜单中执行"属性"命令，打开"参数曲线"属性对话框，选择"绘图"选项卡，设置"范围"为0～180，即可只绘制半个椭圆参数曲线，再通过旋转点A得到点B，选中点A与点B，执行"构造"｜"轨迹"命令，构造另一半椭圆的参数曲线；或直接在直线"绘制曲线"对话框中设置"定义域"为0～180。

▌7.1.3　绘制圆锥体

　　圆锥体是一种常用的几何图形，在立体几何中，圆锥体是指以直角三角形的直角边所在直线为旋转轴，其余两边旋转360°而成的曲面所围成的几何体。

绘制圆c_1，并为圆心添加标签A，为圆上点添加标签B。选中点A与点B，执行"构造"|"直线"命令，构造直线l_1。选中圆c_1，执行"构造"|"圆上的点"命令，构造点C。选中点C和直线l_1，执行"构造"|"垂线"命令，构造过点C的直线l_1的垂线l_2。

选中直线l_1和垂线l_2，执行"构造"|"交点"命令，构造点D。选中点C和点D，执行"构造"|"线段"命令，构造线段CD。选中线段CD，执行"构造"|"中点"命令，构造点E。选中点E和点C，执行"构造"|"轨迹"命令，构造椭圆轨迹，如图7-15所示。

选中点A与直线l_1，执行"构造"|"垂线"命令，构造过点A的直线l_1的垂线l_3。选中垂线l_3，执行"构造"|"垂线上的点"命令，构造点F。选中点B和点F，执行"构造"|"线段"命令，构造线段BF。

双击圆心A，将其标记为旋转中心，选中点B，执行"变换"|"旋转"命令，设置"角度"为180°，单击"旋转"按钮得到点B'。选中点B'和点F，执行"构造"|"线段"命令，构造线段$B'F$，如图7-16所示。

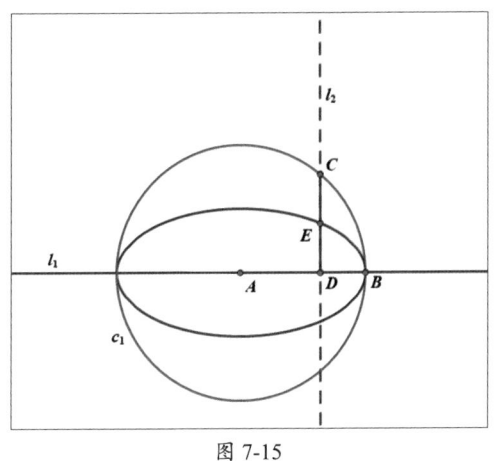

图 7-15

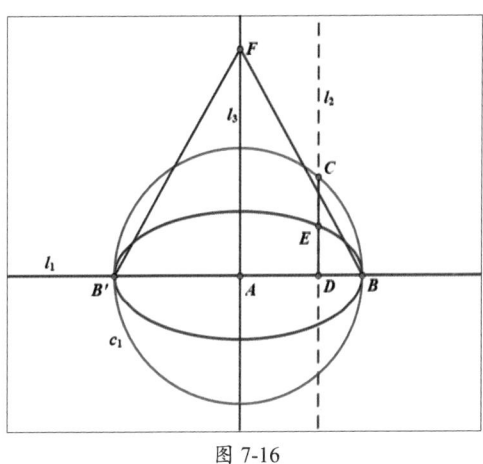

图 7-16

隐藏除圆锥体以外的部分，如图7-17所示。选中点F和点A，执行"构造"|"线段"命令，构造线段FA，并调整线型为虚线，如图7-18所示。

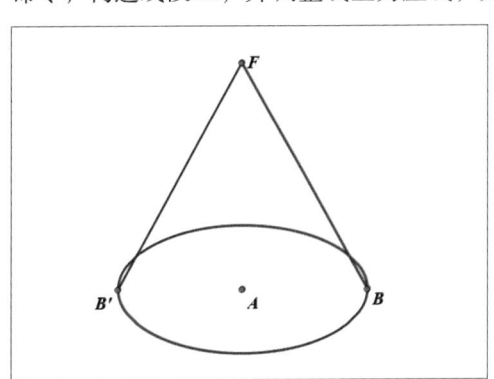

图 7-17

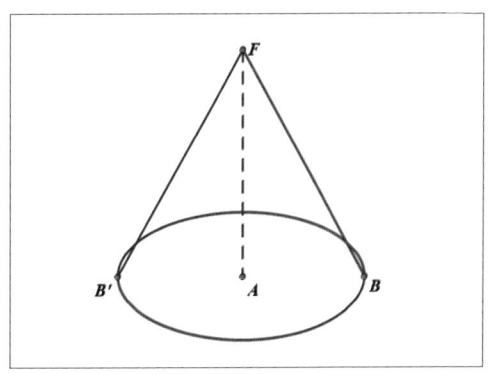

图 7-18

143

　　用一个平行于圆锥底面的平面去截圆锥，底面与截面之间的部分叫作圆台。下面对其绘制方法进行介绍。

　　Step 01 打开"圆锥体.gsp"素材文件，如图7-19所示。

　　Step 02 在线段AF上任取一点G，选中点G和线段AF，执行"构造"|"垂线"命令，构造垂线m，如图7-20所示。

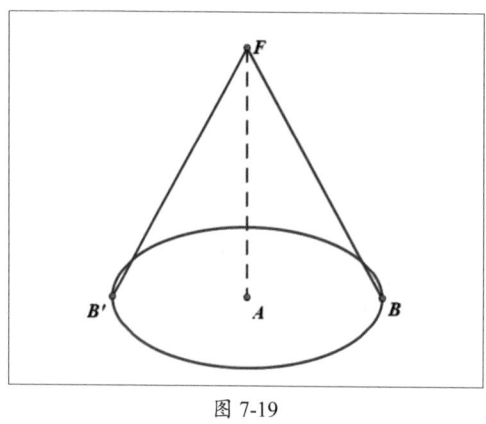

图 7-19

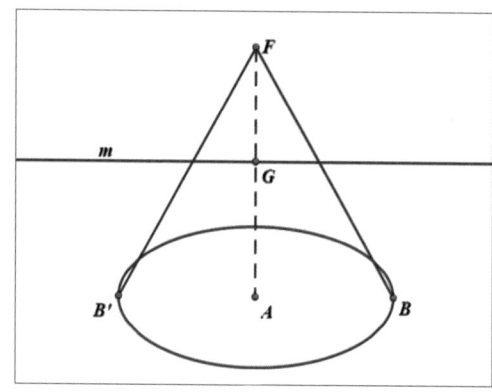

图 7-20

　　Step 03 使用点工具构造垂线m和线段$B'F$的交点I、和线段BF的交点H。选中点G和点H，执行"构造"|"以圆心和圆周上的点绘圆"命令，绘制圆c_2，如图7-21所示。

　　Step 04 在圆c_2上任取一点J，过点J作垂线m的垂线n，垂线n和垂线m相交于点K，连接点J和点K，构造线段JK，如图7-22所示。

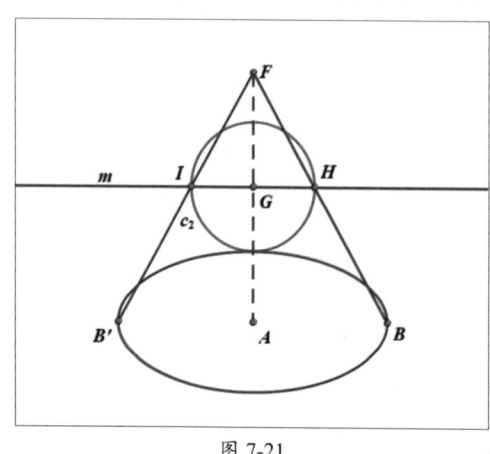

图 7-21

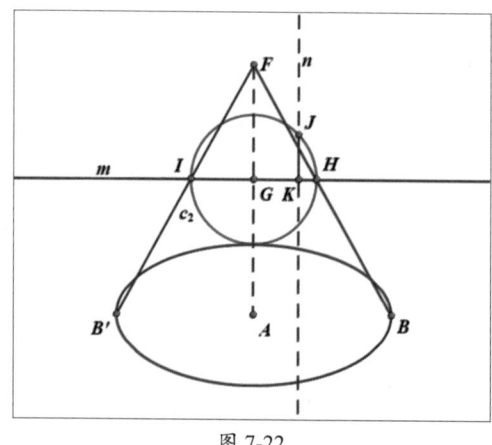

图 7-22

　　Step 05 构造线段JK的中点L，选中点L和点J，执行"构造"|"轨迹"命令，构造椭圆轨迹，如图7-23所示。

　　Step 06 连接点I和点B'，构造线段IB'，连接点H和点B，构造线段HB，连接点G和点A，构造线段GA，设置线段GA显示为细线、虚线，隐藏多余部分，效果如图7-24所示。至此，圆台的绘制完成。

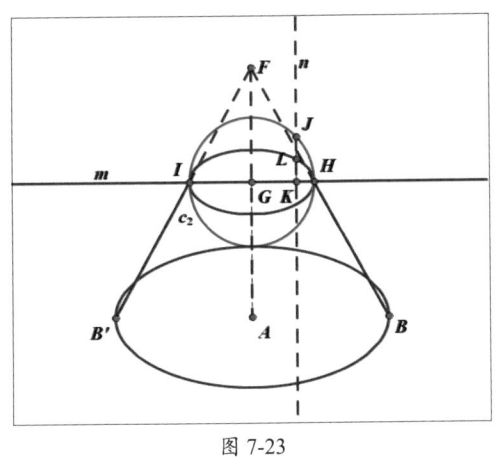

图 7-23

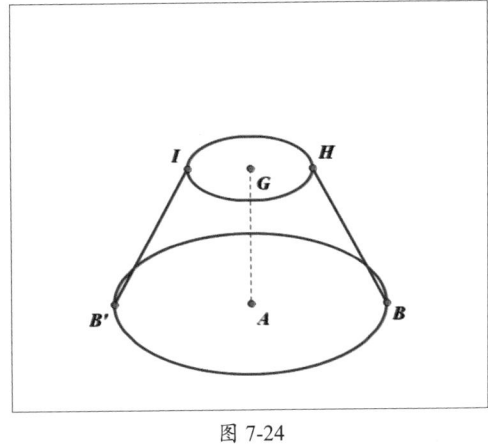

图 7-24

7.1.4 绘制其他立体图形

立体几何中包括多种几何图形，除了上述图形外，用户还可以结合几何画板，制作出丰富多样的几何图形。

1. 绘制球体

执行"绘图"|"定义坐标系"命令，显示坐标系，标记坐标原点为A。执行"绘图"|"隐藏网格"命令，隐藏网格。在x轴上任取一点B。以坐标原点A为中心、以点A和点B之间的距离为半径绘制圆c_1。选择点A和x轴，执行"构造"|"垂线"命令，构造垂线l_1。

选中垂线l_1和圆c_1，执行"构造"|"交点"命令，得到点C和点D。选中点A和点C，执行"构造"|"线段"命令，构造线段AC。选中线段AC，执行"构造"|"线段上的点"命令，构造点E。

选中点A和点B，执行"度量"|"距离"命令，度量其距离，并修改标签为a。选中点A和点E，执行"度量"|"距离"命令，度量其距离，并修改标签为b。执行"数据"|"新建函数"命令，打开"新建函数"对话框，输入如图7-25所示的表达式。使用相同的方法，新建如图7-26所示的函数表达式。

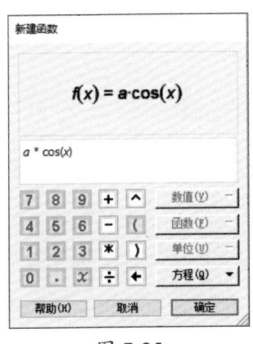

图 7-25

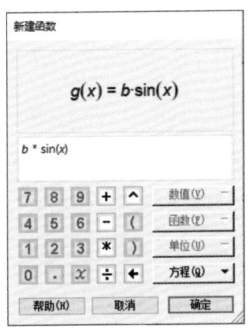

图 7-26

选中$f(x)$和$g(x)$函数表达式，执行"绘图"|"绘制参数曲线"命令，打开"绘制曲线"对话框，设置"定义域"为0～180，单击"绘制"按钮绘制参数曲线，如图7-27所示。

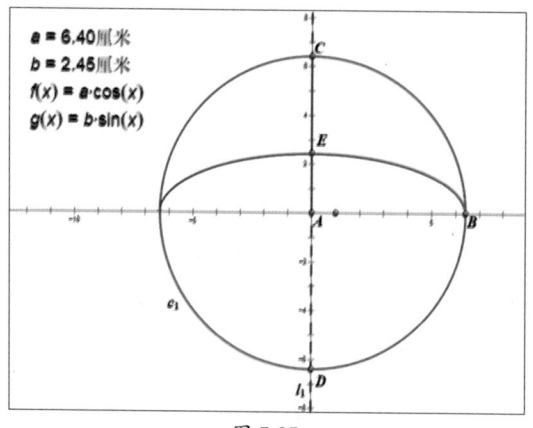

图 7-27

选中绘制的参数曲线，执行"显示"|"线型"|"虚线"命令，调整其为虚线，执行"构造"|"参数曲线上的点"命令，构造点F。双击坐标原点A，将其标记为旋转中心。选中点F，执行"变换"|"旋转"命令，打开"旋转"对话框，设置角度为180°，单击"旋转"按钮得到点F'。

选中点F和点F'，执行"构造"|"轨迹"命令，构造轨迹，执行"显示"|"线型"|"实线"命令，调整其为实线，如图7-28所示。

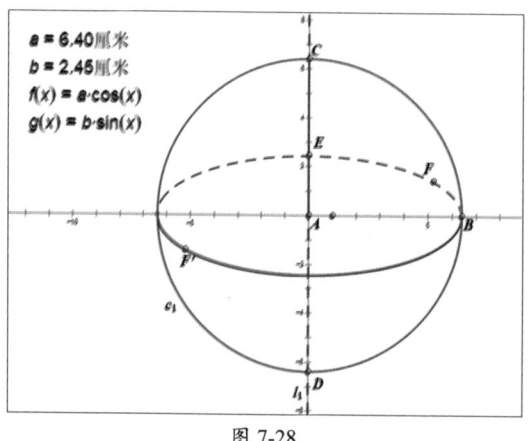

图 7-28

2. 绘制棱台

使用线段直尺工具和"构造"菜单中的命令构造平行四边形$ABCD$。连接平行四边形$ABCD$的对角线，选中对角线AC和BD，执行"构造"|"交点"命令，得到点O。

绘制任意一点O'，连接点O与点O'，得到线段OO'；连接点D和点O'，得到线段DO'。选中线段DO'，执行"构造"|"线段上的点"命令，构造点E。依次选中点O'、点D和点E，执行"变换"|"标记比"命令，标记$O'E/O'D$的值。

选中平行四边形$ABCD$和点O，双击点O'，标记为中心，执行"变换"|"缩放"命令，缩放平行四边形$ABCD$，得到平行四边形$A'B'C'E$和点O''，如图7-29所示。

隐藏线段DO'、线段AC和线段BD，连接点A和点A'、点B和点B'、点C和点C'、点D和点E。并调整线段AD、线段DC、线段DE及线段OO'的线型为细线虚线，效果如图7-30所示。

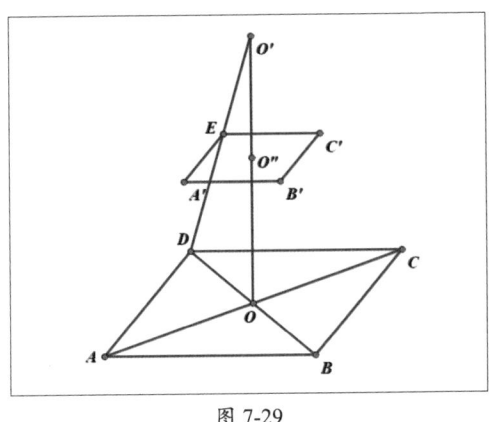

图 7-29

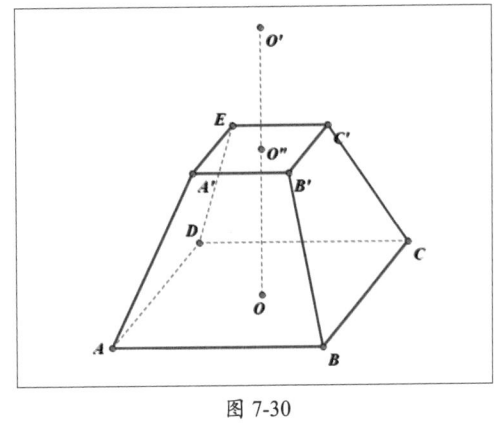

图 7-30

注意事项 其他类型的棱台，可使用类似的方法制作。

7.2 编辑立体图形

立体几何对空间感的要求较高，用户可以通过几何画板编辑立体图形，生动形象地展示空间立体效果，辅助学生理解与想象。

7.2.1 旋转立体图形

绘制2个同心圆c_1和c_2，设置圆心标签为A，圆上点标签分别为B、C。过圆心A绘制一条直线j。

在大圆c_2上任取一点D。选中点A和点D，执行"构造"|"线段"命令，构造线段AD。在线段AD和圆c_1交点处单击添加交点，设置其标签为E。双击点A，将其标记为中心。选中点D和点E，执行"变换"|"旋转"命令，打开"旋转"对话框，设置"固定角度"为90°。单击"确定"按钮，旋转点D和点E，得到点D'和点E'，如图7-31所示。

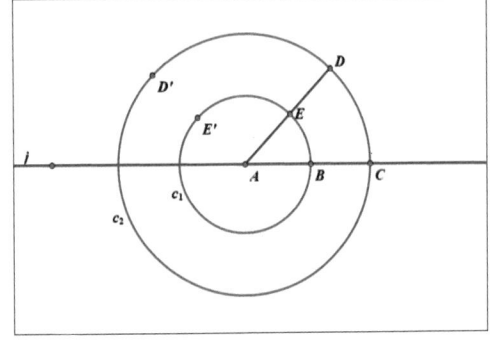

图 7-31

使用相同的方法，将点D'和点E'旋转$90°$，得到点D''和点E''；将点D''和点E''旋转$90°$，得到点D'''和点E'''，如图7-32所示。

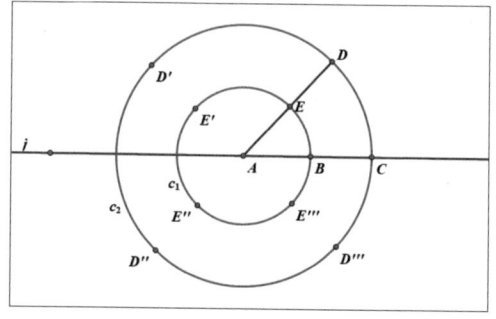

图 7-32

选中点D、点D'、点D''、点D'''和直线j，执行"构造"|"垂线"命令，构造垂线k、l、m、n，如图7-33所示。选中点E、点E'、点E''、点E'''和直线j，执行"构造"|"平行线"命令，构造平行线o、p、q、r，如图7-34所示。

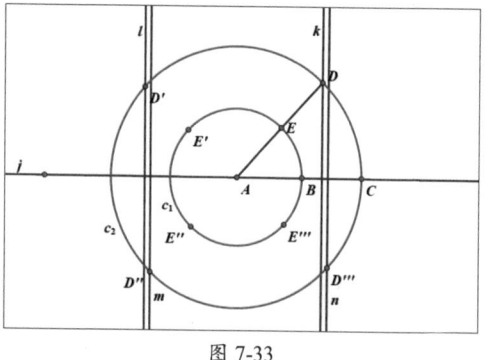

图 7-33

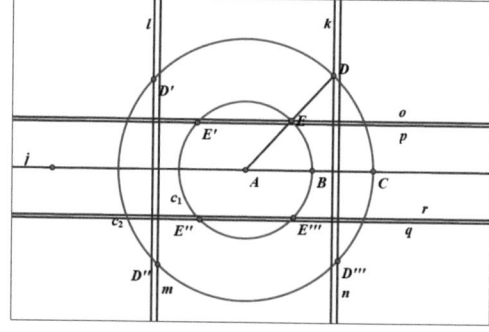

图 7-34

单击垂线k和平行线o的交点处添加交点，设置其标签为F；单击垂线l和平行线p的交点处添加交点，设置其标签为G；单击垂线m和平行线q的交点处添加交点，设置其标签为H；单击垂线n和平行线r的交点处添加交点，设置其标签为I，如图7-35所示。

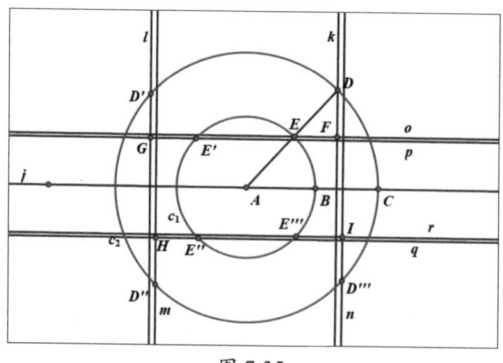

图 7-35

注意事项 该步骤中的交点即为过点D的垂线和过点E的平行线的交点；过点D'的垂线和过点E'的平行线的交点；过点D''的垂线和过点E''的平行线的交点；过点D'''的垂线和过点E'''的平行线的交点。

隐藏垂线k、l、m、n和平行线o、p、q、r。连接点F和点G、点G和点H、点H和点I、点I和点F，如图7-36所示。

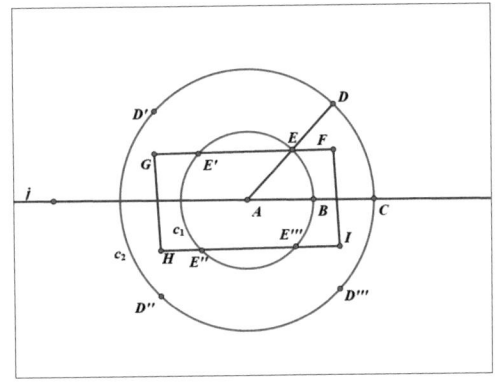

图 7-36

选中点A和直线j，执行"构造"|"垂线"命令，构造垂线s，在垂线s上任取一点J，连接点J和点G、点J和点H、点J和点I、点J和点F，如图7-37所示。

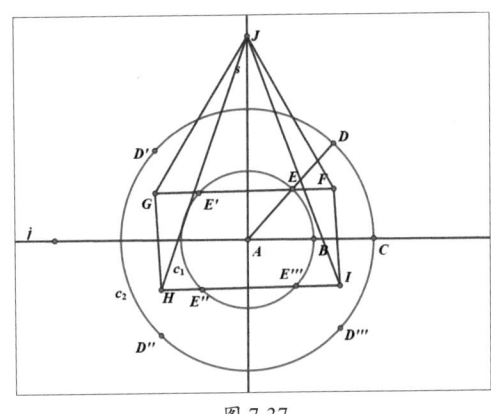

图 7-37

选中点D，执行"编辑"|"操作类按钮"|"动画"命令，打开"操作类按钮动画点"对话框，在"标签"选项卡中输入标签"旋转四棱锥"，完成后单击"确定"按钮添加动画按钮。

隐藏除四棱锥及动画按钮之外的内容，单击"动画"按钮即可旋转四棱锥，如图7-38所示。

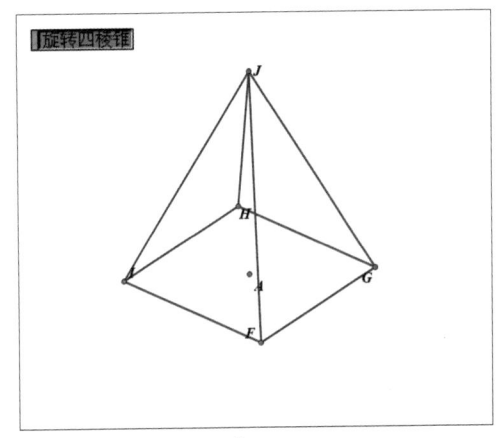

图 7-38

知识点拨

使用相同的方法，用户可以制作棱锥、棱柱、棱台的旋转动画。

五棱柱的旋转同样可以借助同心圆实现，下面对其制作步骤进行介绍。

Step 01 绘制2个同心圆c_1和c_2，设置圆心标签为A，圆上点标签分别为B、C。过圆心A绘制一条直线j。在大圆c_2上任取一点D。选中点A和点D，执行"构造"|"线段"命令，构造线段AD。单击线段AD和圆c_1的交点处添加交点，设置其标签为E，如图7-39所示。

Step 02 过点D作直线j的垂线l，过点E作直线j的平行线k，垂线l和平行线k交于点F，如图7-40所示。

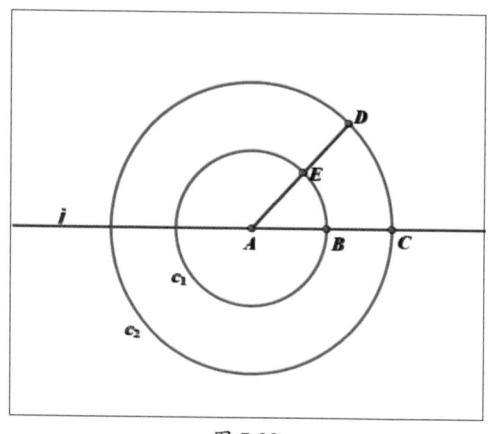

图 7-39

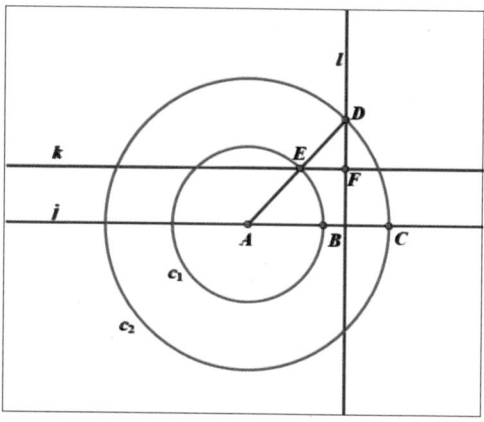

图 7-40

Step 03 双击点A，将其标记为中心，选中点D和点E，执行"变换"|"旋转"命令，将其旋转72°，得到点D'和点E'，修改其标签为D_2和E_2，如图7-41所示。

Step 04 过点D_2作直线j的垂线m，过点E_2作直线j的平行线n，垂线m和平行线n交于点G，如图7-42所示。

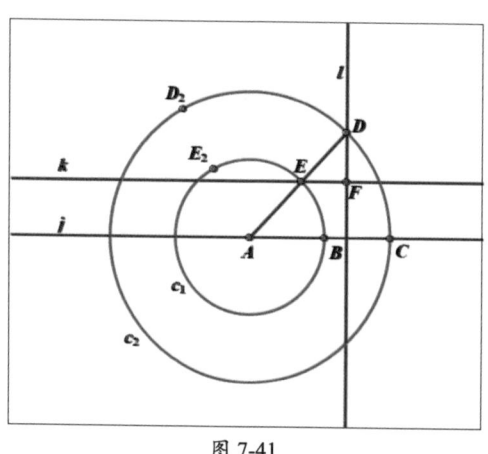

图 7-41

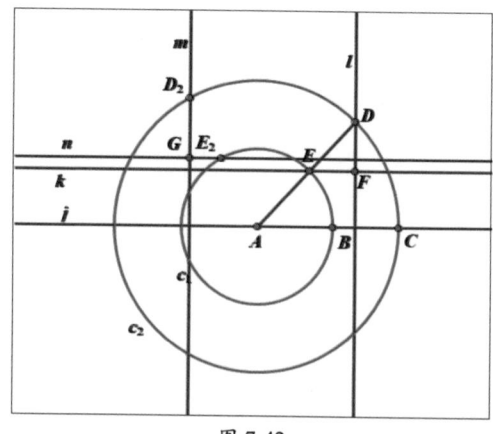

图 7-42

Step 05 使用相同的方法旋转点D_2和E_2，得到点D_3和E_3，并作垂线和平行线，得到点H；旋转点D_3和点E_3，得到点D_4和点E_4，做垂线和平行线得到点I；旋转点D_4和点E_4，得到点D_5和点E_5，作垂线和平行线得到点J，如图7-43所示。

Step 06 选中除直线j以外的所有直线，设置其线型为细线。依次连接点F、点G、点H、点I和点J构造五边形，如图7-44所示。

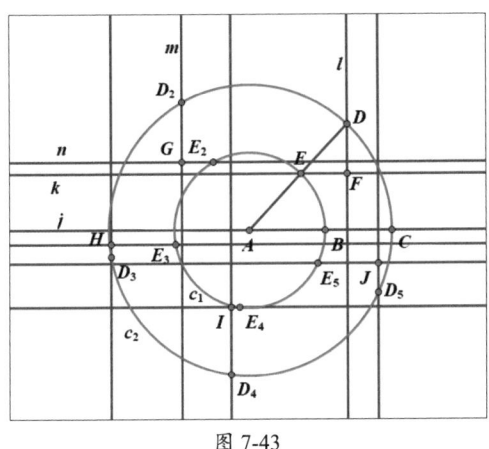

图 7-43

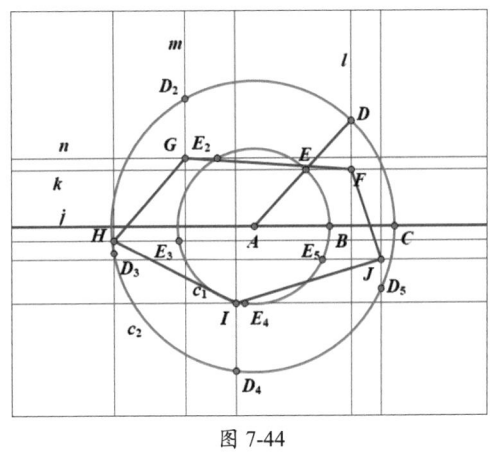

图 7-44

Step 07 新建单位为距离的参数a，选中参数a，执行"变换"|"标记距离"命令，标记参数a的距离。选中点F，执行"变换"|"平移"命令，设置平移标记距离得到点F'，如图7-45所示。

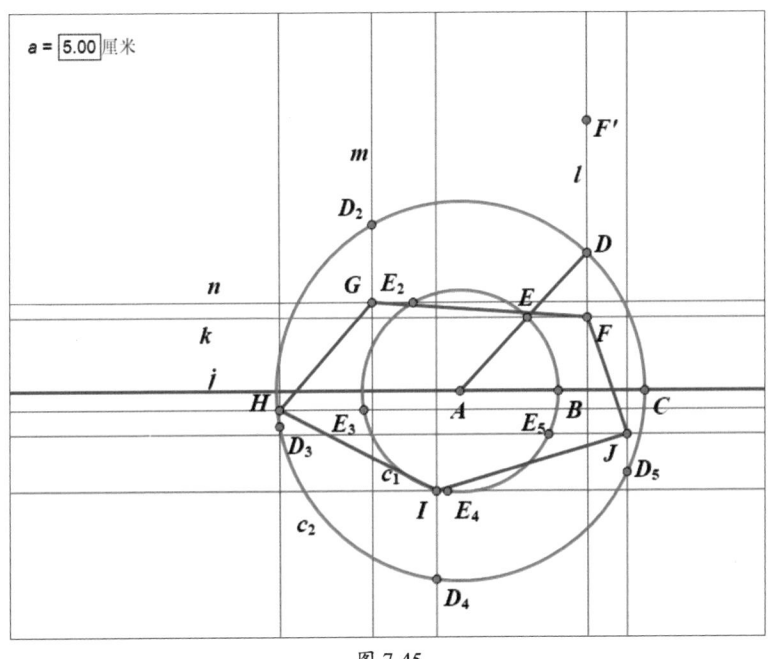

图 7-45

Step 08 选中点F和点F'，执行"变换"|"标记向量"命令，标记向量。选中线段FG、线段GH、线段HI、线段IJ、线段JF、点G、点H、点I和点J，执行"变换"|"平

移"命令，按住标记向量平移，如图7-46所示。

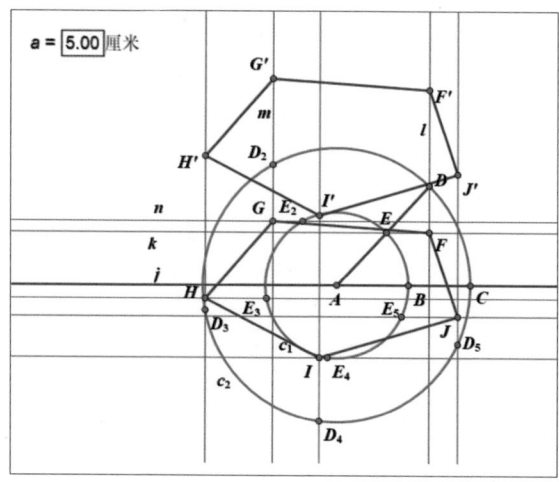

图 7-46

Step 09 连接点构造线段FF'、线段GG'、线段HH'、线段II'和线段JJ'构造五棱柱。设置五棱柱及线段AD以外的线线型为细虚线，如图7-47所示。

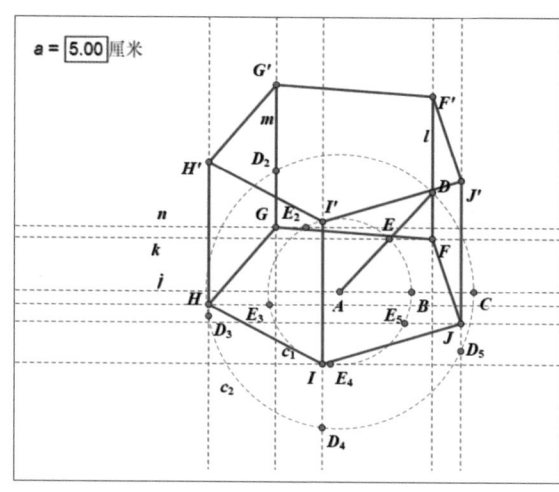

图 7-47

Step 10 选中点D，执行"编辑"|"操作类按钮"|"动画"命令，打开"操作类按钮 动画点"对话框，在"标签"选项卡中输入标签"旋转五棱柱"，完成后单击"确定"按钮添加"旋转五棱柱"动画按钮，单击该按钮即可旋转五棱柱，如图7-48所示。用户也可以通过参数a控制五棱柱的高度。

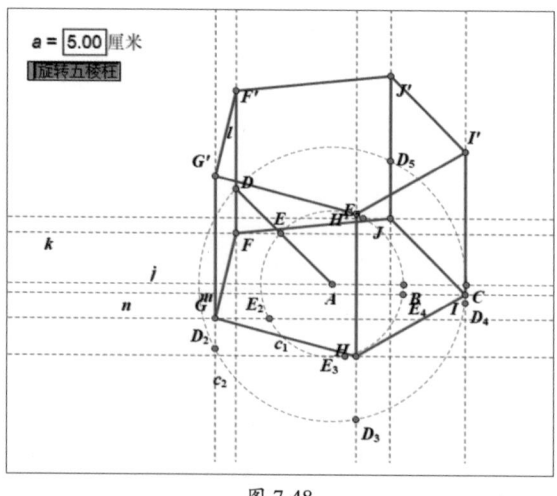

图 7-48

7.2.2　展开立体图形

1. 展开正方体

正方体有多种展开方式，本小节以其中一种展开方式为例进行介绍。

绘制一个正方体，如图7-49所示。

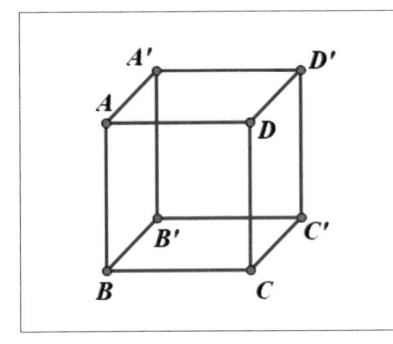

图 7-49

双击点D'，将其标记为中心，选中点C'，执行"变换"|"旋转"命令，旋转180°得到点C''，连接点D和点C''，得到线段DC''。执行"构造"|"中点"命令，构造线段DC'' 的中点E，选中点E和线段DC''，执行"构造"|"垂线"命令，构造垂线j。选中点A' 和点D，执行"构造"|"直线"命令，构造直线k。选中垂线j和直线k，执行"构造"|"交点"命令，构造交点F。

选中点F、点C'' 和点D，执行"构造"|"圆上的弧"命令，构造弧$\overset{\frown}{C''D}$。选中弧$\overset{\frown}{C''D}$，执行"构造"|"弧上的点"命令，构造点G。连接点G和点D'，得到线段GD'。

选中点D' 和点A'，执行"变换"|"标记向量"命令，标记向量。选中线段GD' 和点G，执行"变换"|"平移"命令，打开"平移"对话框，保持默认设置，单击"平移"按钮，得到点G' 和线段$G'A'$。连接点G和点G'，得到线段GG'，如图7-50所示。四边形$G'GD'A'$ 就是正方体顶面展开图。

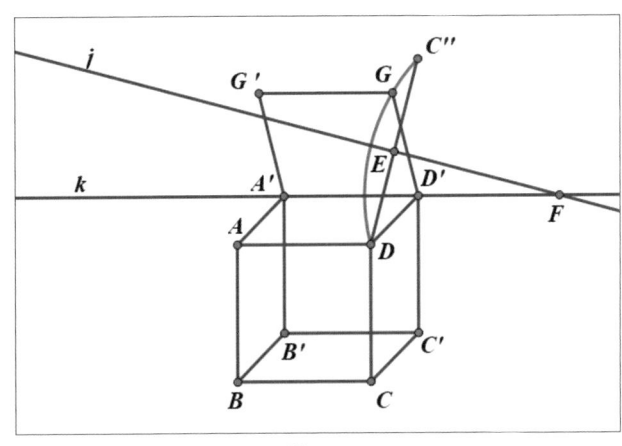

图 7-50

双击点C'，将其标记为中心，选中点D'，执行"变换"|"旋转"命令，旋转180°得到点D''，连接点C和点D''，得到线段CD''。执行"构造"|"中点"命令，构造线段CD''的中点H，选中点H和线段CD''，执行"构造"|"垂线"命令，构造垂线l。选中点B'和点C'，执行"构造"|"直线"命令，构造直线m。选中垂线l和直线m，执行"构造"|"交点"命令，构造交点I。

选中点I、点C和点D''，执行"构造"|"圆上的弧"命令，构造弧$\overset{\frown}{CD''}$。选中弧$\overset{\frown}{CD''}$，执行"构造"|"弧上的点"命令，构造点J。连接点J和点C'得到线段JC'。选中点J和线段JC'，执行"变换"|"平移"命令，打开"平移"对话框，保持默认设置，单击"平移"按钮，得到点J'和线段$J'B'$。连接点J和点J'，得到线段JJ'，如图7-51所示。四边形$J'JC'B'$就是正方体底面展开图。

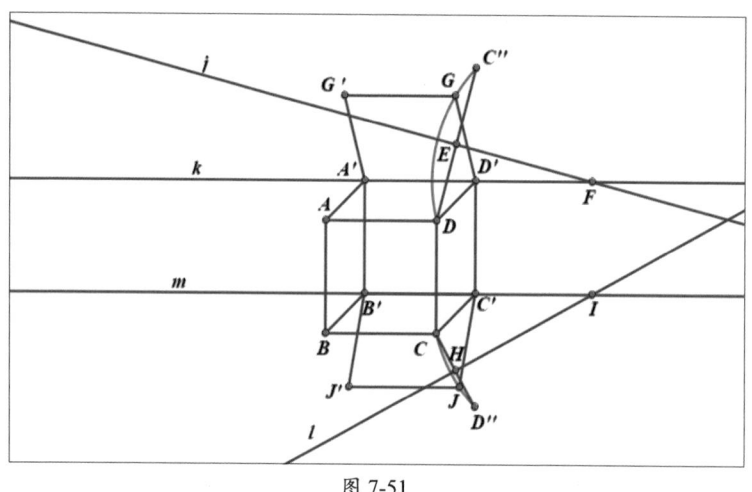

图 7-51

双击点A'，将其标记为中心。选中点D'，执行"变换"|"旋转"命令，旋转180°得到点D'''，连接点A和点D'''，得到线段AD'''。执行"构造"|"中点"命令，构造线段AD'''的中点K，选中点K和线段AD'''，执行"构造"|"垂线"命令，构造垂线n。选中点A'和点B'，执行"构造"|"直线"命令，构造直线o。选中垂线n和直线o，执行"构造"|"交点"命令，构造交点L。

选中点L、点D'''和点A，执行"构造"|"圆上的弧"命令，构造弧AD'''。选中弧$D'''A$，执行"构造"|"弧上的点"命令，构造点M。连接点M和点A'，得到线段MA'。

选中点A'和点B'，执行"变换"|"标记向量"命令，标记向量。选中点M和线段MA'，执行"变换"|"平移"命令，打开"平移"对话框，保持默认设置，单击"平移"按钮，得到点M'和线段$M'B'$。连接点M和点M'，得到线段MM'，如图7-52所示。四边形$MM'B'A'$就是正方体左侧面展开图。

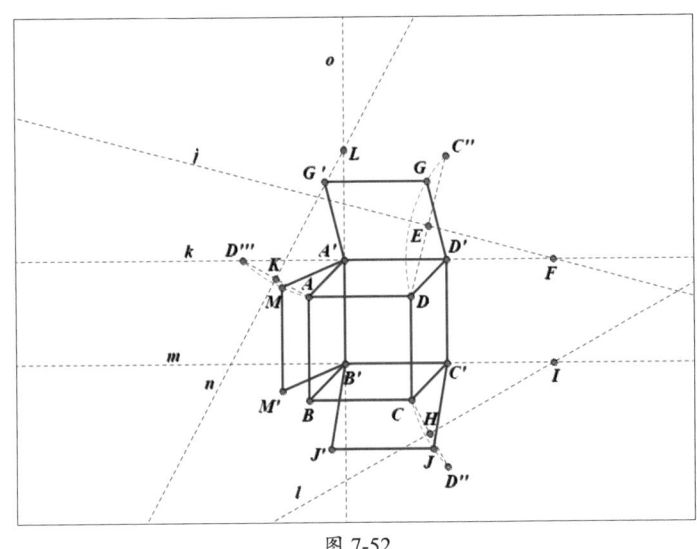

图 7-52

双击点D，将其标记为中心，选中点A'，执行"变换"|"旋转"命令，旋转180°，得到点A''，连接点D和点A''，得到线段DA''，执行"构造"|"中点"命令，构造线段DA''的中点N，选中点N和线段DA''，执行"构造"|"垂线"命令，构造垂线p。选中点C'的点D'，执行"构造"|"直线"命令，构造直线q。选中垂线p和直线q，执行"构造"|"交点"命令，构造交点O。

选中点O、点D和点A''，执行"构造"|"圆上的弧"命令，构造弧$\overset{\frown}{DA''}$。选中弧$\overset{\frown}{DA''}$，执行"构造"|"弧上的点"命令，构造点P。连接点P和点D'得到线段PD'。选中点P和线段PD'，执行"变换"|"平移"命令，打开"平移"对话框，保持默认设置，单击"平移"按钮，得到点P'和线段$P'C'$。连接点P和点P'，得到线段PP'，如图7-53所示。四边形$PP'C'D'$就是正方体右侧面展开图。

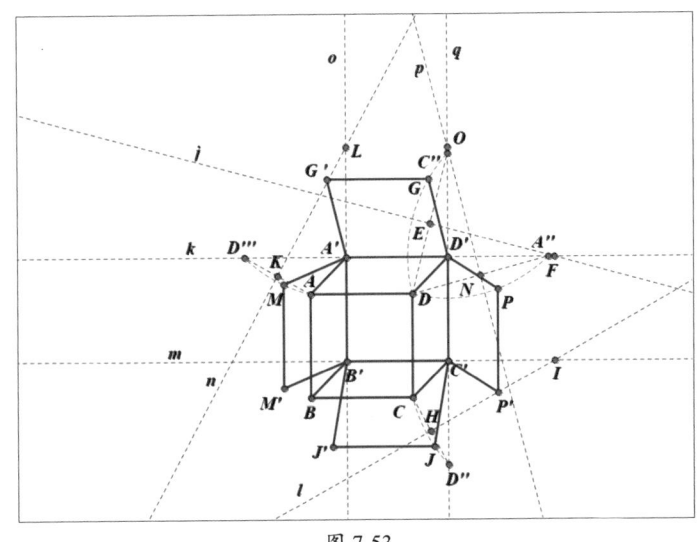

图 7-53

双击点P，将其标记为中心。选中点D'，执行"变换"|"旋转"命令，旋转180°，修改点标签为Q，选中点Q，执行"变换"|"旋转"命令，旋转-45°，得到点Q'。选中点P和点Q'，执行"构造"|"射线"命令，构造射线r。

选中点P和点P'，执行"构造"|"以圆心和圆周上的点绘圆"命令，构造圆c_1，选中圆c_1和射线r，执行"构造"|"交点"命令，构造交点R。连接点R和点Q，得到线段RQ，执行"构造"|"中点"命令，构造线段RQ的中点S，选中点S和线段RQ，执行"构造"|"垂线"命令，构造垂线s。选中垂线s和圆c_1，执行"构造"|"交点"命令，构造交点T和交点U。选中交点T、点R和点Q，执行"构造"|"圆上的弧"命令，构造弧$\overparen{RQ}$。选中弧$\overparen{RQ}$，执行"构造"|"弧上的点"命令，构造点V。连接点P和点V，得到线段PV。

选中点V和线段PV，执行"变换"|"平移"命令，打开"平移"对话框，保持默认设置，单击"平移"按钮，得到点V'和线段$P'V'$。连接点V和点V'，得到线段VV'，如图7-54所示。四边形$VV'P'P$就是正方体正面展开图。

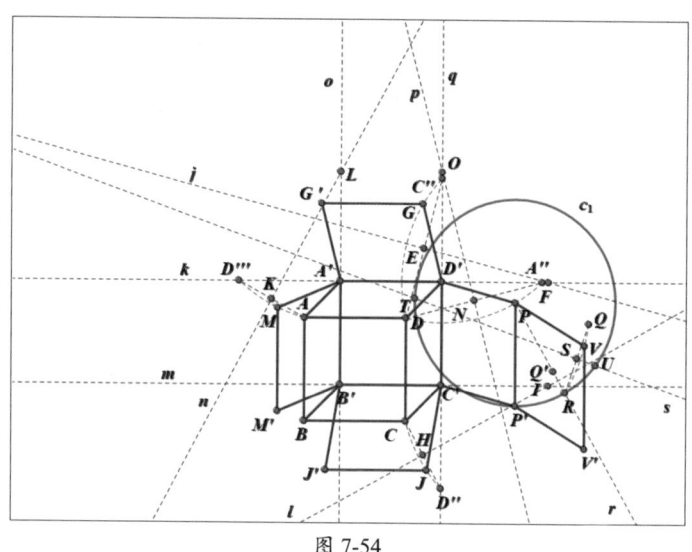

图 7-54

选中点G'、点G、点D'和点A'，执行"构造"|"四边形的内部"命令，构造内部，使用相同的方法构造其他四边形内部，如图7-55所示。

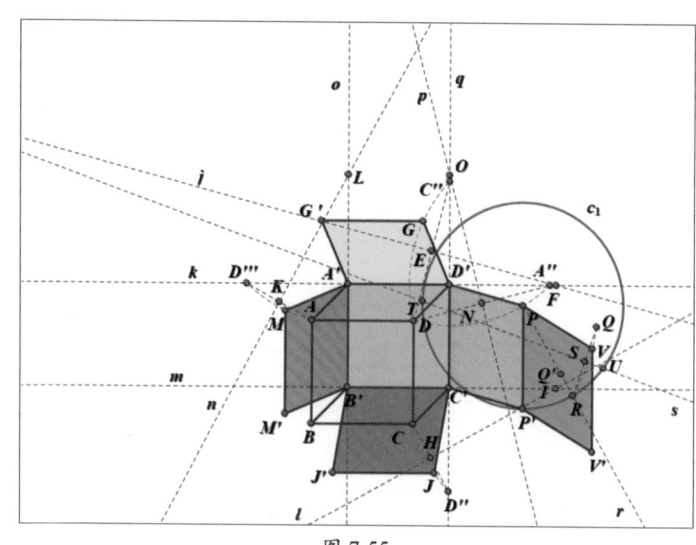

图 7-55

选中点G和点C''，执行"编辑"|"操作类按钮"|"移动"命令，打开"操作类按钮 移动"对话框，在"标签"选项卡中设置标签为"展开顶面"，单击"确定"按钮后会创建移动按钮。使用相同的方法，选中点J和点D''，创建"展开底面"移动按钮；选中点M和点D'''，创建"展开左侧面"移动按钮；选中点V和点Q，创建"展开正面"移动按钮；选中点P和点A''，创建"展开右侧面"移动按钮。

依次选中所有"展开"移动按钮，执行"编辑"|"操作类按钮"|"系列"命令，打开"操作类按钮 系列"对话框，选中"依序执行"单选按钮，在"标签"选项卡中设置标签为"展开正方体"，完成后单击"确定"按钮。

选中点G和点D，执行"编辑"|"操作类按钮"|"移动"命令，打开"操作类按钮 移动"对话框，在"标签"选项卡中设置标签为"闭合顶面"，单击"确定"按钮后创建移动按钮。使用相同的方法，选中点J和点C，创建"闭合底面"移动按钮；选中点M和点A，创建"闭合左侧面"移动按钮；选中点P和点D，创建"闭合右侧面"移动按钮；选中点V和点R，创建"闭合正面"移动按钮。

依次选中所有"闭合"移动按钮，执行"编辑"|"操作类按钮"|"系列"命令，打开"操作类按钮 系列"对话框，选中"依序执行"单选按钮，在"标签"选项卡中设置标签为"闭合正方体"，完成后单击"确定"按钮。此时画板中效果如图7-56所示。

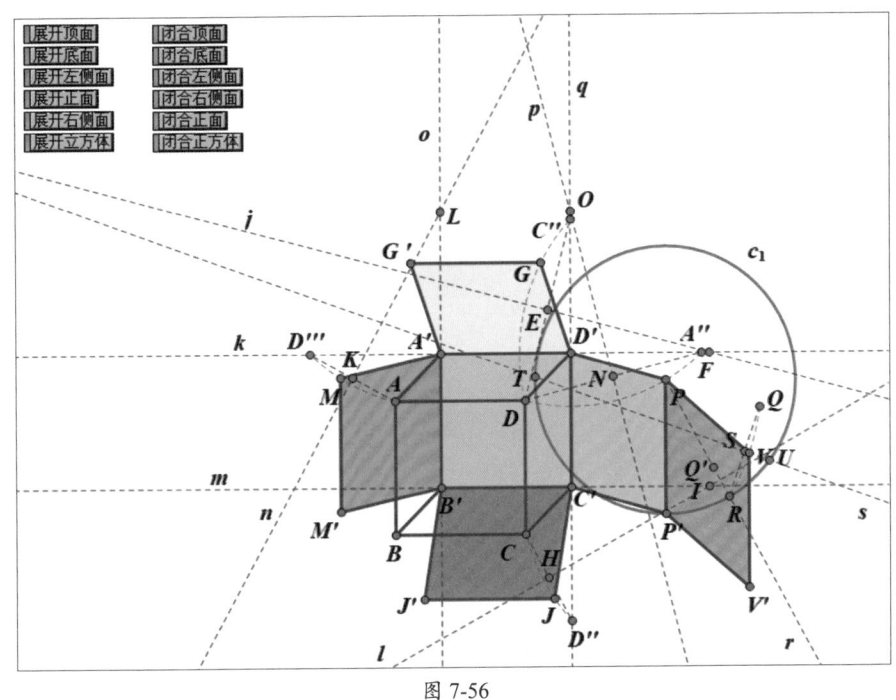

图 7-56

隐藏所有多余线条及点。单击"展开立方体"系列按钮，可依次展开立方体，如图7-57所示；单击"闭合立方体"按钮可依次闭合立方体，如图7-58所示。

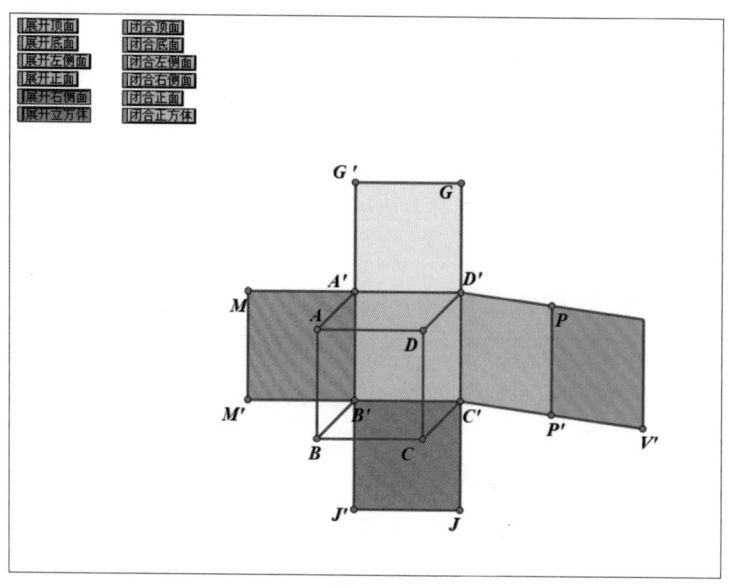

图 7-57

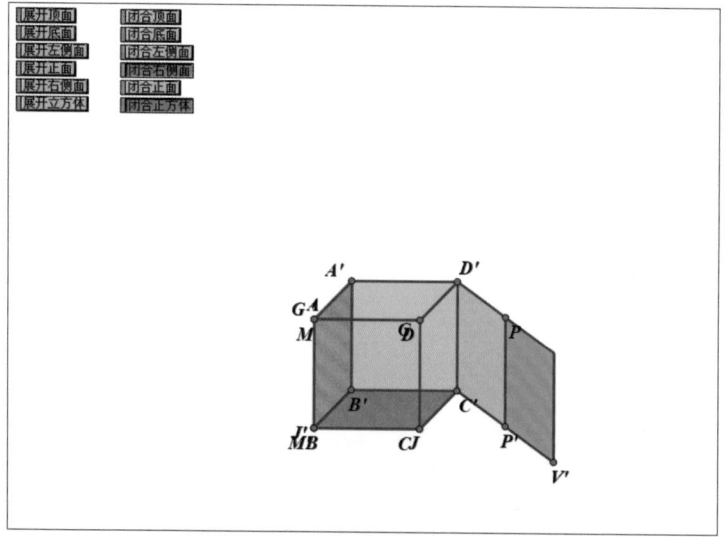

图 7-58

2. 展开圆锥

　　使用点工具在画板中任取一点A，使用直线直尺工具✎过点A绘制一条直线 j。在直线j上任取一点B，选中点A和点B，执行"以圆心和圆周上的点绘圆"命令，绘制圆c_1。

　　在圆上任取一点C，选中点C和直线j，执行"构造"｜"垂线"命令，构造垂线k。选中直线j和垂线k，执行"构造"｜"交点"命令，构造交点D。选中点C和点D，执行"构造"｜"线段"命令，构造线段CD。执行"构造"｜"中点"命令，构造线段CD的中点E。

　　选中点E和点C，执行"构造"｜"轨迹"命令，构造椭圆轨迹，如图7-59所示。

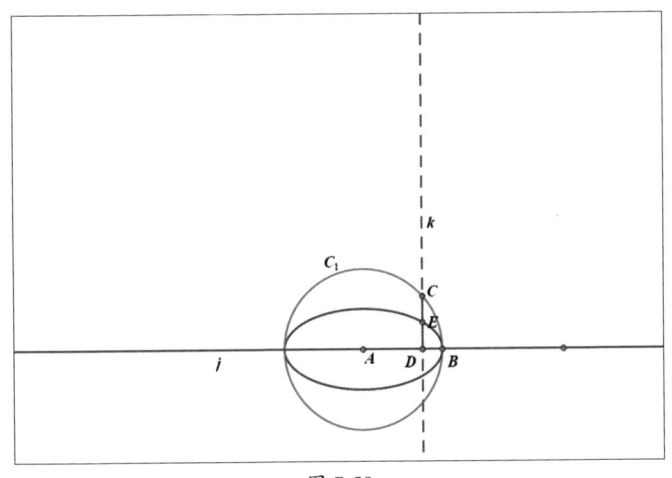

图 7-59

选中点A和直线j，执行"构造"|"垂线"命令，构造垂线l，在垂线l上任取一点O。然后用线段连接点O和点B。双击圆心A，将其标记为旋转中心，选中点B，执行"变换"|"旋转"命令，设置"角度"为$180°$，单击"旋转"按钮得到点B'，连接点O和点B'，如图7-60所示。

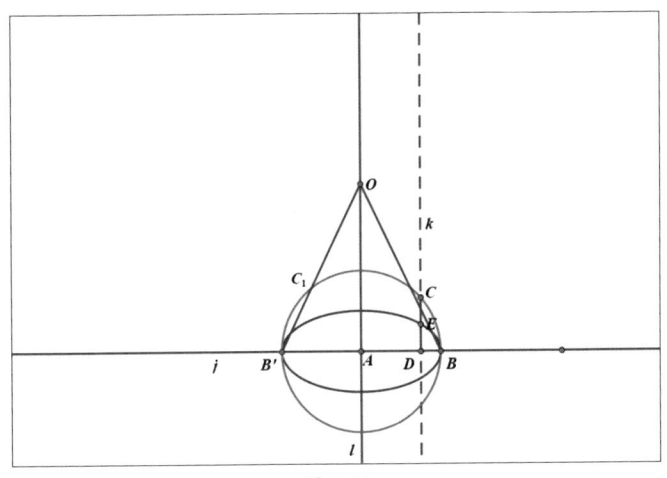

图 7-60

选中圆c_1，执行"度量"|"圆周长"命令，度量圆c_1的长度。选择点O和点B，执行"度量"|"距离"命令，度量点O至点B的距离。执行"数据"|"计算"命令，计算半径为OB的圆的周长，如图7-61所示。

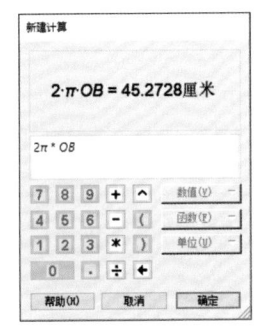

图 7-61

执行"数据"|"计算"命令，计算圆c_1的周长对应半径为OB的圆的角度，如图7-62所示。

图 7-62

双击点O，将其标记为中心，选中点A和点B，执行"变换"|"旋转"命令，打开"旋转"对话框，单击上一步中计算出的角度，单击"旋转"按钮，按住计算出的角度旋转点得到点A'和点B''。

依次选中点O、点A和点A'，执行"构造"|"圆上的弧"命令，构造弧$\overset{\frown}{AA'}$；选中点O、点B和点B''，执行"构造"|"圆上的弧"命令，构造弧$\overset{\frown}{BB''}$，如图7-63所示。

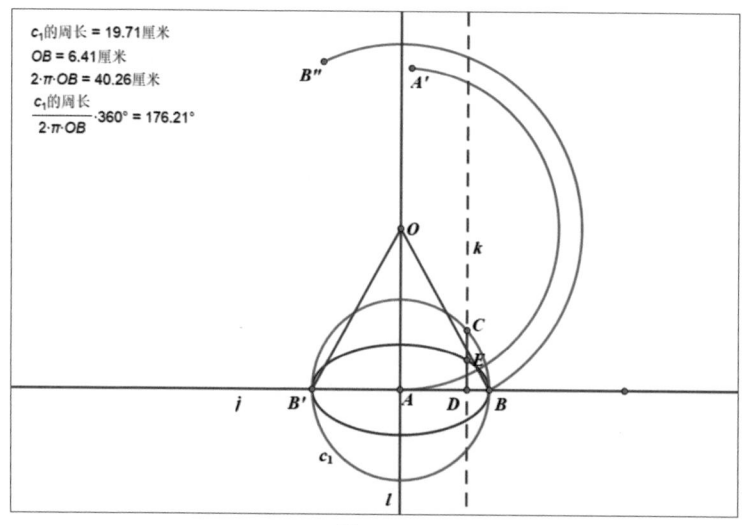

图 7-63

在弧$\overset{\frown}{AA'}$上任取一点F，连接点O和点F。依次选中点O、点A和点F，执行"构造"|"圆上的弧"命令，构造弧$\overset{\frown}{AF}$。执行"度量"|"弧长"命令，度量弧$\overset{\frown}{AF}$的长度。选中弧$\overset{\frown}{AA'}$，执行"度量"|"弧长"命令，度量弧$\overset{\frown}{AA'}$的长度。执行"数据"|"计算"命令，计算弧$\overset{\frown}{AF}$的长度相对于弧$\overset{\frown}{AA'}$的长度的角度，如图7-64所示。

图 7-64

几何画板课件制作标准教程（全彩微课版）

连接点A和点B，选中点F和线段AB，执行"构造"|"以圆心和半径绘圆"命令，绘制圆c_2；选中点F和线段OF，执行"构造"|"垂线"命令，构造垂线m。选中圆c_2和垂线m，执行"构造"|"交点"命令，构造交点G和交点H。

双击点F，将其标记为中心。选中点G，执行"变换"|"旋转"命令，打开"旋转"对话框，单击上一步计算的角度，单击"旋转"按钮旋转点G得到点G'，如图7-65所示。

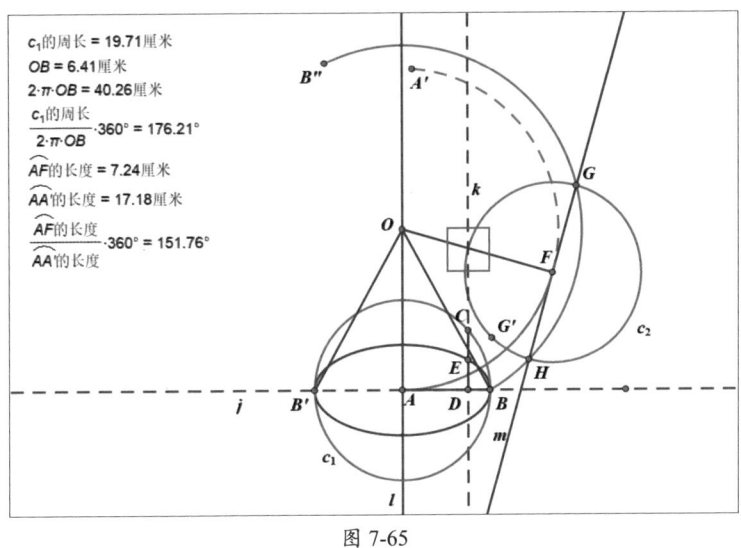

图 7-65

选中点F、点G'和点G，执行"构造"|"圆上的弧"命令，构造弧$\overarc{G'G}$。在弧$\overarc{G'G}$上任取一点I，选中点I和垂线m，执行"构造"|"垂线"命令，构造垂线n。

选中垂线m和垂线n，执行"构造"|"交点"命令，构造交点J。连接点I和点J，执行"构造"|"中点"命令，构造点K，选中点K和点I，执行"构造"|"轨迹"命令，构造椭圆轨迹，如图7-66所示。随着点F的移动，椭圆轨迹的完整性也会随之变化。

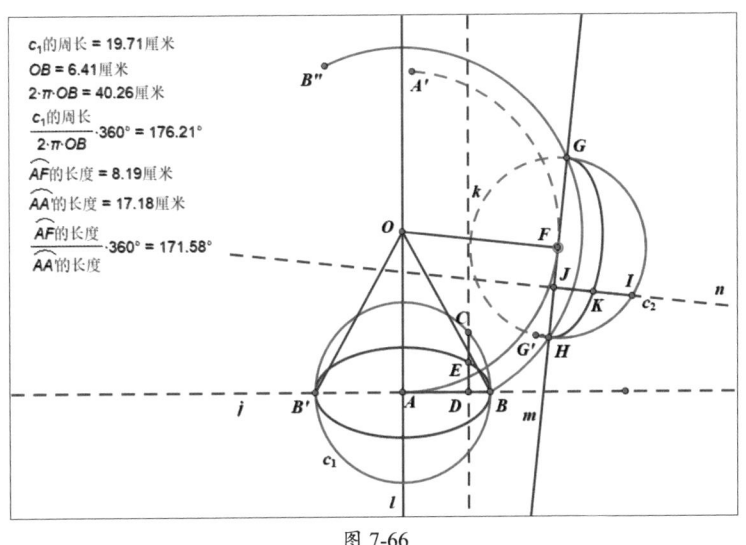

图 7-66

选中点O、点B和点G，执行"构造"|"圆上的弧"命令，构造弧$\overset{\frown}{BG}$。选中弧$\overset{\frown}{BG}$，执行"构造"|"弧内部"|"扇形内部"命令，构造弧内部。连接点O和点K，选中线段OK和点I，执行"构造"|"轨迹"命令，构造轨迹，如图7-67所示。

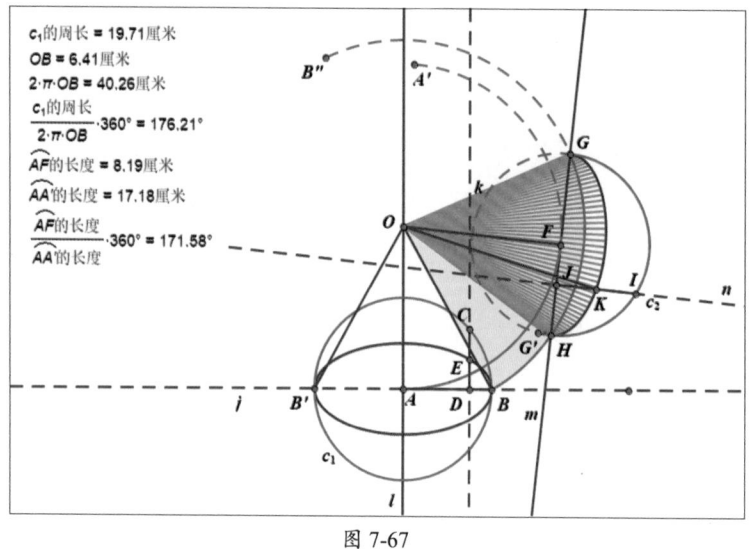

图 7-67

选中点F和点A'，执行"编辑"|"操作类按钮"|"移动"命令，打开"操作类按钮移动"对话框，设置标签为"展开"，完成后单击"确定"按钮；选中点F和点A，执行"编辑"|"操作类按钮"|"移动"命令，打开"操作类按钮 移动"对话框，设置标签为"闭合"，完成后单击"确定"按钮。单击"展开"按钮和"闭合"按钮即可演示圆锥展开与闭合的动画。

隐藏除圆锥与展开面之外的内容，如图7-68所示。

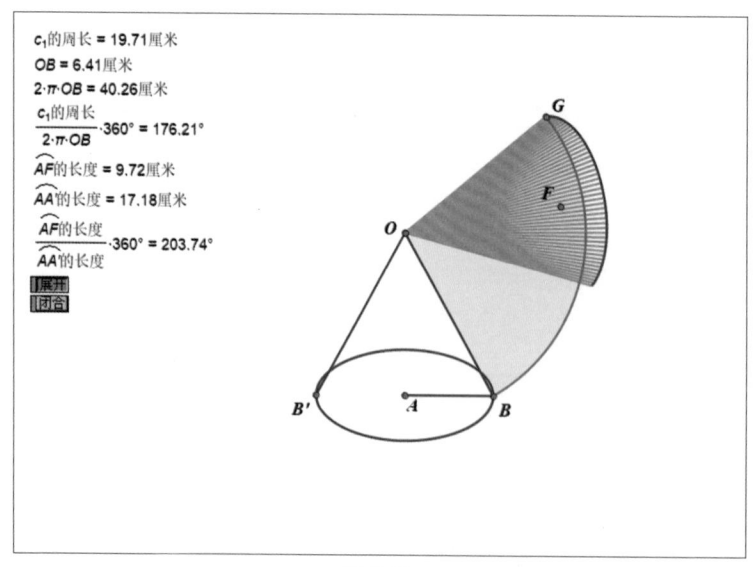

图 7-68

案例实战：圆柱体侧面展开动画

圆柱体侧面展开图为一个长方体。下面对其展开步骤进行介绍。

Step 01 执行"绘图"|"定义坐标系"命令，显示坐标系，执行"绘图"|"隐藏网格"命令，隐藏网格，隐藏单位点。以坐标原点为圆柱体底面圆心绘制一个圆柱体，如图7-69所示。

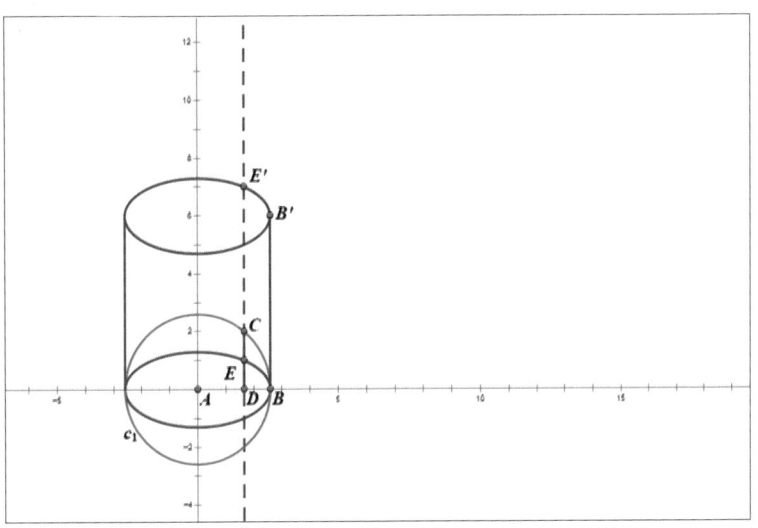

图 7-69

Step 02 选中圆c_1，执行"度量"|"圆周长"命令，度量其周长，执行"度量"|"半径"命令，度量其半径。选中周长度量值，执行"变换"|"标记距离"命令，标记距离，选中点A，执行"变换"|"平移"命令，将点A以标记距离、固定角度0° 平移得到点A'，选中点A和点A'，使用Ctrl+L组合键，构造线段AA'，如图7-70所示。

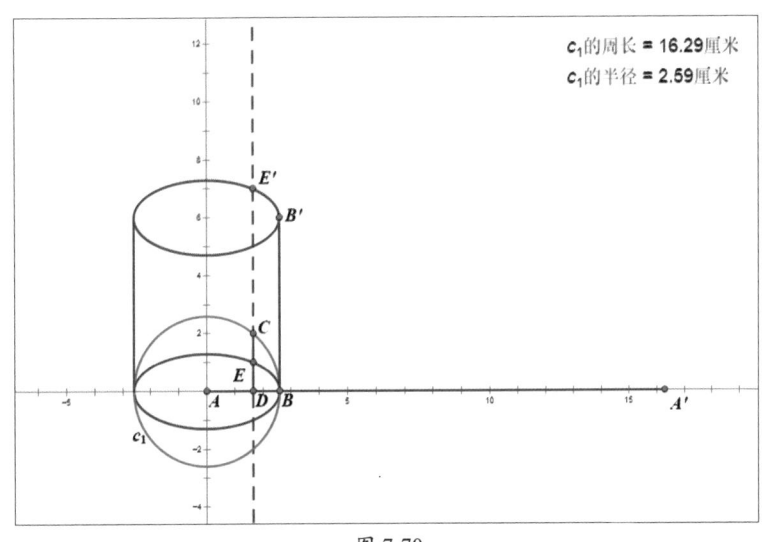

图 7-70

Step 03 在线段 AA' 上任取一点 F，选中点 F 和半径度量值，执行"以圆心和半径绘圆"命令，绘制圆 c_2，圆 c_2 与 x 轴交于点 G 和点 H，如图 7-71 所示。

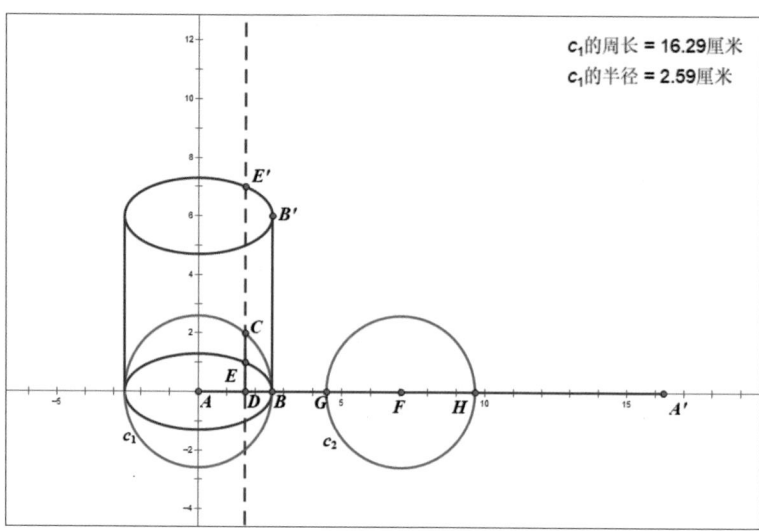

图 7-71

Step 04 选中点 A 和点 F，执行"度量"|"距离"命令，度量点 A 至点 F 的距离。执行"数据"|"计算"命令，计算如图7-72所示的数值。

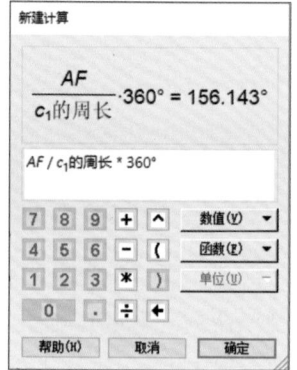

图 7-72

Step 05 选中计算得到的角度值，执行"变换"|"标记角度"命令，标记角度。双击点 F，将其标记为中心，选中点 H，执行"变换"|"旋转"命令，旋转标记角度得到点 H'，如图7-73所示。

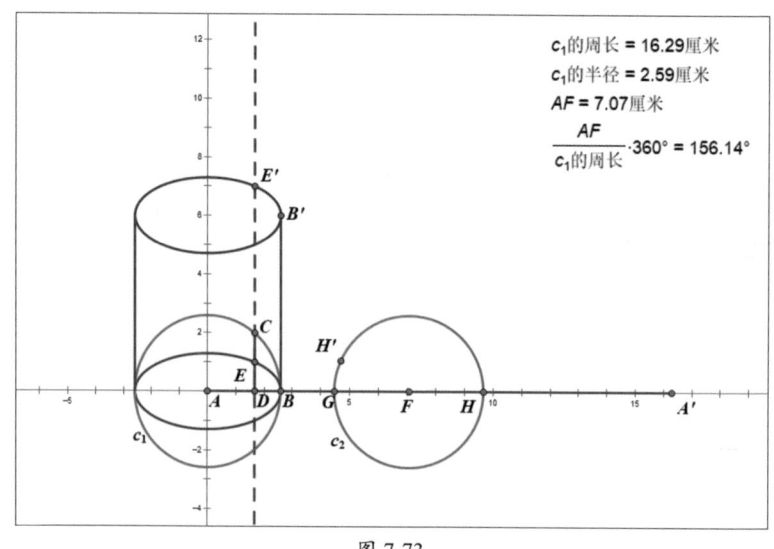

图 7-73

Step 06 选中点F、点H'和点H，执行"构造"|"圆上的弧"命令，构造弧$\overset{\frown}{H'H}$，在弧$\overset{\frown}{H'H}$上任取一点I，过点I作x轴的垂线，交x轴于点J，连接点I和点J，如图7-74所示。

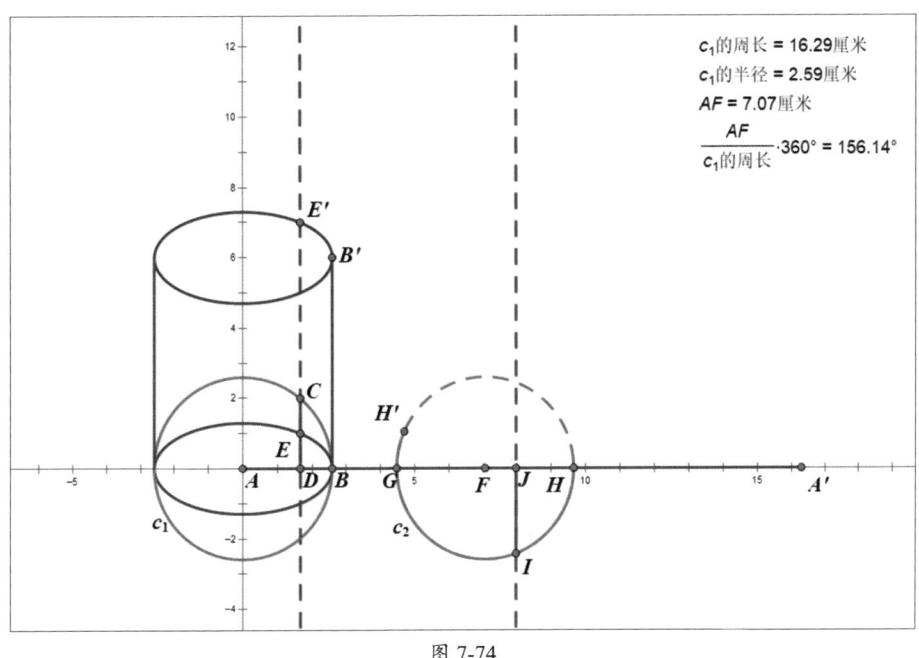

图 7-74

Step 07 构造线段IJ的中点K，选中点K和点I，执行"构造"|"轨迹"命令，构造弧$\overset{\frown}{H'H}$对应的椭圆轨迹，如图7-75所示。

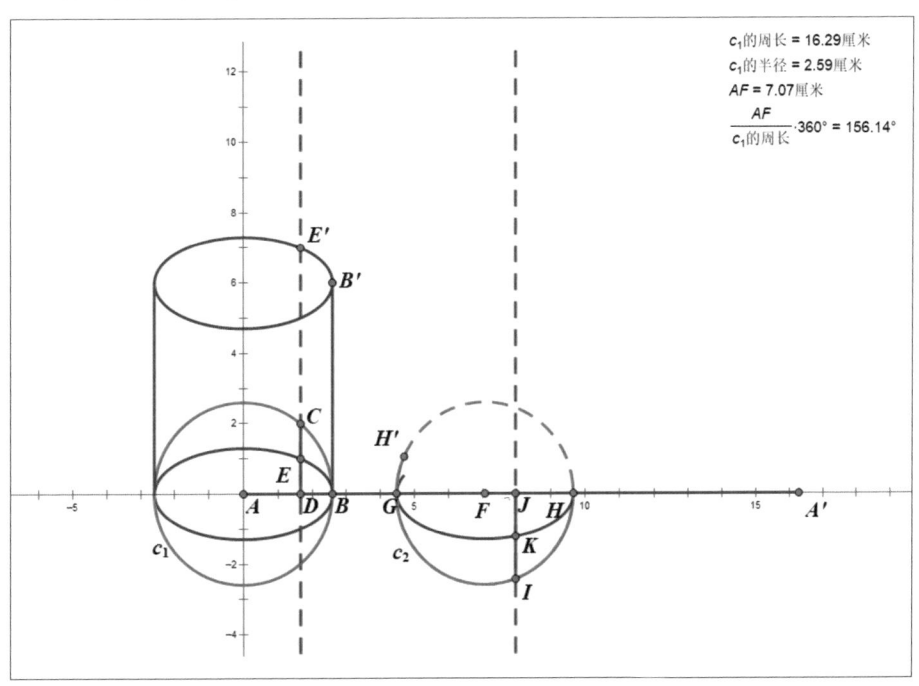

图 7-75

Step 08 选中点B和点B'，执行"变换"|"标记向量"命令，标记向量，选中点K和点H，执行"变换"|"平移"命令，按照标记平移得到点K'和点H'，选中点K'和点I，执行"构造"|"轨迹"命令，构造椭圆轨迹，如图7-76所示。

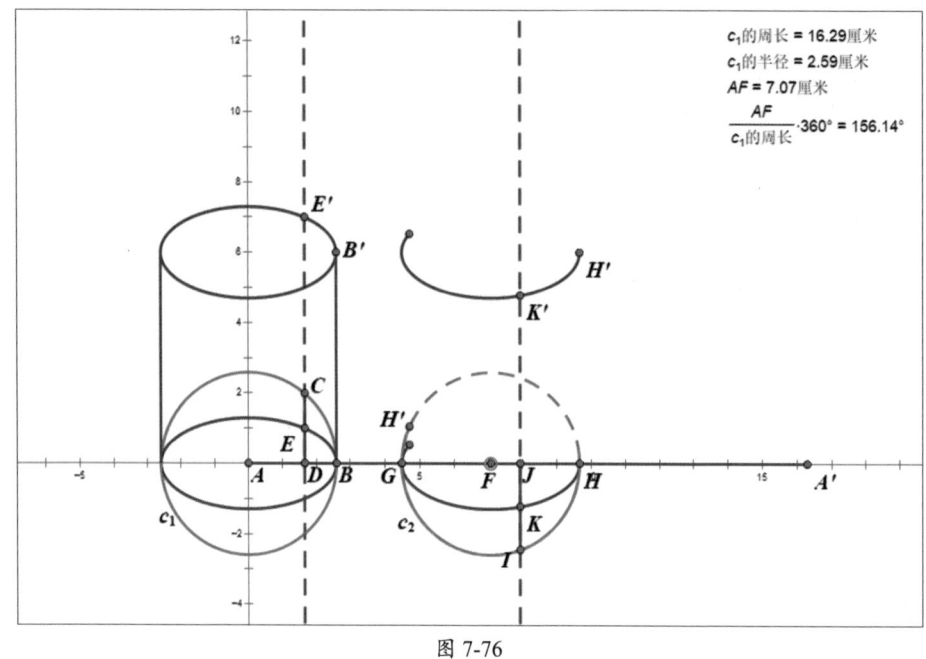

图 7-76

Step 09 连接椭圆轨迹端点和线段KK'，选中线段KK'和点I，执行"构造"|"轨迹"命令，构造线段轨迹，如图7-77所示。

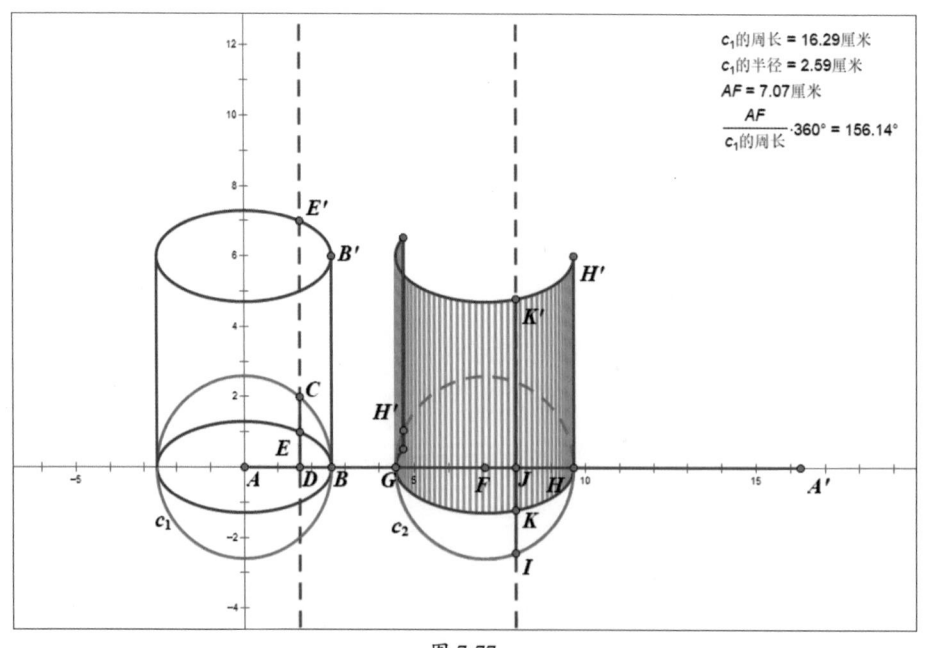

图 7-77

Step 10 连接点B'和点H'，选中点B、点H、点H'和点B'，使用Ctrl+P组合键，构造内部，如图7-78所示。

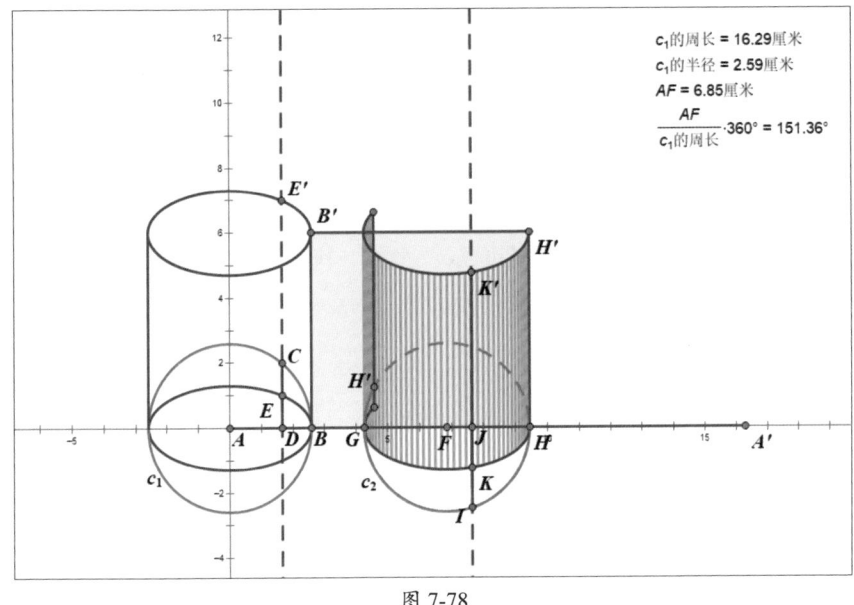

图 7-78

Step 11 隐藏多余内容，选中点F和点A'，执行"编辑"|"操作类按钮"|"移动"命令，创建"展开"移动按钮，单击"展开"按钮可播放圆柱体侧面展开动画；选中点F和点A，执行"编辑"|"操作类按钮"|"移动"命令，创建"闭合"移动按钮，单击"闭合"按钮可播放圆柱体侧面闭合动画，如图7-79所示。至此，完成圆柱体侧面展开动画的制作。

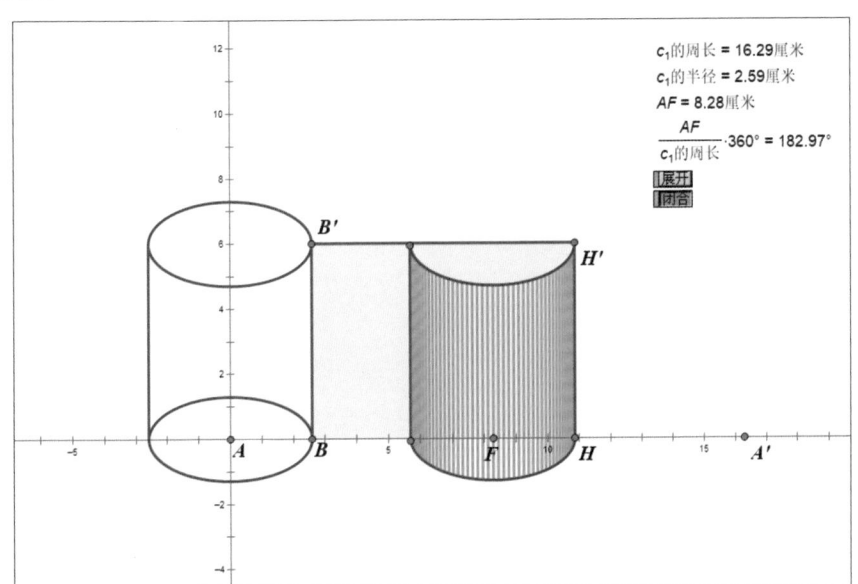

图 7-79

1. Q: 如何绘制空间平面？

　A: 使用自定义工具构造空间坐标系，根据空间坐标系轴上的向量构造线段并进行连接，即可绘制空间平面。

2. Q: 如何构造立方体截面？

　A: 根据立方体任一顶角及与之相接的三条边制作简单的空间坐标系，在坐标系三轴上各选一点，两两连接构造直线及平面，找到直线与立方体对应面的交点，连接交点即可构造立方体截面，拖动轴上的点可更改截面效果。

3. Q: 如何绘制棱柱？

　A: 绘制多边形后将其中一个点向上平移，标记点和平移点的向量，选中多边形的其他边和点，按照标记向量平移后连接对应的点即可。

4. Q: 如何制作圆柱、圆台、圆锥变换动画？

　A: 绘制线段AB作为底面直径，根据所学知识构造圆及椭圆轨迹。选中线段AB，将其平移参数a的距离，在平移线段$A'B'$上任选一点C，构造点C到线段中点D及其所在一侧端点A'的移动动画。选中点C，以线段的垂直平分线为镜面，反射得到点C'，以线段$C'C$为直径构造对应的圆及椭圆轨迹，连接AC、BC'。移动点C可以更改图形为圆柱、圆台或圆锥；更改参数a可以调整图形的高度。

5. Q: 圆柱、圆锥等如何设置内侧椭圆轨迹为虚线？

　A: 将椭圆轨迹分为两部分，分别调整即可。用户可以构造半圆，通过半圆构造半个椭圆轨迹，分别进行设置；也可以通过设置参数方程的范围构造半个椭圆轨迹，再分别进行设置。

几何画板课件制作标准教程（全彩微课版）

第 **8** 章
绘制函数曲线

几何画板在绘制函数曲线上有着独特的优势，它兼具强大的运算功能和图形功能，适用于绘制各种函数曲线，同时几何画板可以显示函数曲线的构造过程、变化效果，更利于学生的学习与理解。

8.1 绘制函数曲线

函数是集合之间的一种对应关系，指一个量随着另一个量的变化而变化，函数曲线可以直观地展示这种关系，通过几何画板强大的运算功能和图形功能，用户可以快速制作各种函数曲线。

■8.1.1 绘制一次函数

一次函数是应用最普遍、最简单的一种函数，它反映了函数的特点、思维方式及研究方法，是学好其他函数的基石。一次函数的解析式为$f(x)=mx+b$，其中m（$m\neq0$）是斜率，不能为0；x为自变量；b为y轴截距，m和b均为常数。

执行"绘图"|"定义坐标系"命令，显示坐标系，执行"绘图"|"隐藏网格"命令，隐藏网格。执行"数据"|"新建参数"命令，打开"新建参数"对话框，新建参数m；使用相同的方法，新建参数b。

执行"数据"|"新建函数"命令，打开"新建函数"对话框，输入一次函数解析式，如图8-1所示，单击"确定"按钮完成新建函数。选中新建的函数，执行"绘图"|"绘制函数"命令，绘制函数曲线，如图8-2所示。用户可以调整参数值，查看m、b取不同值时一次函数曲线的变化情况。

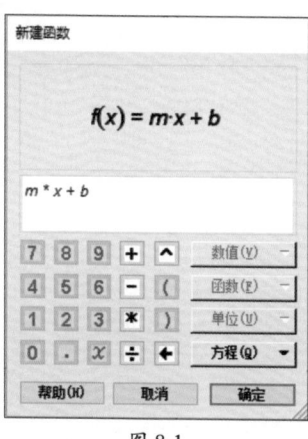

图 8-1

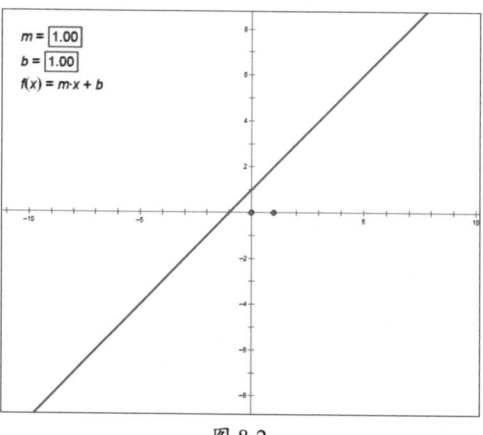

图 8-2

注意事项 一次函数的表达式为$y=kx+b$（$k\neq0$），即y是x的一次函数，其中x是自变量，y是因变量。

■8.1.2 绘制二次函数

二次函数是一种非常常见的函数，其最高次为二次，图像为一条对称轴与y轴平行或重合于y轴的抛物线。二次函数的表达式为$y=ax^2+bx+c$（$a\neq0$，a、b、c为常数）。

执行"绘图"|"定义坐标系"命令，显示坐标系，执行"绘图"|"隐藏网格"

命令，隐藏网格。在x轴上任取三点A、B、C，选中点A、点B、点C和x轴，执行"构造" | "垂线"命令，构造垂线j、k、l。

在垂线j上任取一点D，修改其标签为a，选中点a和点A，执行"构造" | "线段"命令，构造线段aA；在垂线k上任取一点E，修改其标签为b，选中点b和点B，执行"构造" | "线段"命令，构造线段bB；在垂线l上任取一点F，修改其标签为c，选中点c和点C，执行"构造" | "线段"命令，构造线段cC。

选中垂线j、垂线k、垂线l、点A、点B及点C，使用Ctrl+H组合键隐藏。选中点a、点b和点c，执行"度量" | "纵坐标"命令，度量其纵坐标，并修改标签为对应的a、b、c。

执行"数据" | "新建函数"命令，打开"新建函数"对话框，输入表达式，如图8-3所示，单击"确定"按钮完成新建函数。选中新建的函数，执行"绘图" | "绘制函数"命令，绘制函数曲线，如图8-4所示。

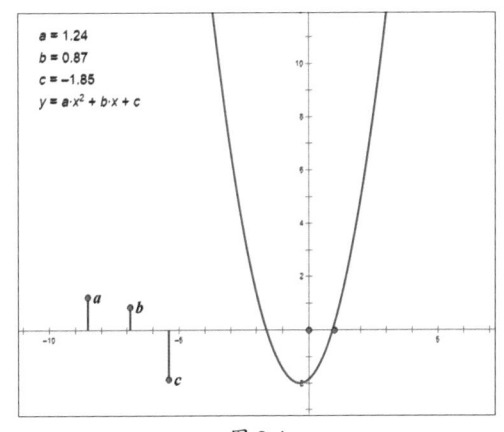

图 8-3　　　　　　　　　　　　　图 8-4

动手练 绘制反比例函数

反比例函数图像中的每条曲线都会无限接近x轴、y轴，但不会与坐标轴相交，其图像是以坐标原点为对称中心的中心对称的两条曲线。下面对该函数曲线的绘制方法进行介绍。

Step 01 执行"绘图" | "定义坐标系"命令，显示坐标系，执行"绘图" | "隐藏网格"命令，隐藏网格。在x轴上任取一点A，选中点A和x轴，执行"构造" | "垂线"命令，构造过点A的x轴的垂线j，如图8-5所示。设置垂线j线型为细虚线。

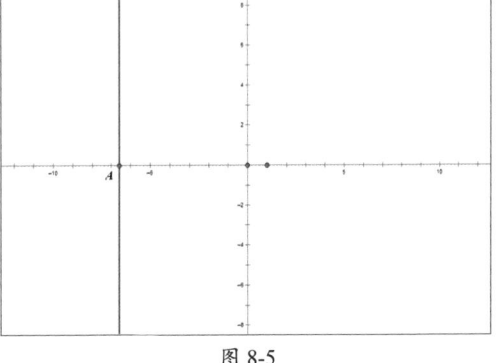

图 8-5

171

Step 02 在垂线 j 上任取一点 B，选中点 B，执行"度量"|"纵坐标"命令，度量其纵坐标，如图8-6所示。

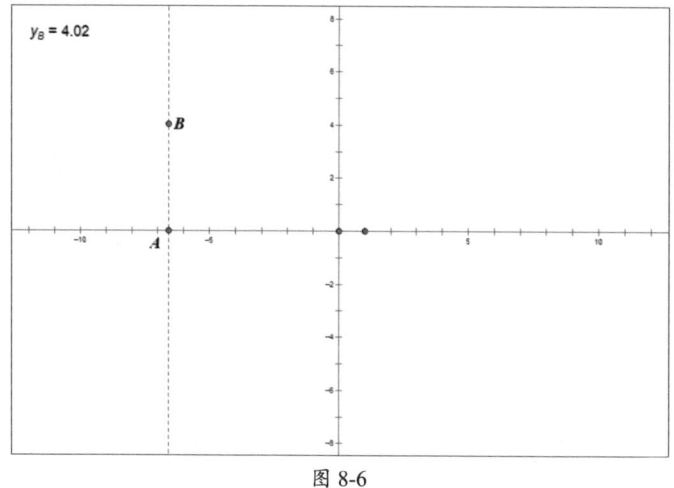

图 8-6

Step 03 修改点 B 的纵坐标标签为 k，执行"数据"|"新建函数"命令，打开"新建函数"对话框，输入反比例函数表达式，如图8-7所示。

注意事项 单击画板中的 k 值，可将其以链接文本的方式插入至文本框。

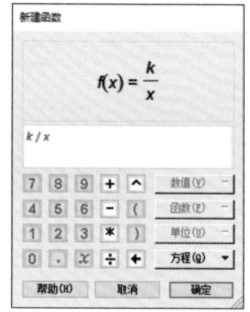

图 8-7

Step 04 单击"确定"按钮，完成新建函数表达式 $f(x)$。选中 $f(x)$，执行"绘图"|"绘制函数"命令，绘制函数曲线，如图8-8所示。

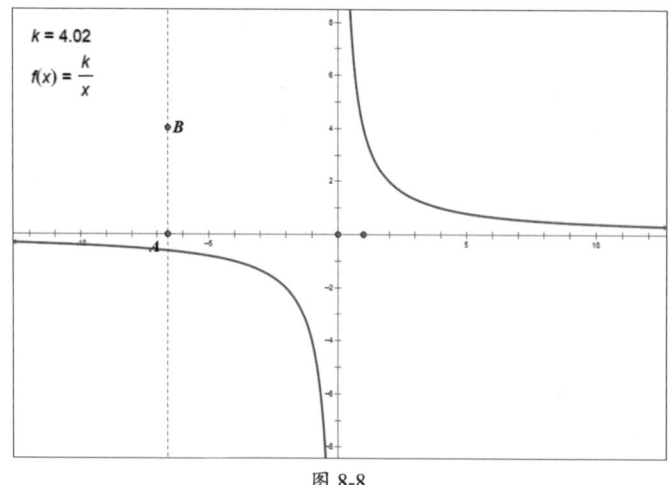

图 8-8

Step 05 拖动点B可更改函数曲线，如图8-9所示。至此，反比例函数图像绘制完成。

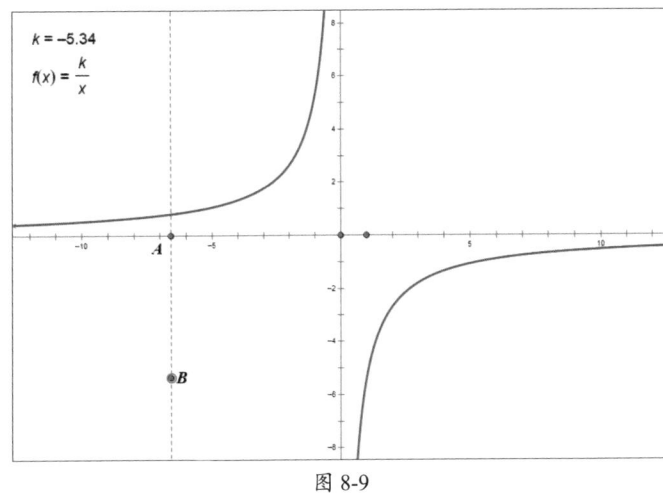

图 8-9

▌8.1.3 绘制三角函数

三角函数是基本初等函数之一，常见的三角函数包括正弦函数、余弦函数和正切函数三种。下面对正弦函数和余弦函数的图像轨迹进行介绍。

1. 正弦函数

在直角坐标系中，给定单位圆，对任意角α，使角α的顶点与原点重合，始边与x轴非负半轴重合，终边与单位圆交于点P（u，v），那么点P的纵坐标v叫作角α的正弦函数，记作$v=\sin\alpha$。

执行"绘图"|"定义坐标系"命令，显示坐标系，执行"绘图"|"隐藏网格"命令，隐藏网格。执行"绘图"|"绘制点"命令，打开"绘制点"对话框，输入（-3,0），完成后单击"绘制"按钮绘制点A，使用相同的方法绘制点B（-2,0）。单击"完成"按钮关闭"绘制点"对话框。

选中点A和点B，执行"构造"|"以圆心和圆周上的点绘圆"命令，绘制单位圆。执行"构造"|"圆上的点"命令，构造点C。选中点A和点C，执行"构造"|"射线"命令，构造射线j；选中点C和x轴，执行"构造"|"垂线"命令，构造垂线k。选中垂线k和x轴，执行"构造"|"交点"命令，构造交点D。选中点C和点D，执行"构造"|"线段"命令，构造线段CD，隐藏垂线k。

选中点A、点B和点C，执行"构造"|"圆上的弧"命令，构造弧$\overset{\frown}{BC}$。选中弧$\overset{\frown}{BC}$，执行"度量"|"弧长"命令，度量长度，执行"变换"|"标记距离"命令标记距离。选中原点，执行"变换"|"平移"命令，打开"平移"对话框，设置固定角度为0°，单击"平移"按钮得到点E'。选中点D和点E'，执行"变换"|"标记向量"命令，标记

173

向量，选中线段CD和点C，执行"变换"|"平移"命令，打开"平移"对话框，保持默认设置，单击"平移"按钮，得到线段$C'E'$和点C'。

选中点C和点C'，执行"构造"|"线段"命令，构造线段CC'，执行"显示"|"线型"|"虚线"命令，将其设置为虚线；执行"显示"|"线型"|"细线"命令，将其设置为细线，如图8-10所示。选中点C，执行"编辑"|"操作类按钮"|"动画"命令，打开"操作类按钮动画点"对话框，在"标签"选项卡中设置标签为"正弦"，完成后单击"确定"按钮。选中点C'，执行"显示"|"追踪点"命令，追踪点C'。

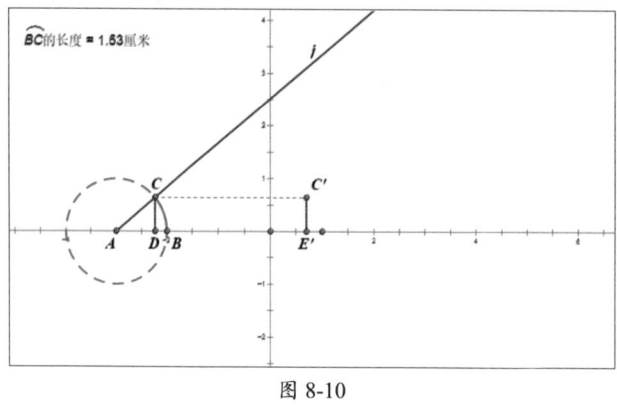

图 8-10

单击"正弦"动画按钮，点C将在圆上运动，点C'将随之运动演示正弦曲线，如图8-11所示。

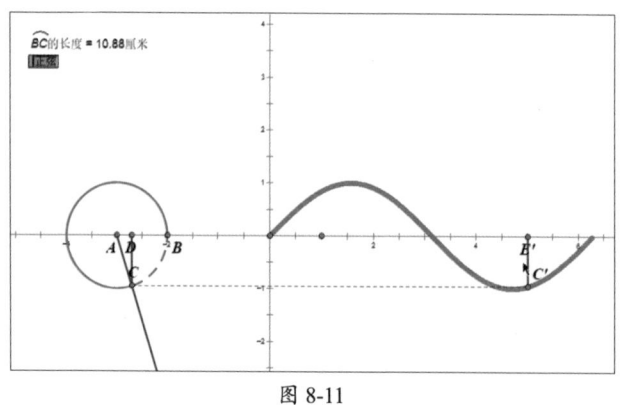

图 8-11

2. 余弦函数

在$Rt\triangle ABC$中，锐角$\angle A$的邻边比斜边叫作$\angle A$的余弦，记作$\cos A$，其表达式为$f(x)=\cos x\ (x\in\mathbf{R})$。

执行"绘图"|"定义坐标系"命令，显示坐标系，执行"绘图"|"隐藏网格"命令，隐藏网格。执行"绘图"|"绘制点"命令，打开"绘制点"对话框，输入（−3,0），完成后单击"绘制"按钮绘制点A，使用相同的方法绘制点B（−2,0），单击"完成"按钮。选中点A和x轴，执行"构造"|"垂线"命令，构造垂线j。

选中点A和点B，执行"构造"|"以圆心和圆周上的点绘圆"命令，绘制单位圆。选中垂线j和单位圆，执行"构造"|"交点"命令，得到点C和点D。执行"构造"|"圆上的点"命令，构造点E。

选中点A和点E，执行"构造"|"射线"命令，构造射线k；选中点E和y轴，执行"构造"|"垂线"命令，构造垂线l。选中垂线j和垂线l，执行"构造"|"交点"命令，构造交点F。选中点A和点F，执行"构造"|"线段"命令，构造线段AF，如图8-12所示。选中垂线j和垂线l，执行"显示"|"线型"|"细线"命令，调整其显示。

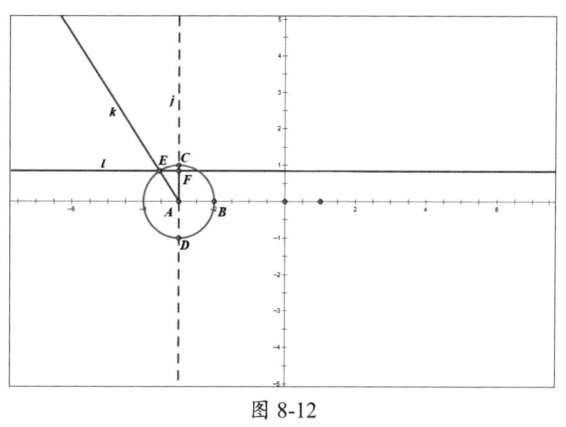

图 8-12

选中点A、点C和点E，执行"构造"|"圆上的弧"命令，构造弧$\overset{\frown}{CE}$。选中弧$\overset{\frown}{CE}$，执行"度量"|"弧长"命令，度量长度，执行"变换"|"标记距离"命令，标记距离。选中原点，执行"变换"|"平移"命令，打开"平移"对话框，设置固定角度为0°，单击"平移"按钮，得到点G'。选中点G'和x轴，执行"构造"|"垂线"命令，构造垂线m，执行"显示"|"线型"|"细线"命令调整其显示。选中垂线l和垂线m，执行"构造"|"交点"命令，构造交点H。

选中点G'和点H，执行"构造"|"线段"命令，构造线段$G'H$。选中点E和点H，执行"构造"|"线段"命令，构造线段EH。隐藏垂线l，选中线段EH，执行"显示"|"线型"|"虚线"命令，将其设置为虚线；执行"显示"|"线型"|"细线"命令，将其设置为细线。

选中点E，执行"编辑"|"操作类按钮"|"动画"命令，打开"操作类按钮 动画点"对话框，在"标签"选项卡中设置标签为"余弦"，单击"确定"按钮。选中点H，执行"显示"|"追踪交点"命令，追踪点H。

单击"余弦"动画按钮，点E将在圆上运动，点H将随之运动演示余弦曲线，如图8-13所示。

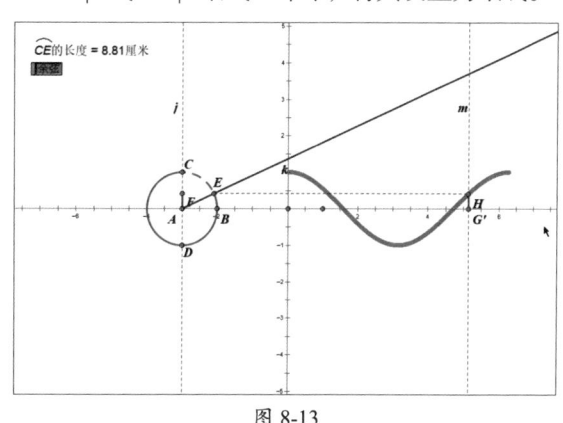

图 8-13

知识点拨

正切函数的图像制作与正弦函数和余弦函数类似，都是通过单位圆进行操作。用户也可以直接新建函数，执行"绘图"|"绘制函数"命令，绘制函数图像。

8.1.4　绘制对数函数

对数函数是以幂为自变量、指数为因变量、底数为常数的函数，其表达式为$y=\log_a x$（$a>0 \& a\neq 1$）。

执行"绘图"|"定义坐标系"命令显示坐标系，执行"绘图"|"隐藏网格"命令，隐藏网格。在x轴上任取一点A，选中点A，执行"变换"|"平移"命令，打开"平移"对话框，保持默认设置，单击"平移"按钮，得到点A'。

选中点A和点A'，执行"构造"|"射线"命令，构造射线j。在射线上任选一点B。选中点A和点B，执行"度量"|"距离"命令，度量点A至点B的距离。修改度量得出的距离标签为a。

执行"数据"|"新建函数"命令，打开"新建函数"对话框，输入如图8-14所示函数，单击"确定"按钮后新建对数函数。选中函数表达式，执行"绘图"|"绘制函数"命令，绘制对数函数曲线，如图8-15所示。用户可以通过调整点B的位置控制函数曲线。

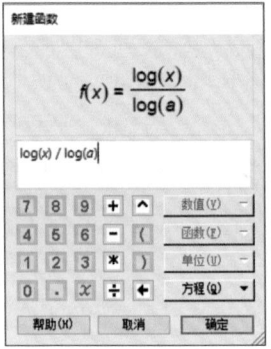

图 8-14

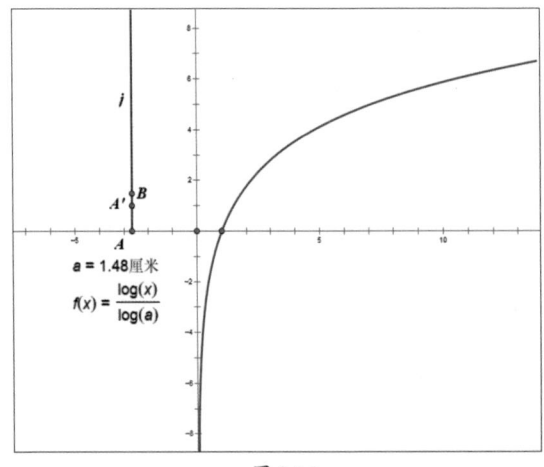

图 8-15

根据对数函数换底公式，$\log_a x=\log_b x/\log_b a$。

几何画板课件制作标准教程（全彩微课版）

8.2 方程求解

数学中的方程求解是指找出方程中所有未知数的值的过程。在几何画板中，可以通过作图生动形象地展示方程求解。

8.2.1 一元二次方程组求解

方程组中多个方程绘制的图像的交点即为方程组的解。

执行"绘图"|"定义坐标系"命令，显示坐标系，执行"绘图"|"隐藏网格"命令，隐藏网格。执行"数据"|"新建参数"命令，打开"新建参数"对话框新建参数a。使用相同的方法新建参数b、c、d和e。

执行"数据"|"新建函数"命令，打开"新建函数"对话框，输入函数表达式，如图8-16所示，单击"确定"按钮后新建函数。使用相同的方法再次新建函数表达式，如图8-17所示。

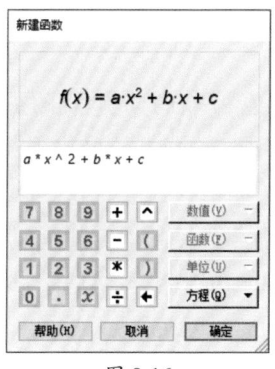 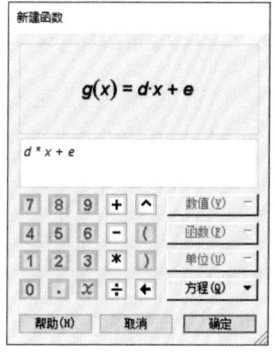

图 8-16　　　　　　　　　　图 8-17

选中两个函数表达式，执行"绘图"|"绘制函数"命令，绘制函数曲线。选中绘制的函数曲线，执行"构造"|"交点"命令，得到交点A和交点B，如图8-18所示。

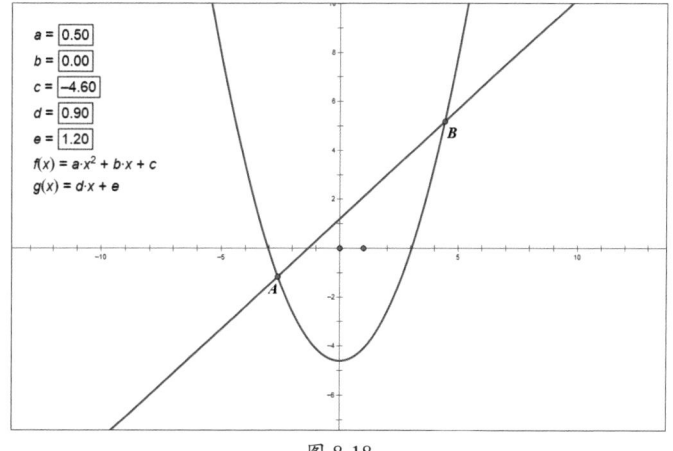

图 8-18

选中点*A*和点*B*，执行"度量"|"坐标"命令，度量其坐标，该坐标即为方程组的解，如图8-19所示。更改参数*a*、*b*、*c*、*d*或*e*的值，方程组的解也会随之变化。

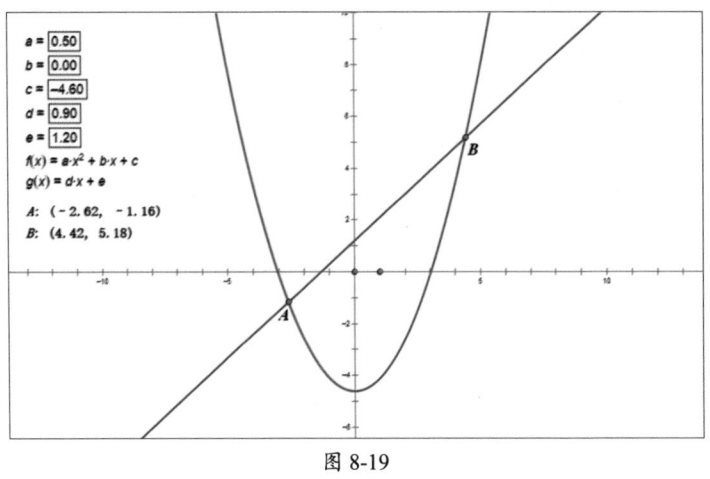

图 8-19

动手练 求一元二次方程的根

方程的根是使方程左右两边相等的未知数的取值，对二次函数 $y=ax^2+bx+c$ 来说，当 $y=0$ 时，函数图像与 x 轴交点的横坐标即为方程的根，下面对求根步骤进行介绍。

Step 01 执行"绘图"|"定义坐标系"命令，显示坐标系，执行"绘图"|"隐藏网格"命令，隐藏网格。执行"数据"|"新建参数"命令，打开"新建参数"对话框，新建参数*a*。使用相同的方法新建参数*b*和*c*，如图8-20所示。

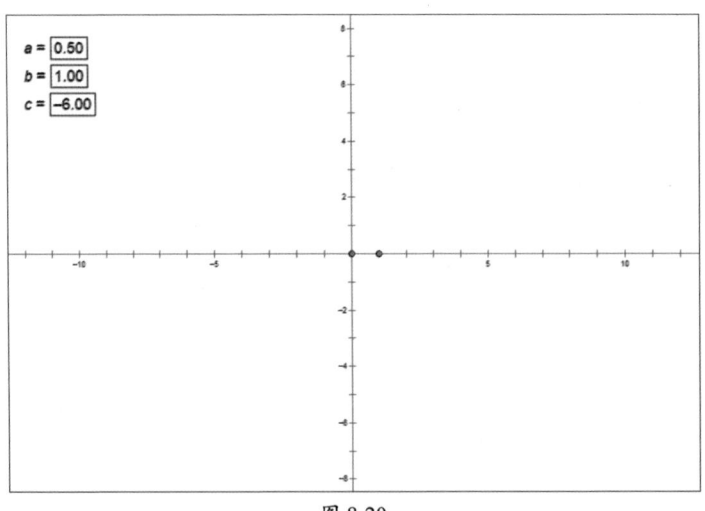

图 8-20

Step 02 执行"数据"|"新建函数"命令，打开"新建函数"对话框，输入函数表达式 $y=ax^2+bx+c$，单击"确定"按钮后新建函数，如图8-21所示。

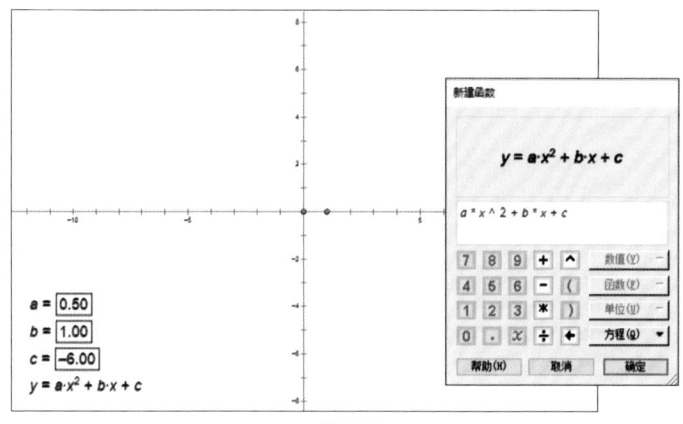

图 8-21

Step 03 选中函数表达式，执行"绘图"|"绘制函数"命令，绘制如图8-22所示的函数曲线。

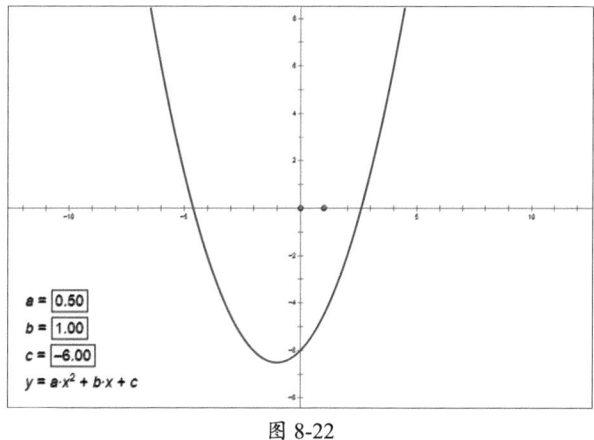

图 8-22

Step 04 选中函数曲线和x轴，执行"构造"|"交点"命令，构造交点A、B，如图8-23所示。

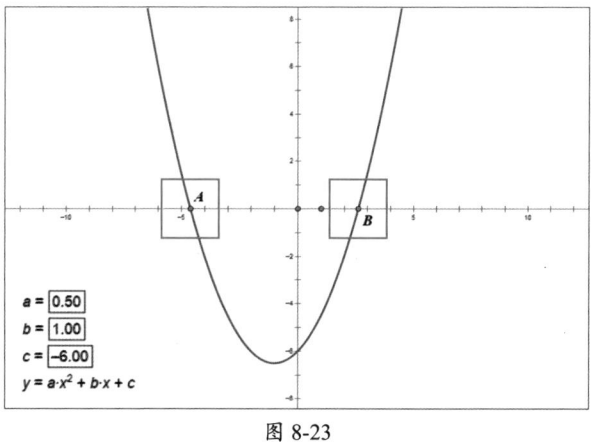

图 8-23

Step 05 选中点*A*和点*B*，执行"度量"|"横坐标"命令，度量其横坐标，度量值即为方程$ax^2+bx+c=0$的根，如图8-24所示。

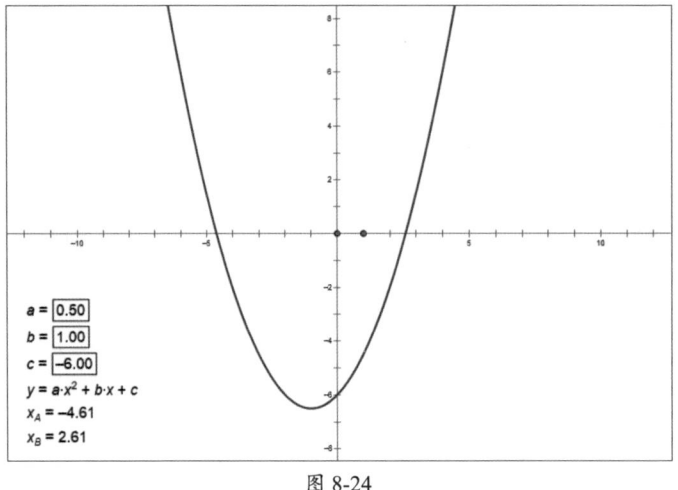

图 8-24

Step 06 更改参数时，函数曲线发生变化，方程根也会随之变化，如图8-25所示。至此，完成一元二次方程$ax^2+bx+c=0$的求根操作。

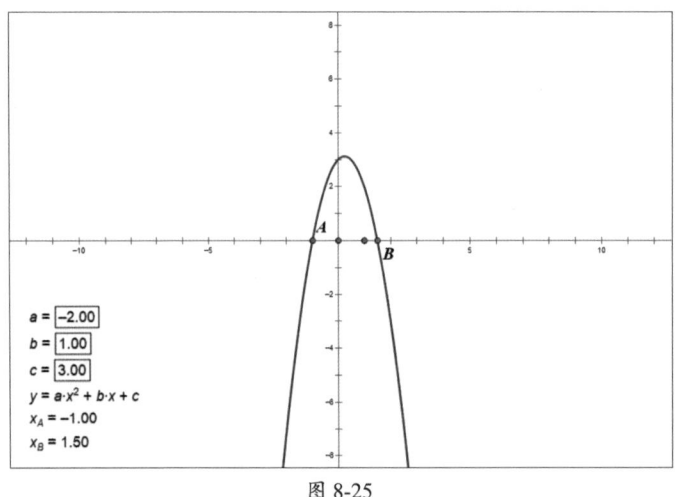

图 8-25

注意事项 用户可以设置度量值的精确度以得到更加精准的结果。

▌8.2.2 三次函数极值

三次函数极值点公式为$f'(x)=0$，用户可以通过求导函数的根探索三次函数的极值。

执行"绘图"|"定义坐标系"命令，显示坐标系，执行"绘图"|"隐藏网格"命令，隐藏网格。在*x*轴上任取四点*A*、*B*、*C*、*D*，选中点*A*、点*B*、点*C*、点*D*和*x*轴，执行"构造"|"垂线"命令，构造垂线*j*、*k*、*l*、*m*。

在垂线 j 上任取一点 E，选中点 A 和点 E，执行"构造"｜"线段"命令，构造线段 AE；在垂线 k 上任取一点 F，连接点 B 和点 F 构造线段 BF；在垂线 l 上任取一点 G，连接点 C 和点 G 构造线段 CG；在垂线 m 上任取一点 H，连接点 D 和点 H 构造线段 DH。隐藏垂线 j、k、l 和 m。

　　选中点 E、F、G 和 H，执行"度量"｜"纵坐标"命令，度量其纵坐标。执行"数据"｜"新建函数"命令，打开"新建函数"对话框，输入" $y_E*x\^3+y_F*x\^2+y_G*x+y_H$ "，单击"确定"按钮新建函数。

　　选中函数，执行"绘图"｜"绘制函数"命令，绘制函数曲线，如图8-26所示。

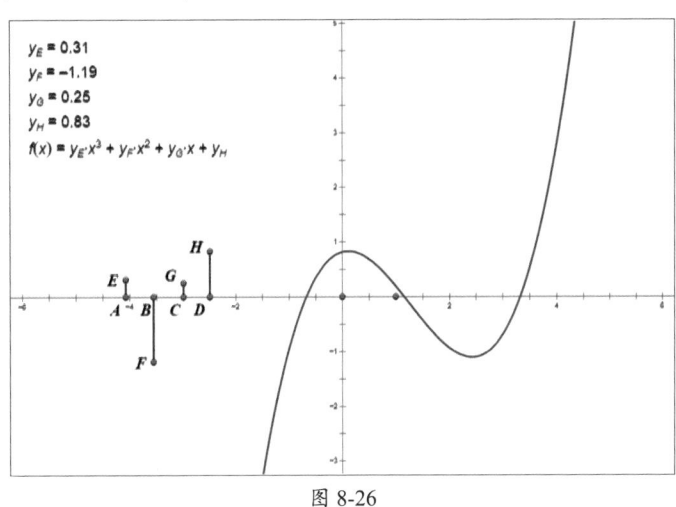

$y_E = 0.31$
$y_F = -1.19$
$y_G = 0.25$
$y_H = 0.83$
$f(x) = y_E·x^3 + y_F·x^2 + y_G·x + y_H$

图 8-26

　　选中函数，执行"数据"｜"定义导函数"命令，定义其导函数 $f'(x)$。选中导函数 $f'(x)$，执行"绘图"｜"绘制函数"命令，绘制函数曲线。执行"数据"｜"计算"命令，打开"新建计算"对话框，输入"（ $2*y_F$ ）$\^2-4*3*y_E*y_G$ "，计算导函数判别式的值。

　　选中导函数 $f'(x)$ 的函数曲线和 x 轴，执行"构造"｜"交点"命令，构造交点 I 和交点 J。选中交点 I、交点 J 和 x 轴，执行"构造"｜"垂线"命令，构造垂线 n 和垂线 o。

　　选中垂线 n、垂线 o 和函数 $f(x)$ 的曲线，执行"构造"｜"交点"命令，构造交点 K 和交点 L，交点 K 和交点 L 的纵坐标即为三次函数的极值。使用线段直尺工具 ▱ 连接交点 I 和交点 K，得到线段 IK，连接交点 J 和交点 L，得到线段 JL。隐藏垂线 n 和垂线 o，选中线段 IK 和 JL，执行"显示"｜"线型"｜"虚线"命令，将其设置为虚线。

　　选中交点 K 和交点 L，执行"度量"｜"纵坐标"命令，度量其纵坐标，如图8-27所示。更改点 E、点 F、点 G 或点 H 的位置，极值点也会随之变化。

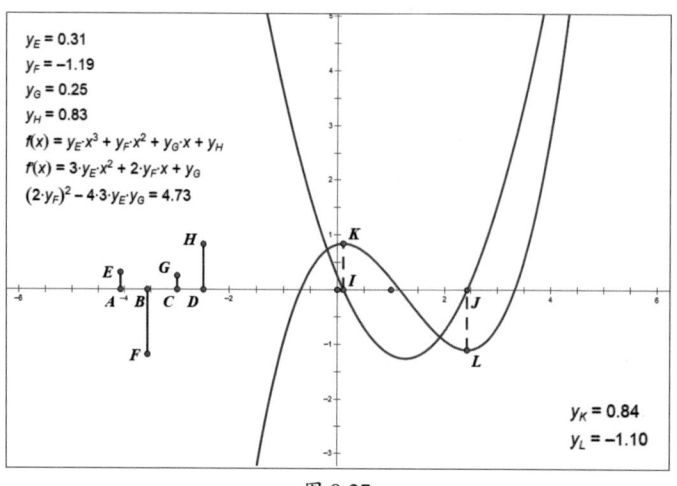

图 8-27

8.3 定义坐标系

坐标系是用于说明质点的位置、运动的快慢、方向的参照系，几何画板中可选择极坐标网格、方形网格、矩形网格或三角坐标轴进行绘图。

8.3.1 建立坐标轴

坐标轴是用于定义一个坐标系的一组直线或一组线，位于坐标轴上的点由一个坐标值唯一确定。

1. 建立 / 隐藏坐标系

执行"绘图"|"定义坐标系"命令，即可在画板中建立或定义一个包括坐标原点、单位长度、坐标轴等内容的坐标系，如图8-28所示。

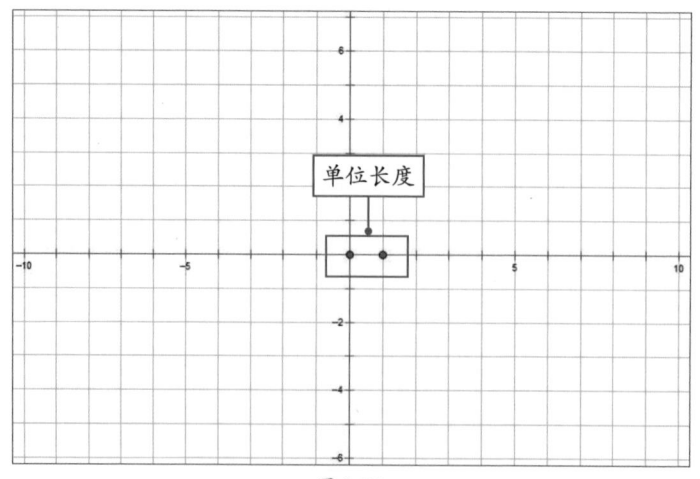

图 8-28

拖动坐标原点可更改坐标系位置，拖动单位长度端点可更改坐标系中的单位长度，如图8-29所示。

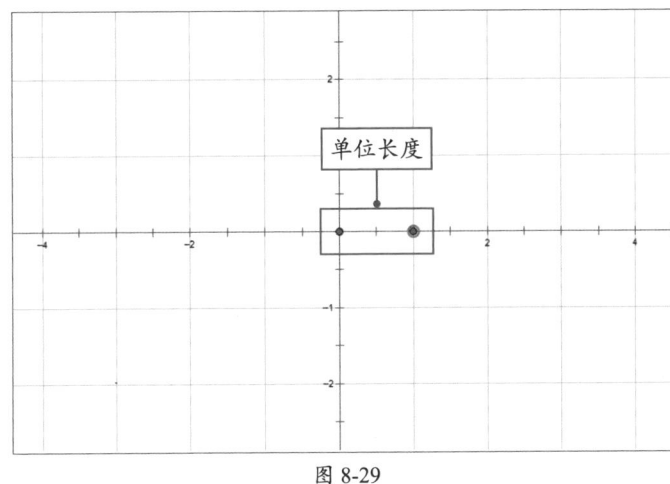

图 8-29

若想隐藏坐标系，按住Shift键的同时执行"绘图"|"隐藏坐标系"命令，可进行隐藏。

注意事项 选择不同对象时，"绘图"菜单中的第一条命令也会有所不同。一旦建立或定义一个坐标系，"绘图"菜单中的"定义坐标系"命令就变为灰色不可用状态。

2. 定义单位圆

在建立坐标系前若只选了一个圆，则"绘图"菜单中的第一个命令将显示为"定义单位圆"，执行该命令，将以圆心为坐标原点、以圆半径为单位长度建立坐标系，如图8-30所示。更改圆的半径可改变坐标系的单位长度。

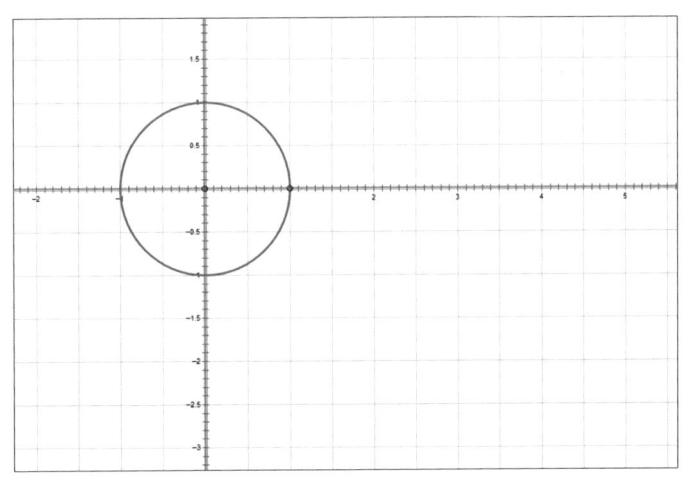

图 8-30

注意事项 当已有坐标系时，选中圆，执行"绘图"|"定义单位圆"命令，将在已有坐标系的基础上构建一个新的坐标系。

3. 定义坐标原点

在建立坐标系前若只选了一个点，则"绘图"菜单中的第一个命令将显示为"定义原点"，执行该命令，将以该点为坐标原点，并应用默认的单位长度建立坐标系。

4. 定义单位长度

在建立坐标系前若只选了一条线段或一个度量距离值，则"绘图"菜单中的第一个命令将显示为"定义单位长度"，执行该命令，将以选择线段的长度或度量距离值为单位长度、以画板窗口中心为原点建立坐标系。

5. 定义坐标轴

在建立坐标系前若只选了一个点和一条线段或一个度量距离值，则"绘图"菜单中的第一个命令将显示为"定义单位长度"，执行该命令，将以选择的点为坐标原点、以选择的线段的长度或度量距离值为单位长度建立坐标系。

动手练 在不同的坐标系中绘制函数曲线

几何画板中可以同时建立多个坐标系，用户可以使用"标记坐标系"命令确定当前使用的坐标系。下面对此进行介绍。

Step 01 执行"绘图"|"定义坐标系"命令，显示坐标系，执行"绘图"|"隐藏网格"命令，隐藏网格。移动坐标原点 O 的位置，在画板中任取一点 A，如图8-31所示。

注意事项 该处坐标原点标签经过修改。

图 8-31

Step 02 选中点 A，执行"绘图"|"定义原点"命令，在打开的"新建坐标系"对话框中单击"是"按钮，新建坐标系，执行"绘图"|"隐藏网格"命令，隐藏网格，如图8-32所示。

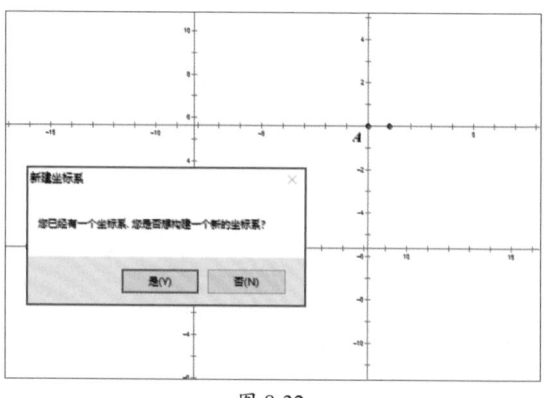

图 8-32

几何画板课件制作标准教程（全彩微课版）

Step 03 执行"数据"|"新建参数"命令,新建参数a、b、c,并执行"新建函数"命令,新建函数表达式$f(x)=ax^2$和$g(x)=bx+c$,如图8-33和图8-34所示。

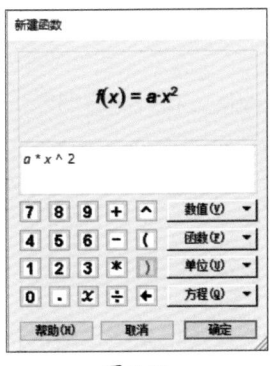

图 8-33   图 8-34

Step 04 选中坐标原点O,执行"绘图"|"标记坐标系"命令,对其进行标记,选择函数表达式$f(x)=ax^2$,执行"绘图"|"绘制函数"命令,绘制函数曲线,如图8-35所示。

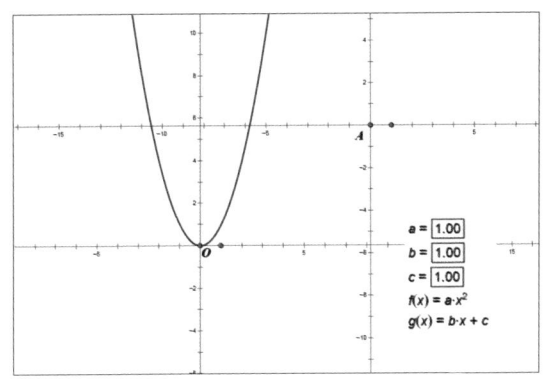

图 8-35

Step 05 选中坐标原点A,执行"绘图"|"标记坐标系"命令,对其进行标记,选择函数表达式$g(x)=bx+c$,执行"绘图"|"绘制函数"命令,绘制函数曲线,如图8-36所示。至此,完成在不同的坐标系中绘制函数曲线的操作。

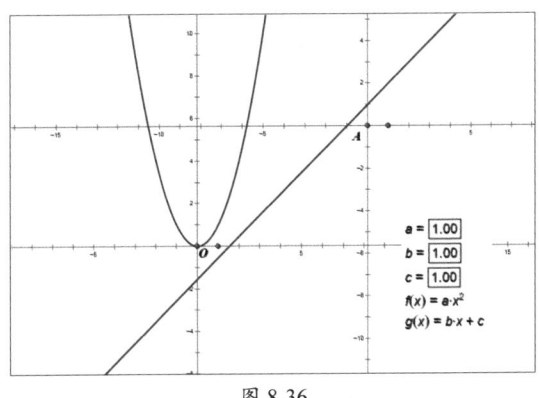

图 8-36

8.3.2 坐标网格

坐标网格可辅助定位和对齐对象，在几何画板中用户可以根据需要对网格进行设置。

1. 隐藏 / 显示网格

定义坐标系后画板中将自动出现坐标轴及网格，执行"绘图"|"隐藏网格"命令，可隐藏网格；执行"绘图"|"显示网格"命令，可再次显示网格。

注意事项 在画板中未有坐标系的情况下，执行"绘图"|"显示网格"命令，将新建坐标系。

2. 网格样式

几何画板包括四种网格样式：极坐标网格、方形网格、矩形网格及三角坐标轴。其中极坐标网格、方形网格和矩形网格仅是网格样式不同，极坐标网格由极点、极轴和极径组成；方形网格的网格为正方形；矩形网格的网格为矩形，用户可以分别调整x轴方向和y轴方向的单位长度来调整网格样式；三角坐标轴可将坐标系转为弧度制。

注意事项 在画板中未有坐标系的情况下，执行"绘图"|"网格样式"命令，在其子菜单中选择网格样式可新建坐标系。

3. 格点

数学上格点是坐标系中横纵坐标均为整数的点；在几何画板中格点为网格线交点。执行"绘图"|"格点"命令，可仅显示格点，再次执行该命令，将显示网格。

4. 自动吸附网格

"自动吸附网格"是指在移动或绘图过程中，使对象上的点自动被离它最近的网格点吸附。执行"绘图"|"自动吸附网格"命令，该命令前将显示一个对号，表示"自动吸附网格"功能开启，此时移动或绘图，对象上的点将自动被离它最近的网格点吸附；再次执行该命令，可关闭"自动吸附网格"功能。

案例实战：绘制三次函数的切线

通过函数及其导函数即可构造三次函数的切线，下面对此进行介绍。

Step 01 执行 "绘图" |
"定义坐标系" 命令，显示坐
标系，执行 "绘图" |"隐藏网
格" 命令，可隐藏网格。新建
参数a、b、c、d，并新建三次
函数表达式及图像，如图8-37
所示。

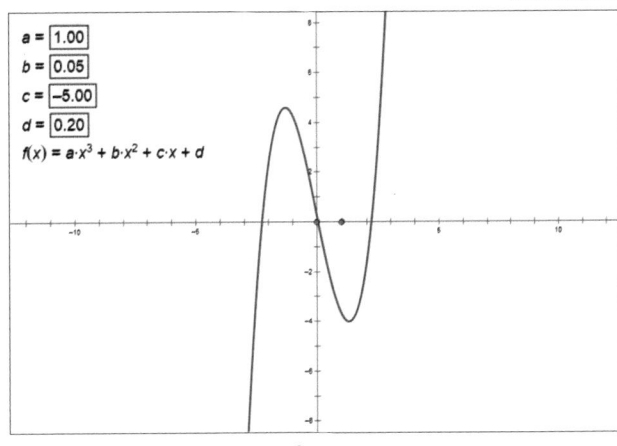

图 8-37

Step 02 选中函数表达式
$f(x)$，右击，在弹出的快捷菜
单中执行 "定义导函数" 命
令，定义导函数$f'(x)$，如图8-38
所示。

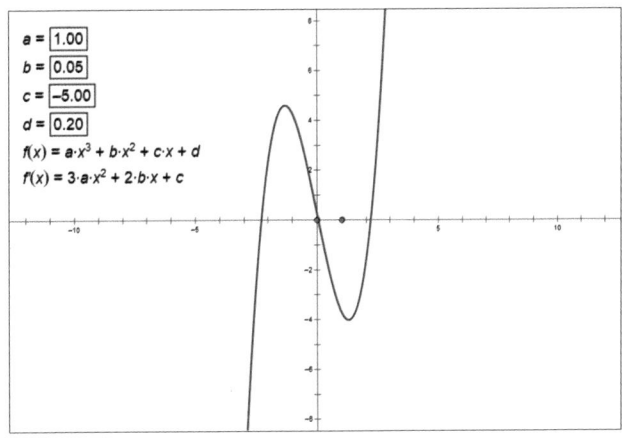

图 8-38

Step 03 在$f(x)$图像上构
造任意一点A，执行 "度
量" |"横坐标" 命令，度量其
横坐标，如图8-39所示。

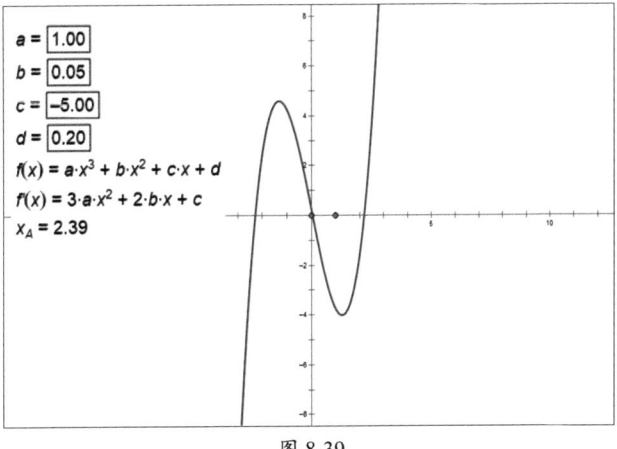

图 8-39

Step 04 执行 "数据" | "新建函数" 命令，新建函数 $g(x)=f(x_A)+f'(x_A)*(x-x_A)$，单击 "确定" 按钮完成新建函数表达式，如图8-40所示。

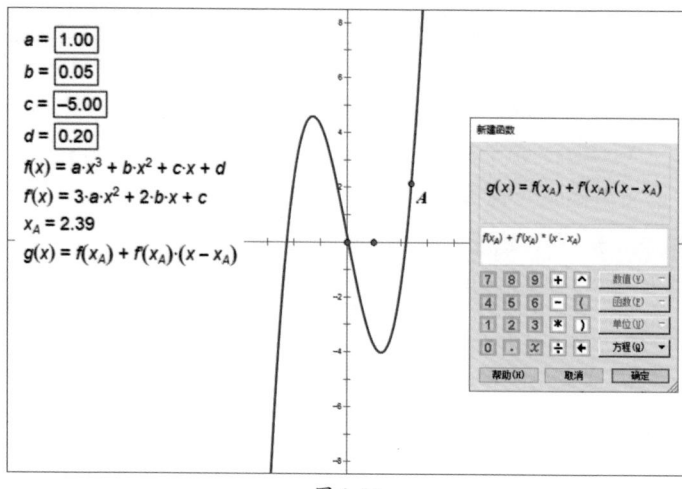

图 8-40

Step 05 选中 $g(x)$，执行 "绘图" | "绘制函数" 命令，绘制函数曲线，如图8-41所示。

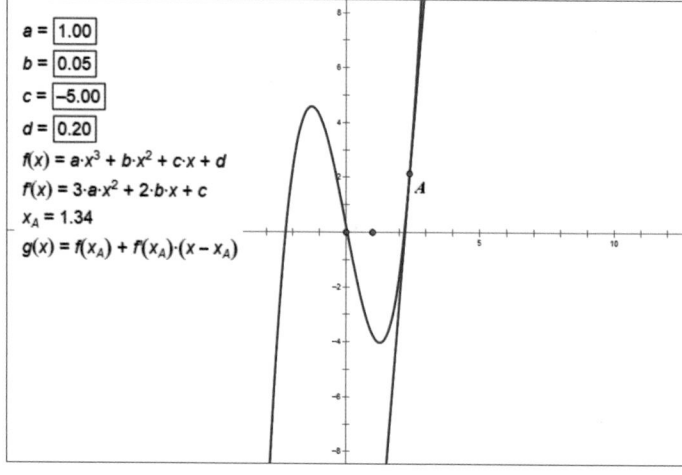

图 8-41

Step 06 任意移动点 A，$g(x)$ 函数曲线始终与 $f(x)$ 函数曲线相切，如图8-42所示。至此，三次函数切线绘制完成。

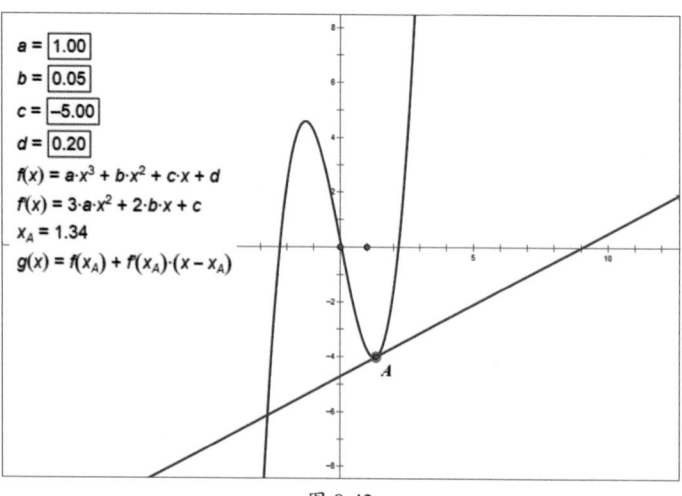

图 8-42

几何画板课件制作标准教程（全彩微课版）

 **新手答疑**

1. Q: 几何画板中如何求圆的方程？

A: 选中要求方程的圆，执行"度量"|"方程"命令，即可自动建立坐标系并得出圆的方程。该方法还适用于求直线的方程。

2. Q: 如何绘制分段函数的函数曲线？

A: 分段函数是对于自变量x的不同取值范围有不同解析式的函数。用户可以通过射线和线段将x轴分为不同的范围，再对不同的点根据解析式计算数值，得到解析式上的点，通过构造轨迹构造分段函数的函数曲线。

3. Q: 如何翻折函数曲线？

A: 标记镜面后，取函数曲线上任意一点A，反射得到点A'，构造线段AA'，在线段AA'上任取一点B，选中点B和点A，执行"构造"|"轨迹"命令，构造轨迹，移动点B即可翻折函数曲线。

4. Q: 如何制作函数曲线慢慢绘制的效果？

A: 构造函数曲线后在曲线上任取一点A，隐藏函数曲线。选中点A创建动画按钮，追踪点A的轨迹即可。

5. Q: 一定要选中表达式再绘图吗？

A: 用户可以执行"绘图"|"绘制新函数"命令，打开"新建函数"对话框，在该对话框中输入表达式，单击"确定"按钮将直接绘图。

6. Q: 如何将坐标系转换为弧度制？

A: 执行"绘图"|"网格样式"|"三角坐标轴"命令，即可将坐标系转换为弧度制。

第 9 章

综合实战案例

几何画板在教学中具有非常实用的价值，它可以辅助教师对几何知识、函数知识等实际题型进行讲解，帮助学生更好地理解知识点。本章将结合教学实际，对教学中难以理解的一些题目进行讲解。

9.1 特殊平行四边形的转换

根据不同几何图形的性质，使其在一定条件下进行转换，可以帮助学生理解不同的几何图形。下面以特殊平行四边形的转换为例进行介绍，该案例可以帮助学生正确区分特殊平行四边形，对其性质有更深刻的理解。

▌9.1.1 案例展示

单击"正方形"按钮，图形将转换为正方形；单击"矩形"按钮，图形将转换为矩形；单击"平行四边形"按钮，图形将转换为平行四边形；单击"菱形"按钮，图形将转换为菱形，如图9-1所示。

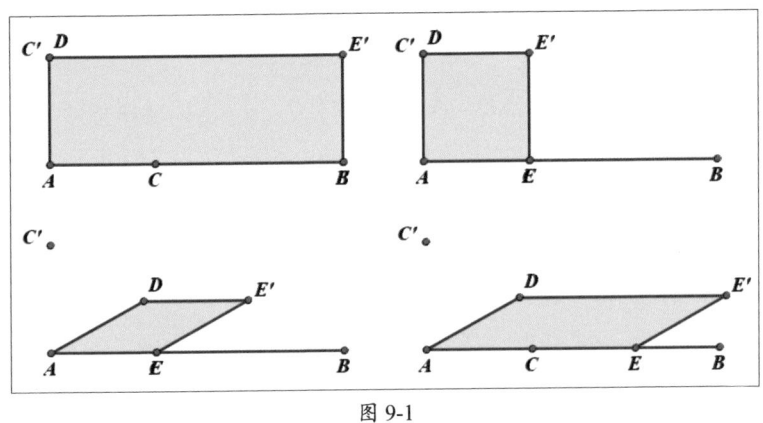

图 9-1

▌9.1.2 原理分析

正方形是有一个角是直角且有一组邻边相等的平行四边形；矩形是有一个角是直角的平行四边形；菱形是有一组邻边相等的平行四边形，通过其定义可知，正方形、矩形及菱形都是特殊的平行四边形。在制作课件时，可以以平行四边形为基础图形，对特殊平行四边形进行介绍。

▌9.1.3 制作步骤

Step 01 绘制任意一条直线j，在直线l上任取两点A、B。选中点A和点B，使用Ctrl+L组合键，构造线段AB。在线段AB上任取一点C，如图9-2所示。

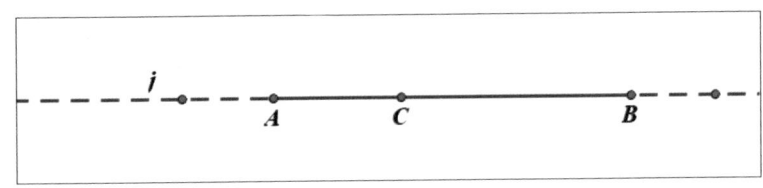

图 9-2

Step 02 双击点A将其标记为中心，选中点C，执行"变换"|"旋转"命令，打开
"旋转"对话框，将点C旋转90°，得到点C'，依次选中点A、点C和点C'，执行"构
造"|"圆上的弧"命令，构造弧$\overset{\frown}{CC'}$，如图9-3所示。

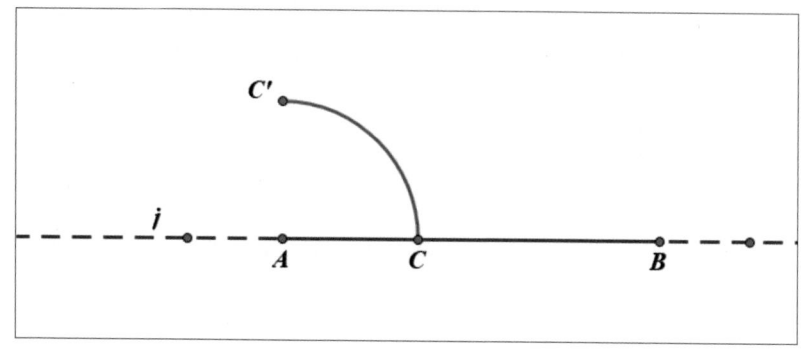

图 9-3

Step 03 在弧$\overset{\frown}{CC'}$上任取一点D，选中点A和点D，使用Ctrl+L组合键，构造线段AD，
如图9-4所示。

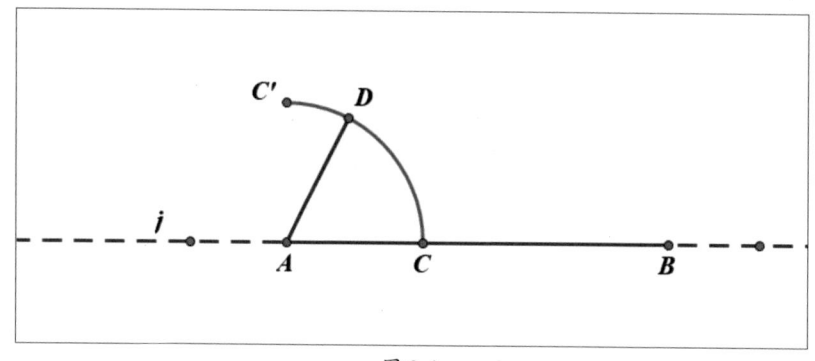

图 9-4

Step 04 选择点B和点C，使用Ctrl+L组合键，构造线段BC，在线段BC上任选一点
E，如图9-5所示。

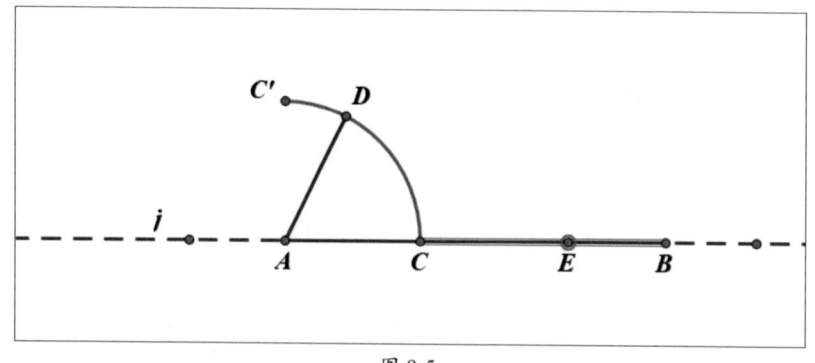

图 9-5

Step 05 选中点A和点D，执行"变换"|"标记向量"命令，标记向量。选中点E，

执行"变换"|"平移"命令，按住标记的向量平移，得到点E'，连接点E和点E'来构造线段EE'，连接点D和点E'来构造线段DE'，如图9-6所示。

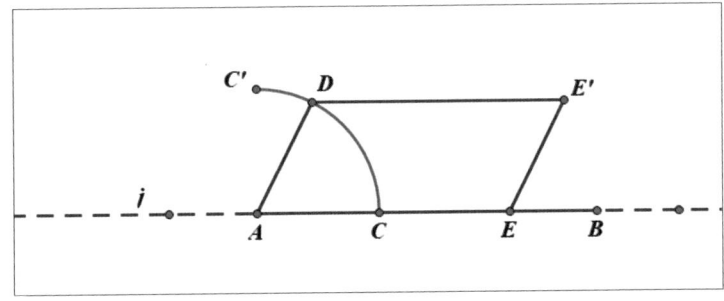

图 9-6

Step 06 选中点A、点E、点E'和点D，按Ctrl+P组合键，构造四边形内部。在弧$\overset{\frown}{CC'}$上任取一点F，选中点D和点F，执行"编辑"|"操作类按钮"|"移动"命令，构造"移动$D\to F$"按钮，如图9-7所示。

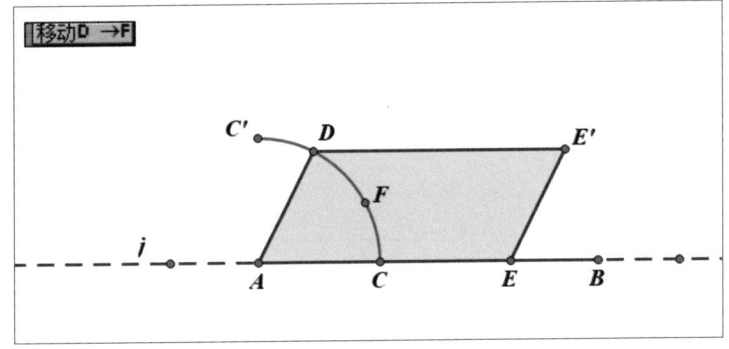

图 9-7

Step 07 使用相同的方法，构造"移动$D\to C'$"按钮、"移动$E\to B$"按钮和"移动$E\to C$"按钮，如图9-8所示。

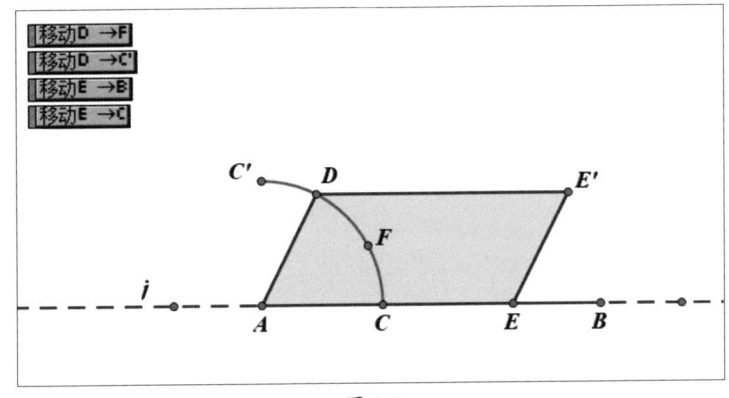

图 9-8

Step 08 选中"移动$D\to C'$"按钮和"移动$E\to C$"按钮，执行"编辑"|"操作类

按钮"|"系列"命令，新建系列按钮，并修改其标签为"正方形"，如图9-9所示。

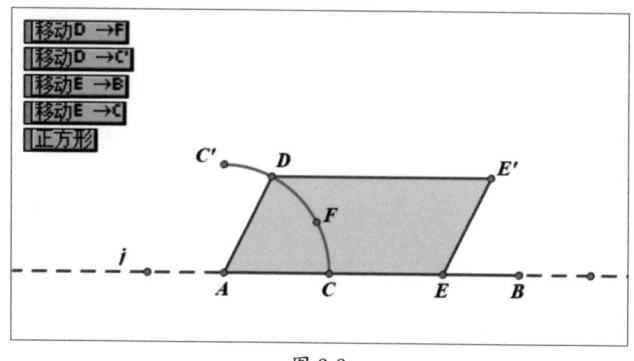

图 9-9

Step 09 使用相同的方法，选中"移动$D\rightarrow C'$"按钮和"移动$E\rightarrow B$"按钮构造"矩形"系列按钮；选中"移动$D\rightarrow F$"按钮和"移动$E\rightarrow C$"按钮构造"菱形"系列按钮；选中"移动$D\rightarrow F$"按钮和"移动$E\rightarrow B$"按钮构造"平行四边形"系列按钮，如图9-10所示。

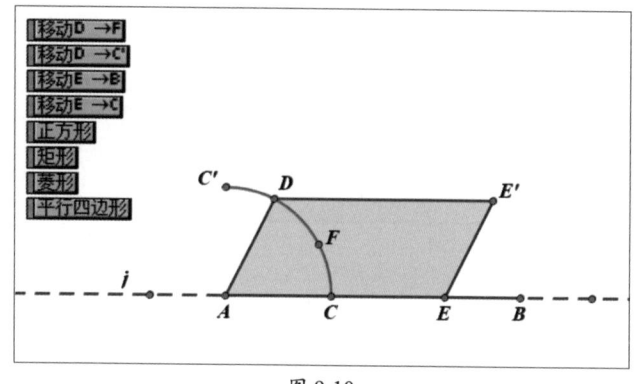

图 9-10

Step 10 隐藏画板中的多余对象，单击相应的系列按钮即可转换特殊平行四边形，如图9-11所示。至此，完成特殊平行四边形的转换动画。

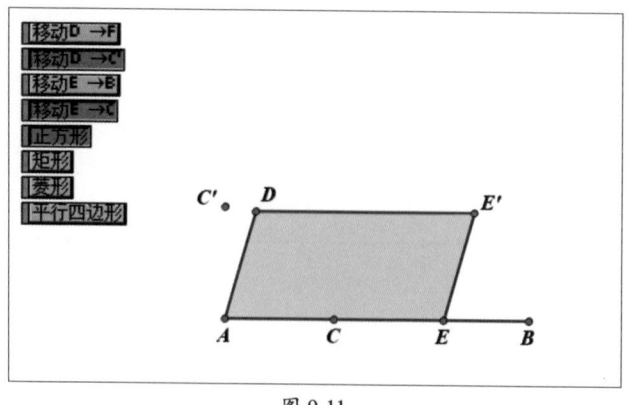

图 9-11

9.2　探究二次函数在闭区间上的值域

值域是指函数在某定义域上的取值范围，二次函数的最值一般出现在顶点或闭区间端点处。下面结合几何画板对二次函数在闭区间上的值域进行探究。

▌9.2.1　案例展示

在该课件中，更改参数a、b、c的值可改变函数曲线；更改闭区间的两个端点可改变二次函数的值域，如图9-12所示。

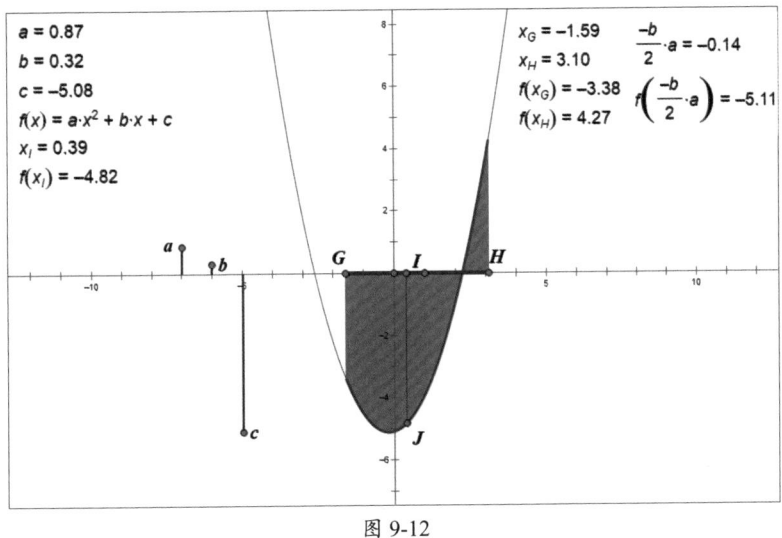

图 9-12

9.2.2　原理分析

对于二次函数$y=ax^2+bx+c$（$a\neq0$，a、b、c为常数），其顶点坐标为$\left(-\dfrac{b}{2a}, \dfrac{4ac-b^2}{4a}\right)$，其最值一般出现在顶点处或闭区间两端，用户可以结合函数曲线，对其在闭区间的最值和值域进行研究。

9.2.3　制作步骤

Step 01 执行"绘图"|"定义坐标系"命令，显示坐标系，执行"绘图"|"隐藏网格"命令，隐藏网格。在x轴上任取三点A、B、C，并过该三点做x轴的垂线j、k、l，如图9-13所示。

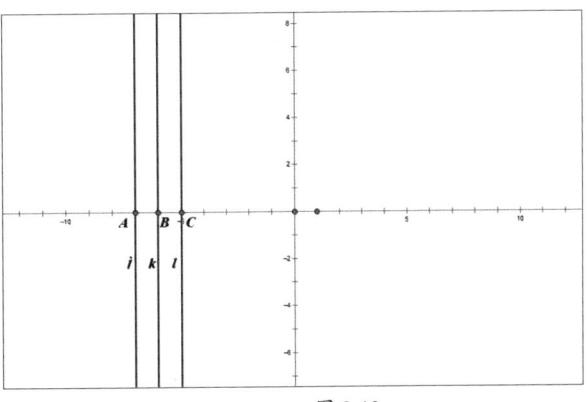

图 9-13

Step 02 在垂线 j、垂线 k 和垂线 l 上各取一点 D、E、F，构造线段 AD、BE、CF，并设置垂线呈细虚线显示，如图9-14所示。

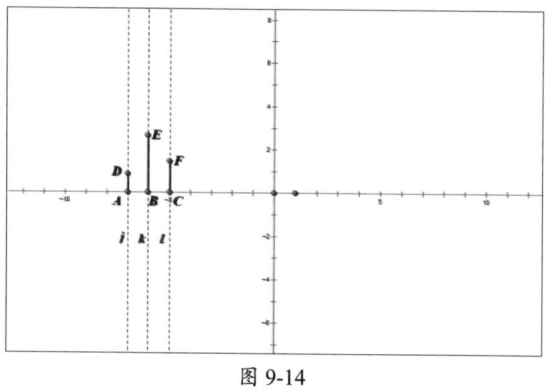

图 9-14

Step 03 选中点 D、点 E 和点 F，执行"度量"|"纵坐标"命令，度量其纵坐标，如图9-15所示。

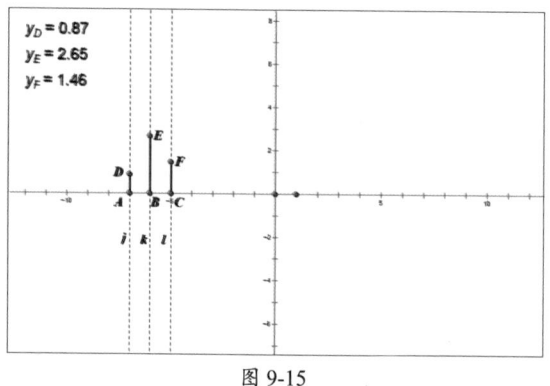

图 9-15

Step 04 修改 y_D 标签为 a，y_E 标签为 b，y_F 标签为 c，修改点 D 标签为 a，点 E 标签为 b，点 F 标签为 c，隐藏点 A、点 B、点 C 和垂线，如图9-16所示。

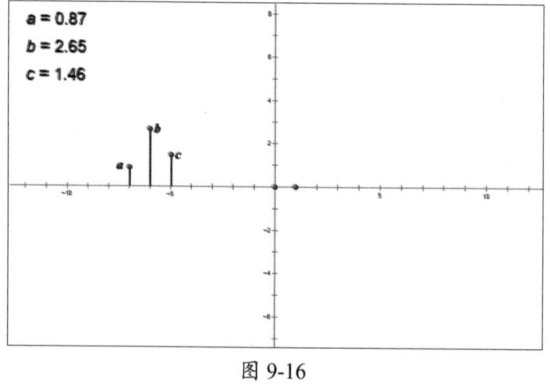

图 9-16

注意事项 标签的修改不是必需步骤，修改的作用是易于辨识。

Step 05 执行"数据"|"新建函数"命令，新建函数表达式 $f(x)=ax^2+bx+c$，选中表达式，执行"绘图"|"绘制函数"命令，绘制函数曲线，如图9-17所示。

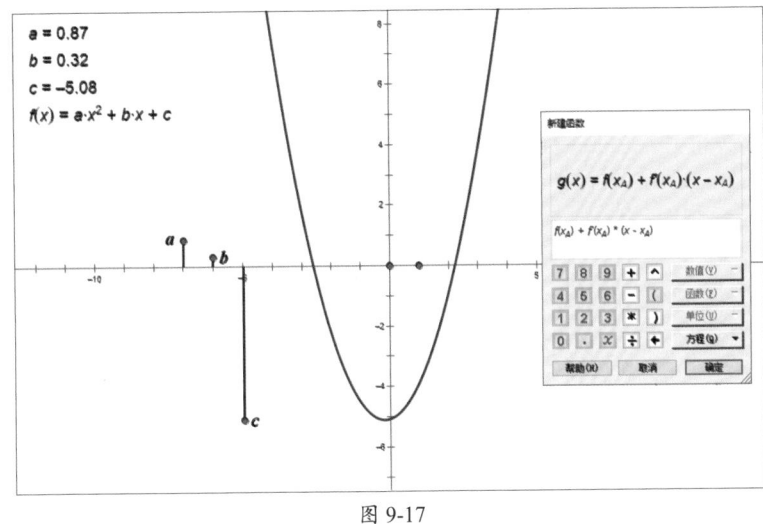

图 9-17

Step 06 在 x 轴上任取两点 G、H，并构造线段 GH，在线段 GH 上任取一点 I，执行"度量"|"横坐标"命令，度量其横坐标值，执行"数据"|"计算"命令，计算 $f(x_I)$ 的值，执行"绘图"|"绘制点"命令，打开"绘制点"对话框，依次单击度量横坐标值和 $f(x_I)$ 的计算值，绘制点 J，如图9-18所示。

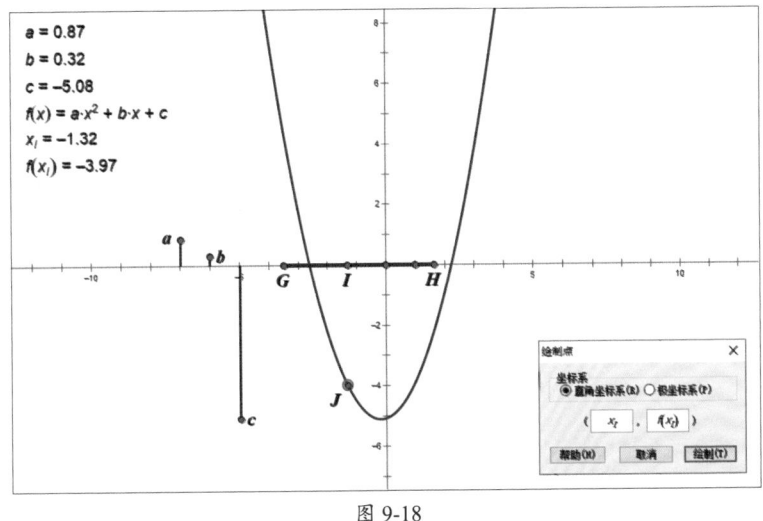

图 9-18

注意事项 该步骤中计算 $f(x_I)$ 时可以先单击表达式，然后单击度量横坐标值，即可将其输入到"新建计算"对话框中。

Step 07 选中点 I 和点 J，执行"构造"|"轨迹"命令，构造函数在闭区间的曲线轨迹，设置原函数曲线显示为细线。构造线段 IJ，选中点 I 和线段 IJ，执行"构造"|"轨

迹"命令，构造轨迹，如图9-19所示。

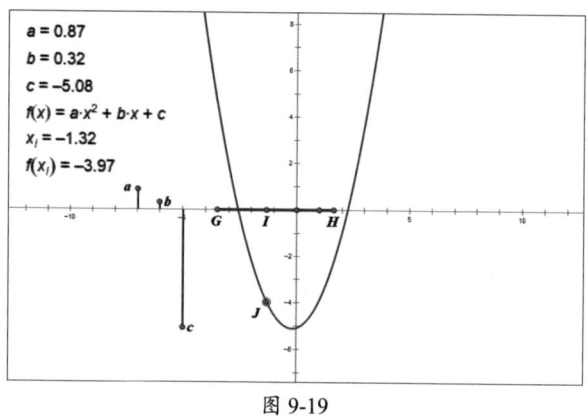

图 9-19

Step 08 二次函数在闭区间上的值域与该函数曲线轨迹的 y 值有关。选中点 G 和点 H，度量其横坐标，并计算 $f(x_G)$ 和 $f(x_H)$ 的值，计算值分别对应闭区间端点的 y 值，如图9-20所示。

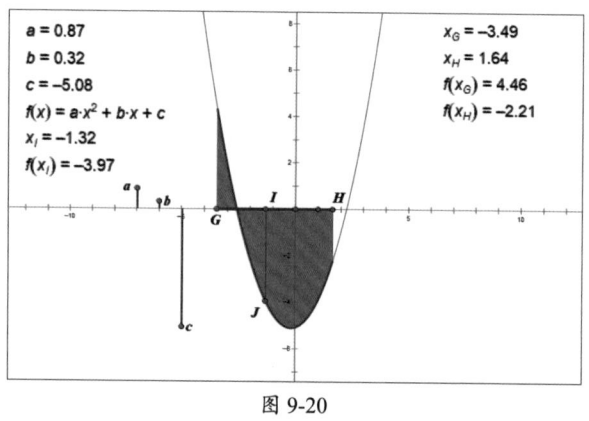

图 9-20

Step 09 执行"数据"|"计算"命令，计算二次函数顶点坐标值，如图9-21所示。二次函数在闭区间上的最值就在 $f(x_G)$、$f(x_H)$、顶点 y 值之间，其值域在最值之间。

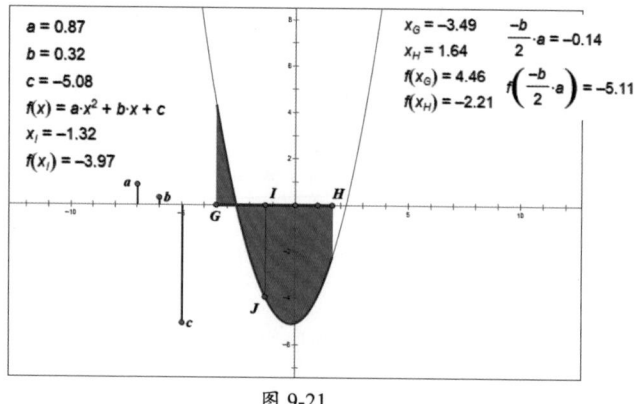

图 9-21

Step 10 任意调整函数曲线或闭区间范围，二次函数在闭区间上的值域都会发生变化，如图9-22所示。用户可以通过调整参数，研究二次函数在闭区间上的最值及值域。至此，完成探究二次函数在闭区间上的值域的操作。

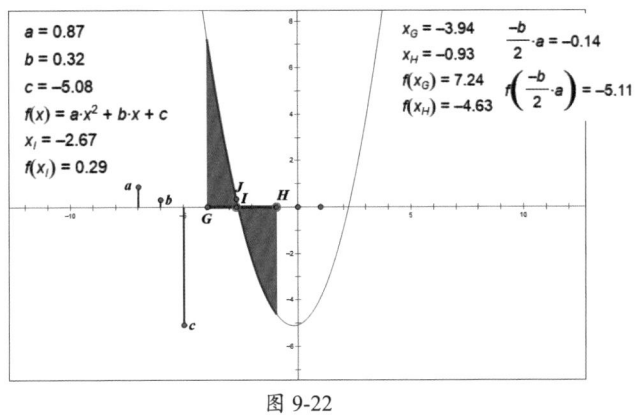

图 9-22

9.3 圆柱、圆锥、圆台的形成

圆柱、圆锥、圆台都是典型的旋转体，即由封闭的旋转面围成的几何体。本节将对其形成进行介绍。

▌9.3.1 案例展示

单击"圆柱"按钮，矩形面将旋转形成圆柱；单击"圆锥"按钮，直角三角形面将旋转形成圆锥；单击"圆台"按钮，直角梯形面将旋转形成圆台，如图9-23所示。

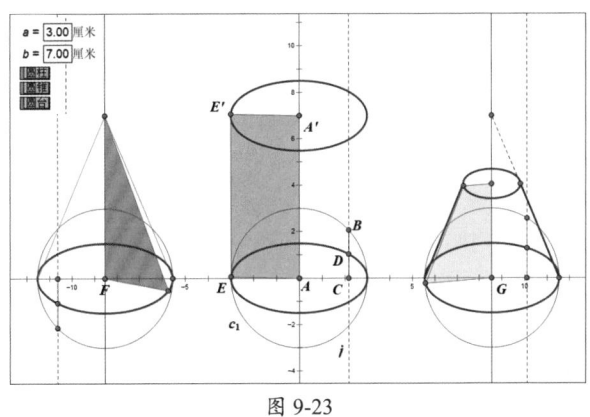

图 9-23

▌9.3.2 原理分析

以矩形垂直于底边的一边为旋转轴，其余三边旋转360°而成的曲面所围成的几何体为圆柱；以直角三角形的直角边所在直线为旋转轴，其余两边旋转360°而成的曲面所围成的几何体为圆锥；以直角梯形垂直于底边的一边为旋转轴，其余三边旋转360°而成的曲面所围成的几何体为圆台。在制作课件时，用户可以结合轨迹、追踪等命令制作圆柱、圆锥、圆台的形成动画。

9.3.3 制作步骤

Step 01 执行"绘图"|"定义坐标系"命令，显示坐标系，移动坐标原点A的位置，执行"绘图"|"隐藏网格"命令，隐藏网格，选中单位点，使用Ctrl+H组合键隐藏。执行"数据"|"新建参数"命令，新建距离参数a、b，选中坐标原点和参数a，执行"构造"|"以圆心和半径绘圆"命令，绘制圆c_1，如图9-24所示。

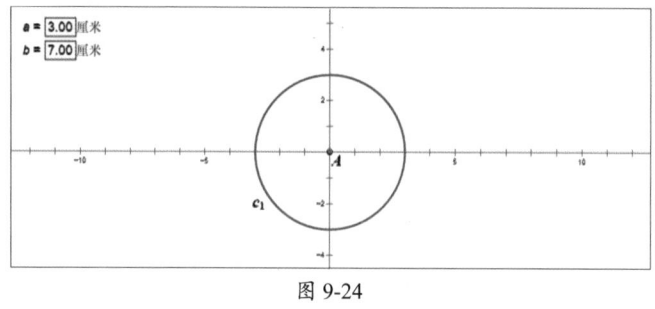

图 9-24

Step 02 在圆c_1上任取一点B，过点B作x轴的垂线j，垂线j与x轴的交点为C，构造线段BC，如图9-25所示。

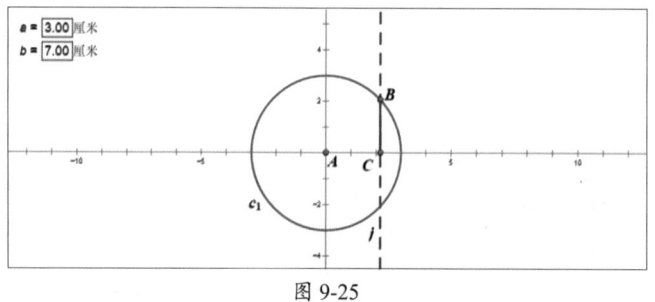

图 9-25

Step 03 选中线段BC，执行"构造"|"中点"命令，构造中点D，选中点D和点B，执行"构造"|"轨迹"命令，构造椭圆轨迹，如图9-26所示。

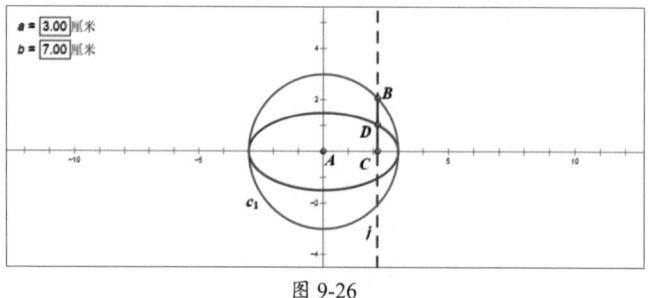

图 9-26

Step 04 选中参数b，执行"变换"|"标记距离"命令，标记距离。在椭圆轨迹上任取一点E，选中点A和点E，执行"变换"|"平移"命令，按照标记距离和默认的角度平移，得到点A'和点E'，选中点E和点E'，执行"构造"|"轨迹"命令，构造椭圆轨迹，如图9-27所示。

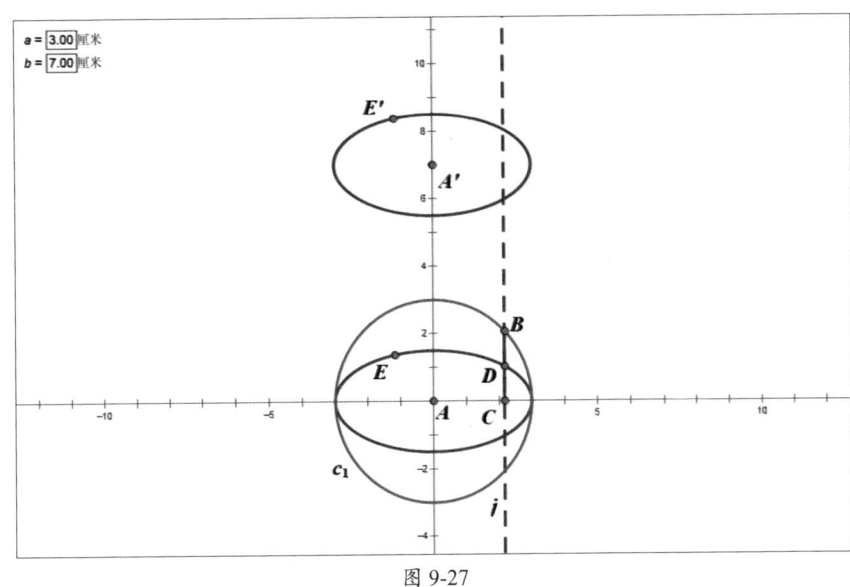

图 9-27

Step 05 构造线段AE、EE'、$A'E'$，并设置其线型为细线，颜色为红色，选中点A、点A'、点E'和点E，使用Ctrl+P组合键，构造四边形$AA'E'E$的内部，如图9-28所示。

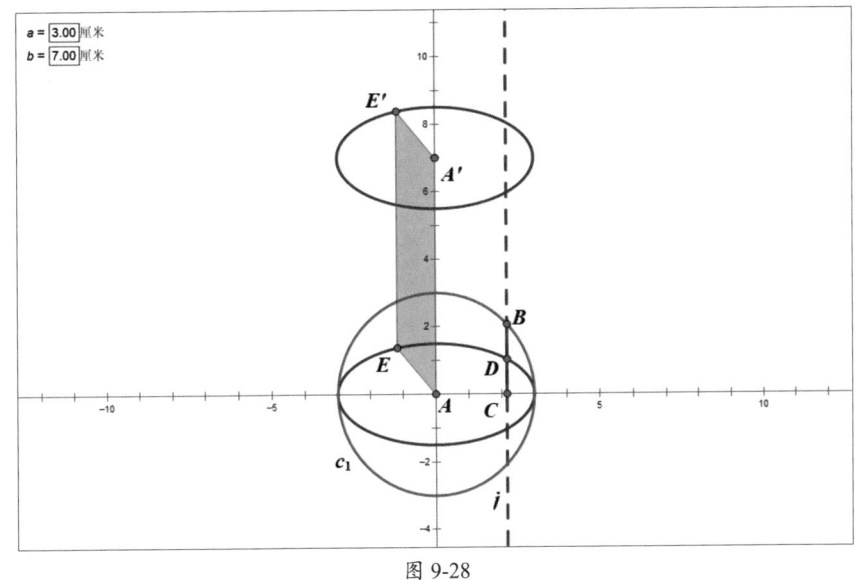

图 9-28

Step 06 选中点E，执行"编辑"|"操作类按钮"|"动画"命令，创建动画按钮，并设置其标签为"圆柱"。选中线段EE'，执行"显示"|"追踪线段"命令，追踪线

段，单击"圆柱"动画按钮，软件将自动追踪EE'，生成圆柱，如图9-29所示。

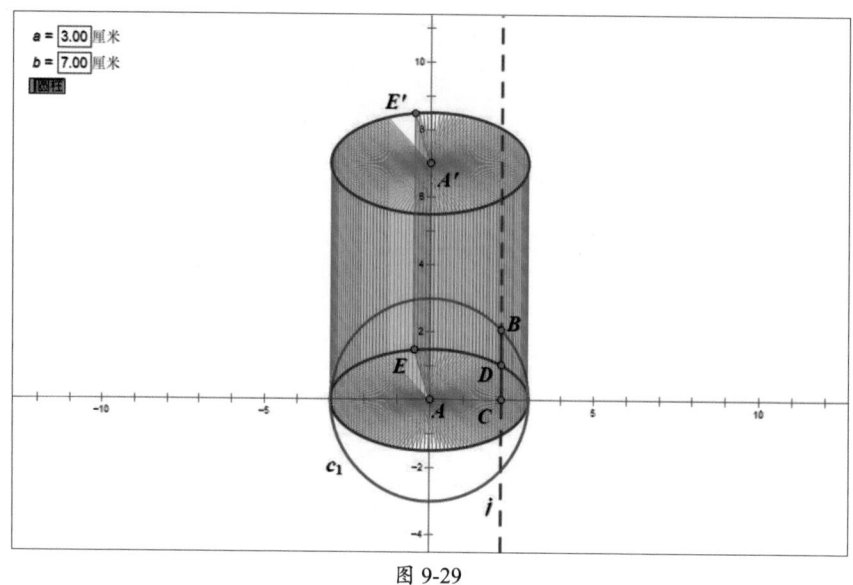

图 9-29

Step 07 使用相同的方法，构建圆锥和圆台的形成动画，如图9-30所示。在教学过程中，用户可以隐藏多余部分，仅保留上下底面及旋转面，然后单击动画按钮演示圆柱、圆锥、圆台的形成动画。至此，完成圆柱、圆锥、圆台形成动画的探究。

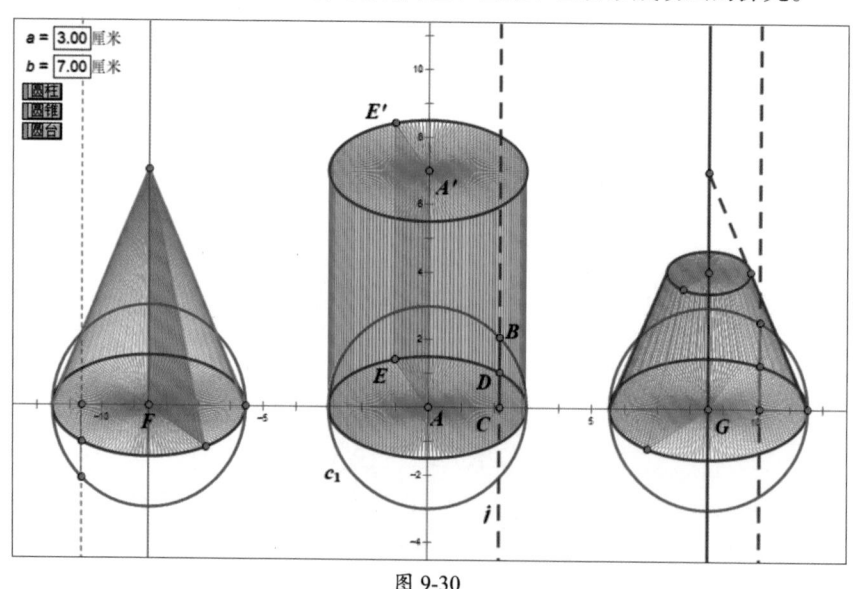

图 9-30

附录

 **与其他办公组件的交互应用**

1. 在 PowerPoint 中插入几何画板文件

几何画板具备出色的绘图和计算功能，而PowerPoint软件是教学中经常使用的课件制作软件，用户可以将两个软件结合到一起，制作更加精美的课件。

（1）插入式

插入式可以将几何画板中的内容以图像或视频的形式插入至PowerPoint软件中，该方式的缺点是不能手动操作。

插入静态图像： 选中几何画板中的对象，使用Ctrl+C组合键复制，在PowerPoint中使用Ctrl+V组合键粘贴即可插入几何画板图像，如附图1所示。

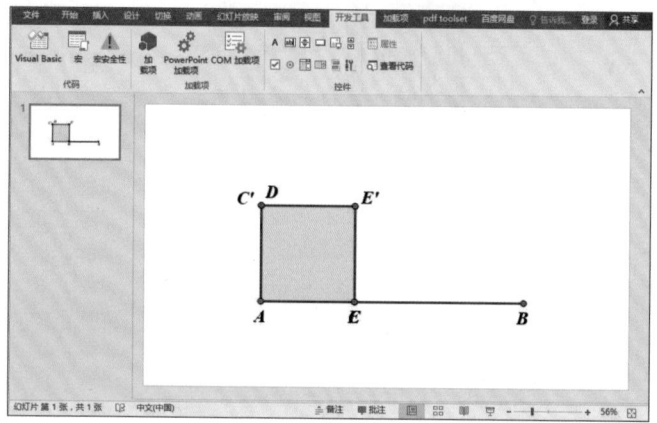

附图 1

插入动态图像： 打开PowerPoint软件，在"插入"选项卡中单击"屏幕录制"按钮，此时系统会自动最小化PowerPoint软件，并将屏幕半透明状态显示，同时屏幕顶端会显示录制工具栏，如附图2所示。

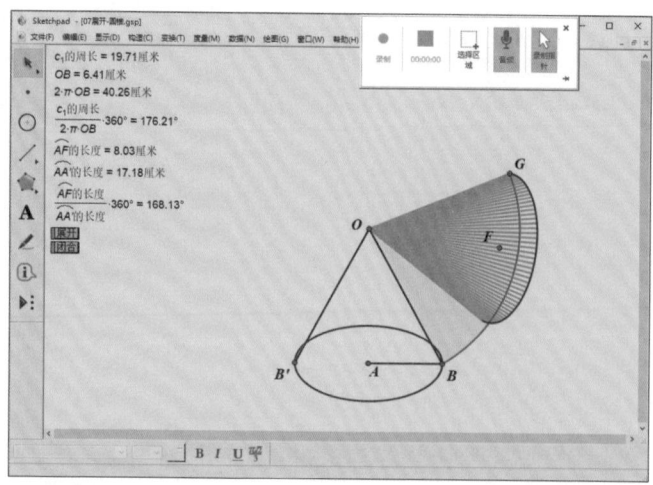

附图 2

几何画板课件制作标准教程（全彩微课版）

使用鼠标拖曳的方式框选出要录制的区域，单击录制工具栏中的"录制" ◉按钮，进入倒计时状态，如附图3所示。3秒倒计时结束后即开始录制视频。

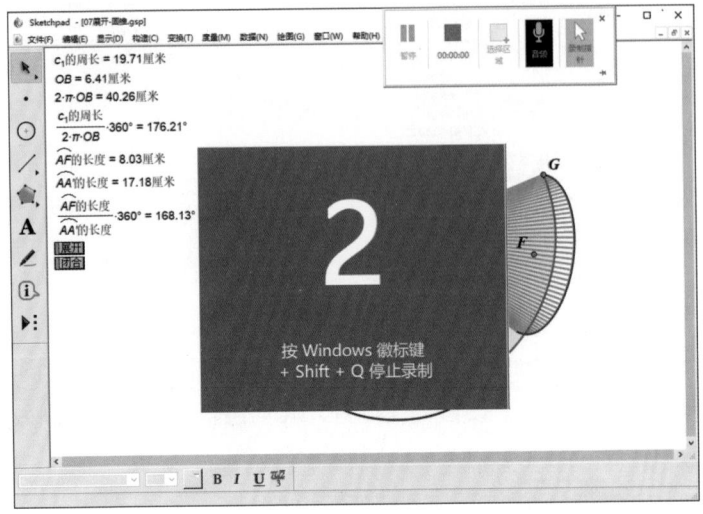

附图 3

录制结束后，单击工具栏中的"停止"按钮■或使用Windows+Shift+Q组合键停止录制，同时系统会自动将录制的视频插入至当前幻灯片中，如附图4所示。单击"播放"按钮，即可在幻灯片中播放录制的动画效果。用户也可以保存录制的视频后，将其转换为GIF格式插入至PowerPoint软件中。

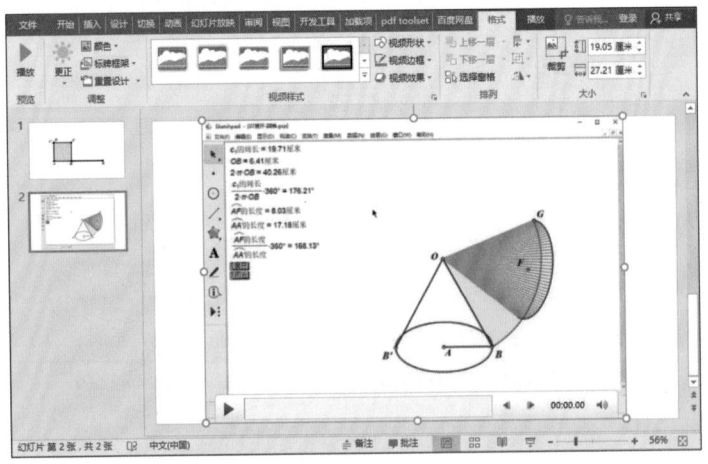

附图 4

（2）链接式

链接式是将几何画板文件以超链接的形式插入至PowerPoint软件中，该方法的优点在于可以手动操作动画，但是更换计算机需要重新链接。

在PowerPoint中任意绘制一个图形，选中该图形，单击"插入"选项卡中的"超链接"按钮▦，打开"插入超链接"，找到要插入的几何画板文件，如附图5所示。

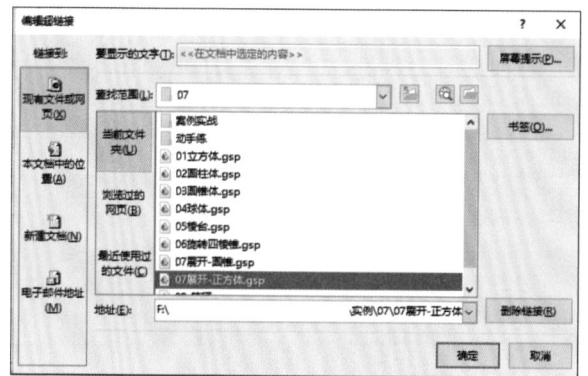

附图 5

单击"确定"按钮插入链接，在放映幻灯片时，单击插入超链接的图形，在打开的"提示"对话框中单击"确定"按钮，即可打开几何画板软件演示动画效果，如附图6所示。

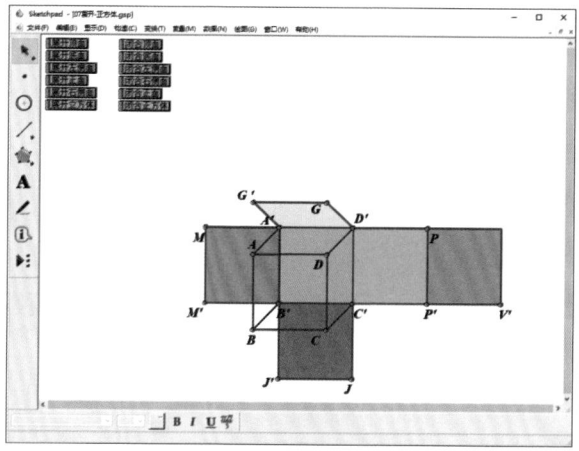

附图 6

2. 在 Word 中插入几何画板图形

几何画板同样支持在Word中应用。在几何画板中绘制图形后使用Ctrl+C组合键复制，在Word中的合适位置使用Ctrl+V组合键粘贴即可，如附图7所示。

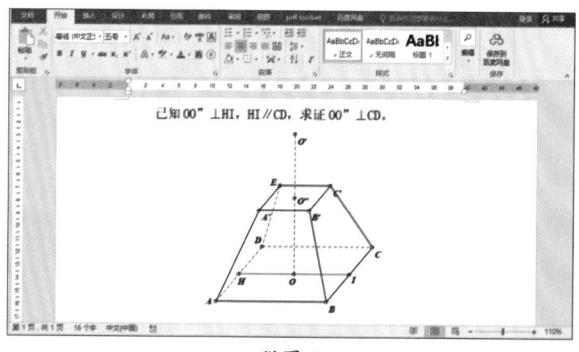

附图 7

几何画板课件制作标准教程（全彩微课版）